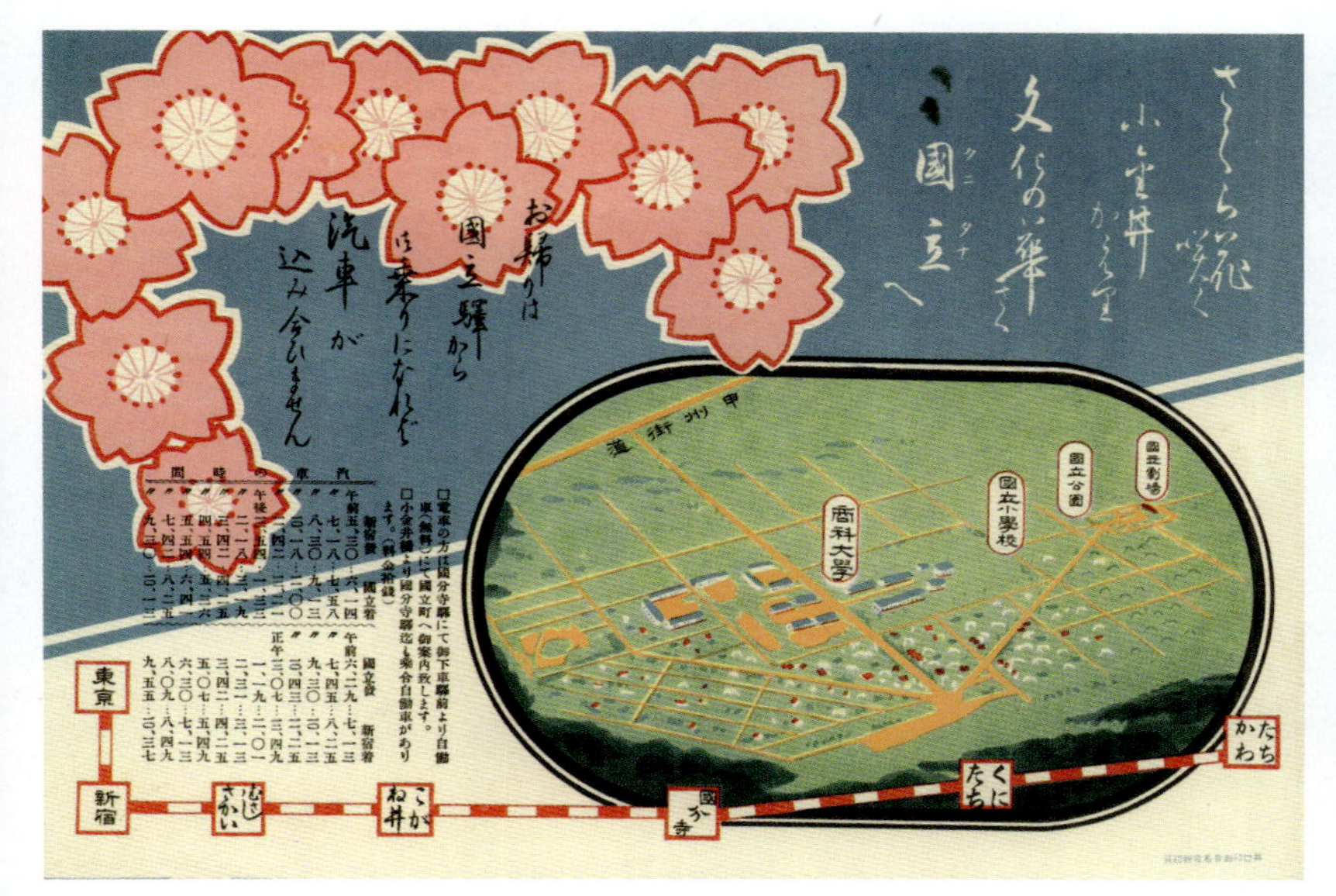

国立案内チラシ。「さくら花咲く小金井かえり 文化の華さく国立へ」と書いてある。1926年頃

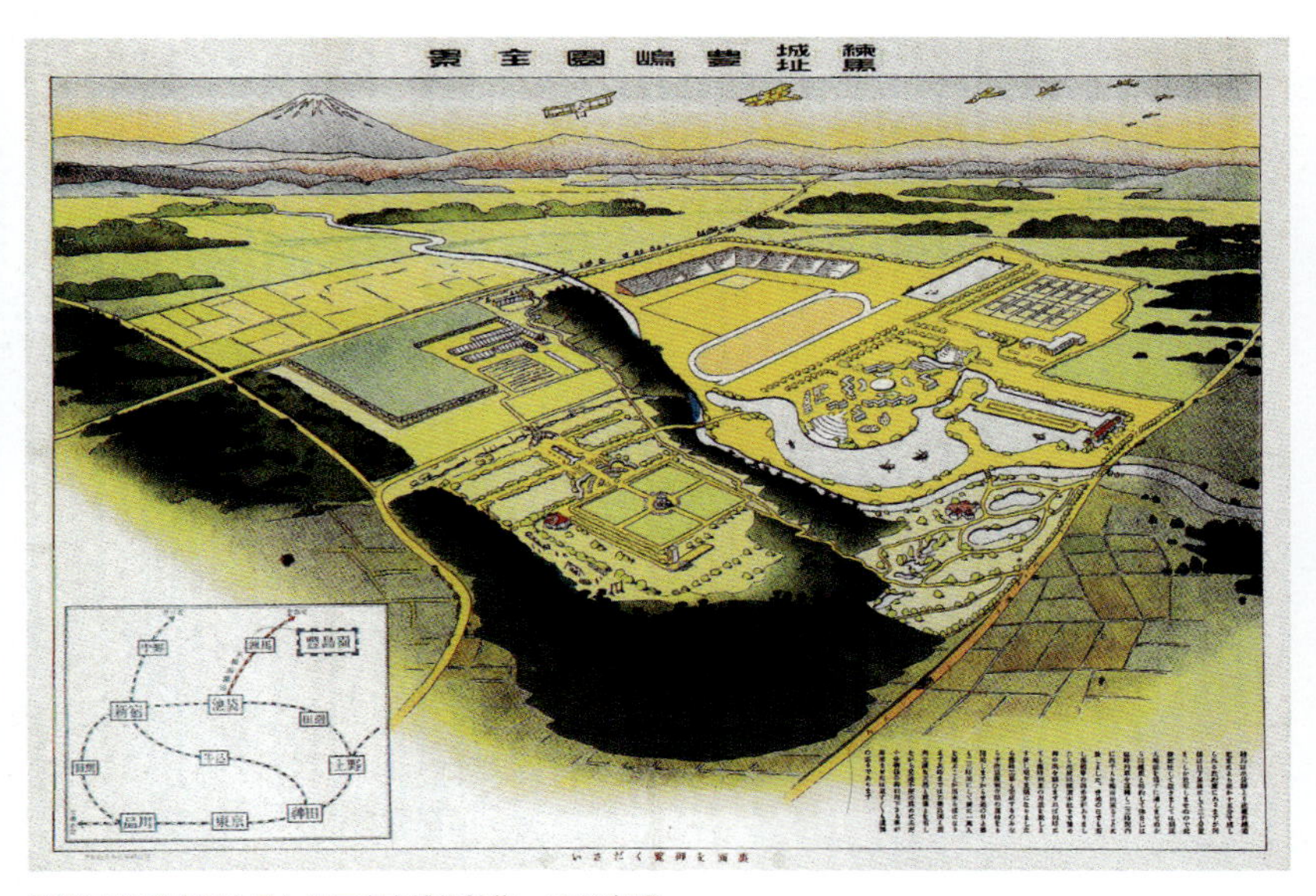

『練馬城趾豊島園全景』江戸東京博物館蔵　1926年頃

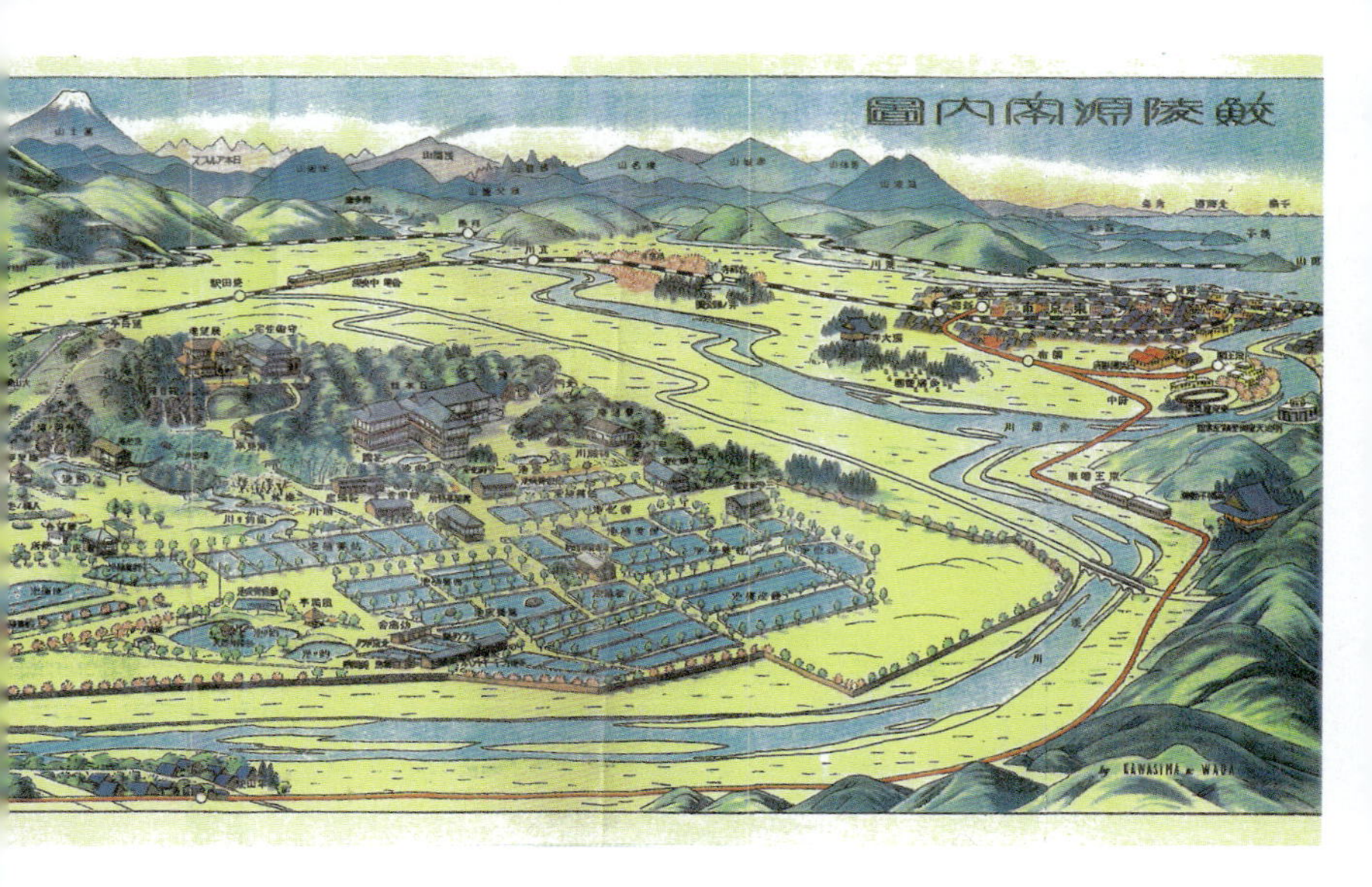

永福町駅前地主共同事務所『内務省指定風致地区　永福住宅地の栞』1937年

池上電気鉄道『池上電鉄沿線案内』日本名所図絵社 1929年頃

武蔵野鉄道『石神井名所案内』1933年

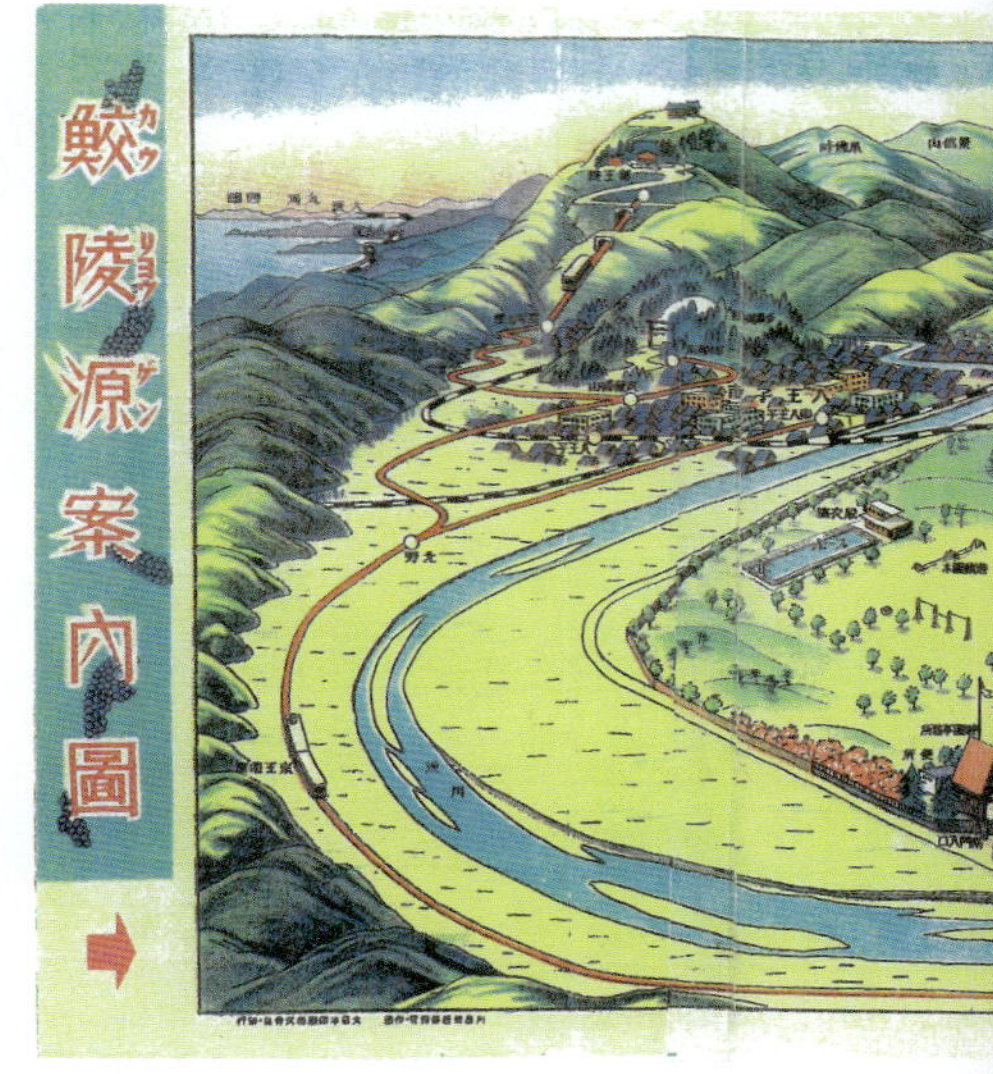

鮫陵源案内図

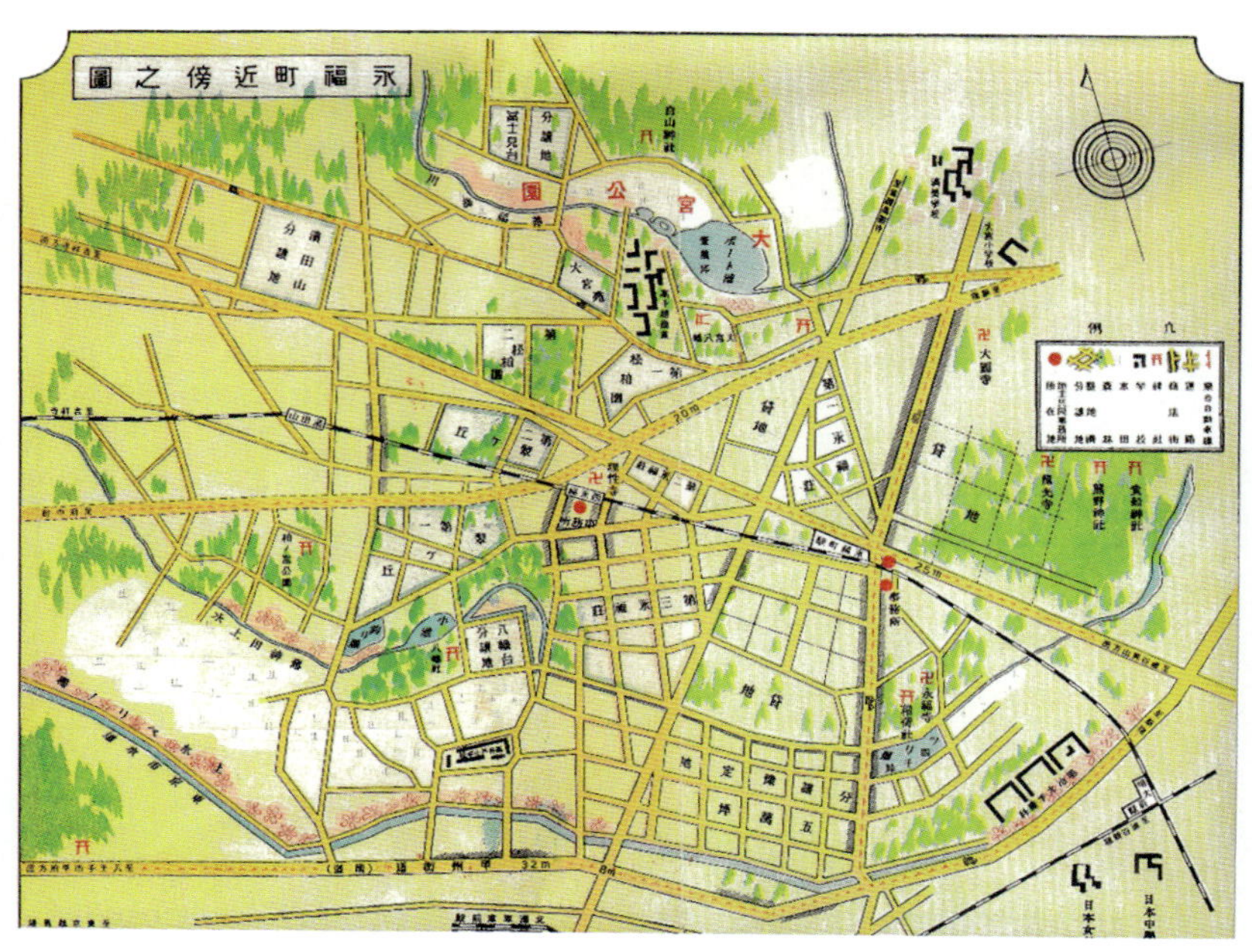

永福町地主共同事務所『内務省指定風致地区 永福住宅地の栞』1938年頃

常盤台住宅地鳥瞰図

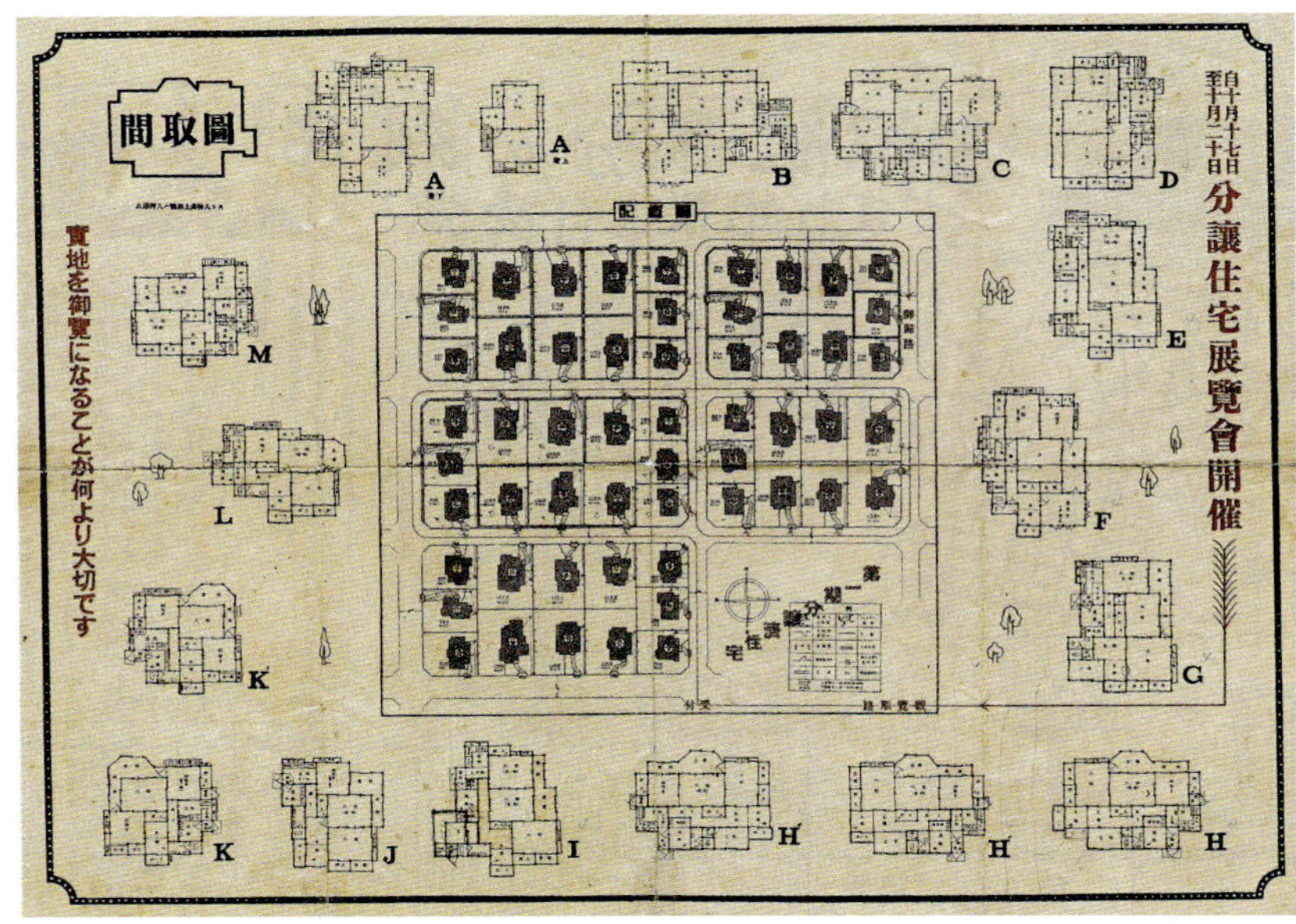

同潤会赤羽台第二期分譲住宅展覧会間取図

人間の居る場所4

誰がこの町をつくったか

東京の田園・文化・コミュニティ

三浦展
miura atsushi

而立書房

ブックデザイン　中　新
カバーイラスト　三浦　展

目次

I 娯楽

II 風致地区

III　教育・キリスト教の郊外住宅地

IV　田園都市・文化村

V その他

1

娯楽

1 歌舞伎町

噴水のようなタワーが示す地霊と歴史

永山祐子設計の新しいビル

二〇二三年四月一四日、歌舞伎町・東急ミラノ座跡地に新しい拠点・歌舞伎町タワーが完成した。ホテル、映画館、劇場、ライブホール、ゲームセンター、サウナ、昭和の横丁などからなる娯楽とレジャーが中心となったビルである。

永山祐子設計の外観が素晴らしい。重量をまったく感じさせない軽やかさと美しさ。水のような透明感。永山によると噴水のイメージだという。

歌舞伎町にできる新しい超高層の立ち居振る舞いとしてどのようなものであるべきか。「ここでイメージしたのは歌舞伎町の沼地から湧き上がる人々の思いを象徴するような噴水であった。噴水は形を持っていない。下からの勢いがなければ消えてしまう、はかなく揺らぐ立ち姿がこの街の新しいシンボルとなる。以前、(ミラノ座の)目の前のシネシティ広場にあった噴水の復活でもある。この噴水が新しく復活し、この歌舞伎町のいにしえからの想いを受け継いでいるとも言える。噴水を表現す

噴水をイメージした歌舞伎町タワーのデザイン

るためにガラスの角度を変化させて光の反射をコントロールし、さらに水の波形をイメージした細かいパターンをガラス外部表面にセラミック印刷し、水飛沫のような白色で全体にさらに大きなグラデーションによるアーチ＝波形のパターンを描いた。近くで見ても、遠方から見てもそれぞれのスケールに対応した印象を作り出している。（中略）強い形を持たず、時には雲に溶け合うように幻影のように建つ新しいシンボルが歌舞伎町の脈々と続く人々の思いを未来につなげていくことを願っている」と永山は言う。

中央線や総武線に乗って吉祥寺方面から新宿に向かうと、ただでさえまっすぐな線路は中野駅から東中野駅の間で最も直線になる。そして新宿に向かって右側の窓から、歌舞伎町タワー

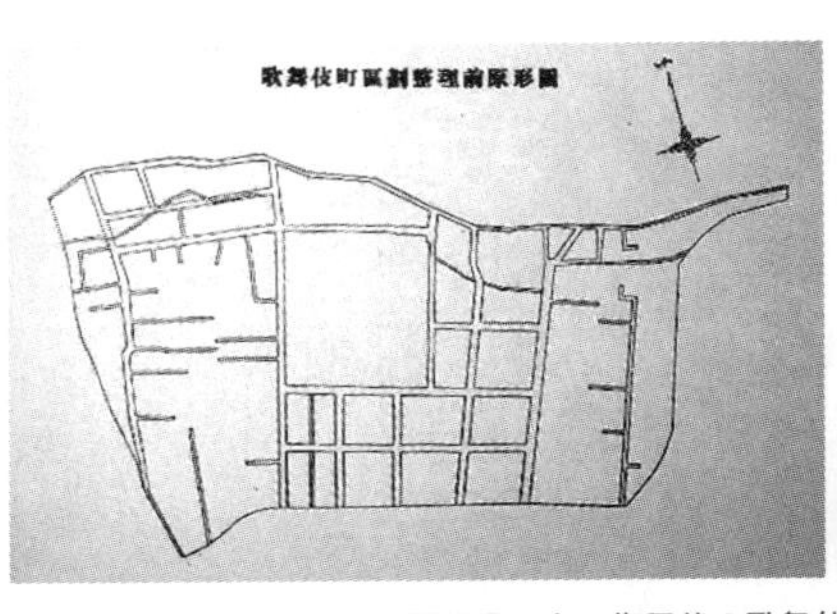

左：歌舞伎町区画整理関西図。右：復興後の歌舞伎町模型　出所：鈴木嘉兵衛『歌舞伎町』

が忽然と姿を現す。空の青が壁に映り込み、空とビルが一体化する。さらに右手には西新宿の高層ビル群が見えるが、歌舞伎町タワーはそこから一人離れて別の世界観を表しているように見える。まるでソーダ水の入ったグラスのよう。明らかに新しい建築ができたなと嫌でもわかる。

鈴木嘉平の思い

永山が言う「歌舞伎町の沼地から湧き上がる人々の思い」とは何か。そもそも世界に冠たる歓楽街・歌舞伎町はどうして「歌舞伎」の名を冠しているのか。

理由は簡単で歌舞伎町には歌舞伎劇場が建設される予定だった。計画したのは鈴木嘉兵衛。鈴木が一九四六年の秋、東京都都市計画局長の石川栄耀（ひであき）に町名変更の相談に行ったところ、石川が「今あなたが汗を流している復興計画の目玉は何ですか。歌舞伎劇場の建設でしょ。だったら迷うことはないでしょう。ずばり歌舞伎町にしてみては」と言ったことで命名された（鈴木嘉兵衛『歌舞伎町』、一九五五）。

鈴木嘉兵衛とは何者か。三重県鈴鹿市出身で、関東大震災直後の一九二四年に上京し、従業員三五人の食品卸会社を経営した。戦前は九二〇世帯ほどで、住宅と商店の混合地帯。住宅は勤め人が多いが、大企業勤めではなく、貧乏町と言われていた。今の西武線の新宿駅の辺りは貧民窟であった。商店は履き物関係が多く、下駄の鼻緒、靴の材料づくり、それからペンキ屋、ブリキ屋など。いたって庶民的だったようだ。

その鈴木が敗戦後、四五年八月一六日に疎開先の日光から焼け跡の新宿に駆けつけ、全国に散っていた旧住民と連絡を取り、民間主導による復興を呼びかけ、二か月後に復興協力会設立総会を、スタジオアルタのできる前の二幸で開き、みずから会長に就任した。その時点で鈴木はもう復興計画を持っていた。山手線を背にしてワの字型に芸能施設をつくり、その周辺に計画的に店舗住宅を配置する。劇場2、映画館4、子ども劇場、演芸場、総合娯楽館、ダンスホール1、大宴会場、ホテル、公衆浴場を建設するという計画だった。

歌舞伎町の広場。正面のスケートリンクの場所に歌舞伎町タワーが建った。
出所：鈴木嘉兵衛『歌舞伎町』

汚水の上の浮島

歌舞伎町はもともと大久保村である。名前からわかるように窪地である。特に歌舞伎町の中心地、ゴジラのいるあたり、つまり旧コマ劇場あたりが一番低かったらしく、そこに明治時代は池があった。当時は鬱蒼とした森林地帯で、大村伯爵家の鴨場であった。

ところが淀橋浄水場をつくるために掘られた土で池が埋められ広い原っぱとなり、峯島家の所有となった。歌舞伎町には今も暗渠があり、新宿六丁目の西向天神まで地下を流れている。その暗渠が歌舞伎町一丁目と二丁目の境界であり、歌舞伎町タワーの北側になる。

そういう低地なので、四方から汚水が流れ込んだ。歌舞伎町は「汚水の上の浮島です」と早稲田大学歌舞伎町研究会の北原雅治は断言している（木村勝美『新宿歌舞伎町物語』）。森の中の池が汚水の浮島に変わり、そこに広場ができ噴水ができ、そして噴水をイメージしたタワーができたのかと思うとゲニウスロキを感じる。

鈴木は大地主の峯島茂兵衛（みねしまもへい）の杉並区和田の自邸を訪ね自分の構想を説明した。安い地価で優良企業を誘致し、それをテコにして街を発展させる計画だった。「あなたの夢に賭けてみようじゃないですか。好きなようにおやりなさい」と茂兵衛は快諾し、峯島家と同家が経営する尾張屋土地会社が所有する土地の八割以上を手放した。そして鈴木は石川に計画の説明に行く。石川は丹念に書類に目を通し「やろう。実に面白い」と賛同した。

東京で最も健全な家庭センター

石川栄耀は私の著書によく登場して頂いている。都市計画に於ける夜の娯楽の必要性を説いた洒脱な人物だ（詳しくは中島直人『都市計画家　石川栄耀』および高崎哲郎『評伝石川栄耀――社会に対する愛情、これを都市計画という』参照）。

鈴木の著書『歌舞伎町』（一九五五年）に石川は序文を寄せているが、序文と言うには漫談のようであり、石川の人柄を表している。と同時に事の経緯が一番わかりやすいので長くなるが引用する（句読点や漢字・かなづかいは現代風に改めた。しかし石川のべらんめえ調と、漢字の間違いかもしれないが当時の用法かもしれないというものはそのままにした）。

「自分たちが東京の復興計画に苦しんでる最中に、実に珍しい計画が出願された。それは新宿角筈の第五高女跡（注1）を中心に区画整理して集団的な建設計画をやろうというのである。復興計画が中々うまく行かないのでクサッテいる我々にとっては正に乾天の夕立であった。……我々は大計画そっちのけでこれに興味を持ってしまった。……一同非常な乗り気で、あーでもないこうでもないとヒネリ始めた。これが二、三ヶ月かかった。」「トモカク計画はできた。広場を中心として芸能施設を集める。そして新東京の最健全な家庭センターにする。そういう案である。去年その中心建築として吉右衛門後援者たちが新歌舞伎座をつくりたいと申し出たので、計画はいよいよ輝かしいものになった。おそらくこの計画が今度の全戦災復興計画の紅一点になるのではないかとさえ思われた。好いことをしたと我々はいささかウヌボレに酔っていた。」

歌舞伎町が東京で最も健全な家庭センターとして計画されたとは、ビックリである。また「紅一点」というのが良い。男性的になりがちな都市計画において、というか、ほぼ100％男性的なマッチョなものである都市計画において、例外的に女性的な・華やかな・楽しい・うきうきするような都市ができるという期待を石川は抱いたのであろう。だから、その後男性の欲望を満たす街となった歌舞伎町に今、永山祐子が歌舞伎町タワーを設計したのも、実は歴史の必然、本来の歌舞伎町の姿を取り戻すことを意味するのかもしれない。

文化日本の再建

こうして計画はだいぶ進んだ。だがそこへ来たのが「晴天のヘキレキ　建築統制（注2）である。それは映画館的有閑建築一切禁止という強いものであった。少なくも広場中心の美しい映画館がなんとかして四、五館は建ちうるという見込みがたち、地球座がその希望の星として開館した出ばなであったので関係者の失望は」大きかった。

計画の頓挫により「歌舞伎町は戦後そこらにある住宅地とも商店街ともパン助街ともつかぬ荒涼とした場末になるはずであった」。しかし「施行者（鈴木）はそこを耐えた」。「歌舞伎町のカイワイは博覧会のオカゲで適確に新宿の一部となった」。

鈴木が歌舞伎劇場建設の代わりに考えたのは国際百貨店（インターナショナルデパートメントストア）であった。一九四七年、設立趣意書にはこう書かれた。

「文化日本を再建し国家繁栄と国際平和の確立に寄与せんとするには、戦争に依って破壊された文化の飛躍的向上を図ることが必要である。然しながら、このことは資源の貧困、物質の欠乏、金の枯渇等、幾多の悪条件に制約された今日の国情下においては容易な業ではない。本社（復興協力株式会社）はこの点に鑑み米国の有識者に語り、米国財界の協力と我国朝野の賛同を得て、米合弁の国際百貨店を設立し、文化国家の建立に裨益（ひえき）（「おぎなう」「たすける」「役に立つ」の意味）せんとするものである。即ち国際資本の参加により米欧機器物資の導入を容易ならしめこれにより我が国工業の躍進を促し、又、優秀なる輸入雑貨を広く紹介して一般大衆の文化水準と情操の昂揚を図るほか、輸出雑貨製品の品質改良に適切なる示唆と刺激を与え、文化の向上と国家経済の確立に貢献し、交易を通じて米日の親善関係に資する処あらんとするものである」

国際百貨店のアイデアは東急の五島慶太によるものと言われ、鈴木に後藤を紹介したのは阪急の小林一三だったという。大正・昭和の鉄道王・都市開発王が歌舞伎町にも影響していた。

国際百貨店　出所：鈴木嘉兵衛『歌舞伎町』

博覧会とは一九五〇年四月二日から六月三〇日まで三か月間開催された「東京文化産業博覧会」である。四八年に戦後初の産業博覧会が北海道で開催されて以来、四八年、四九年に大阪、神戸、横浜で産業博覧会が開催され、五〇年には全国十三カ所で開催されるなど、博覧会ブームが起きていた。だがどの博覧会も赤字であり、鈴木が新宿歌舞伎町、新宿御苑、西口の三か所で博覧会をしたいと言っても周囲は乗り気になれなかった。

歌舞伎町会場では、まさにその後ミラノ座ができる敷地に産業館が建てられた。そしてグランドオデオン座敷地に社会教育館、ジョイパックビル敷地に婦人館、東亜会館敷地に合理生活館、コマ劇場敷地に児童館と野外劇場が建設された。それらはいつからでも劇場や映画館に転用できるようにつくってあった。コマ劇場の正面には電動の大きな恐竜の模型が据えてあったというから、それが今はゴジラになったのだ。

よくやった。ただその一語である

だが博覧会は失敗した。予想通り大赤字だった。それでも東亜興業の髙橋康友が社会教育館をグランドオデオン座に替えるなどの動きがあり、東宝も一九五六年に児童館と野外劇場の跡にコマ劇場を建設するなど新しい動きもあった。石川は書く。


一番街の夜の人通りにもまれながら、実に昔日の感に打たれるのである。

よくやった。ただその一語である。（中略）

歌舞伎町はまったくあるべき姿となった。

ちょうど新装の巨船がゆったりと春の潮に浮かんだ形である。

船長鈴木嘉兵衛氏の満足を思うべきである。氏はＮＨＫの座談会の時、「今新宿には何か新しい姿が生まれつつあるようです。それは何かにぎやかな新宿というのでなく、山の手全体の家庭中心としての上品で健康な娯楽中心地ができつつあるようです」と話した。

それが歌舞伎町であると言われたいのだろう。正にその形になりつつある。もし歌舞伎町がそうなったとするなら、それは疑いもなく全首都の中心となることである。（鈴木喜兵衛『歌舞伎町』※文章は現代的に改めた）

「広場中心の美しい映画館」——たしかに広場はずっとあった。映画館もたくさんある。今はゴジラもいる。それらが「美しい」と思われた時代が最初にあったのだと思うと感慨深い。そして広場。

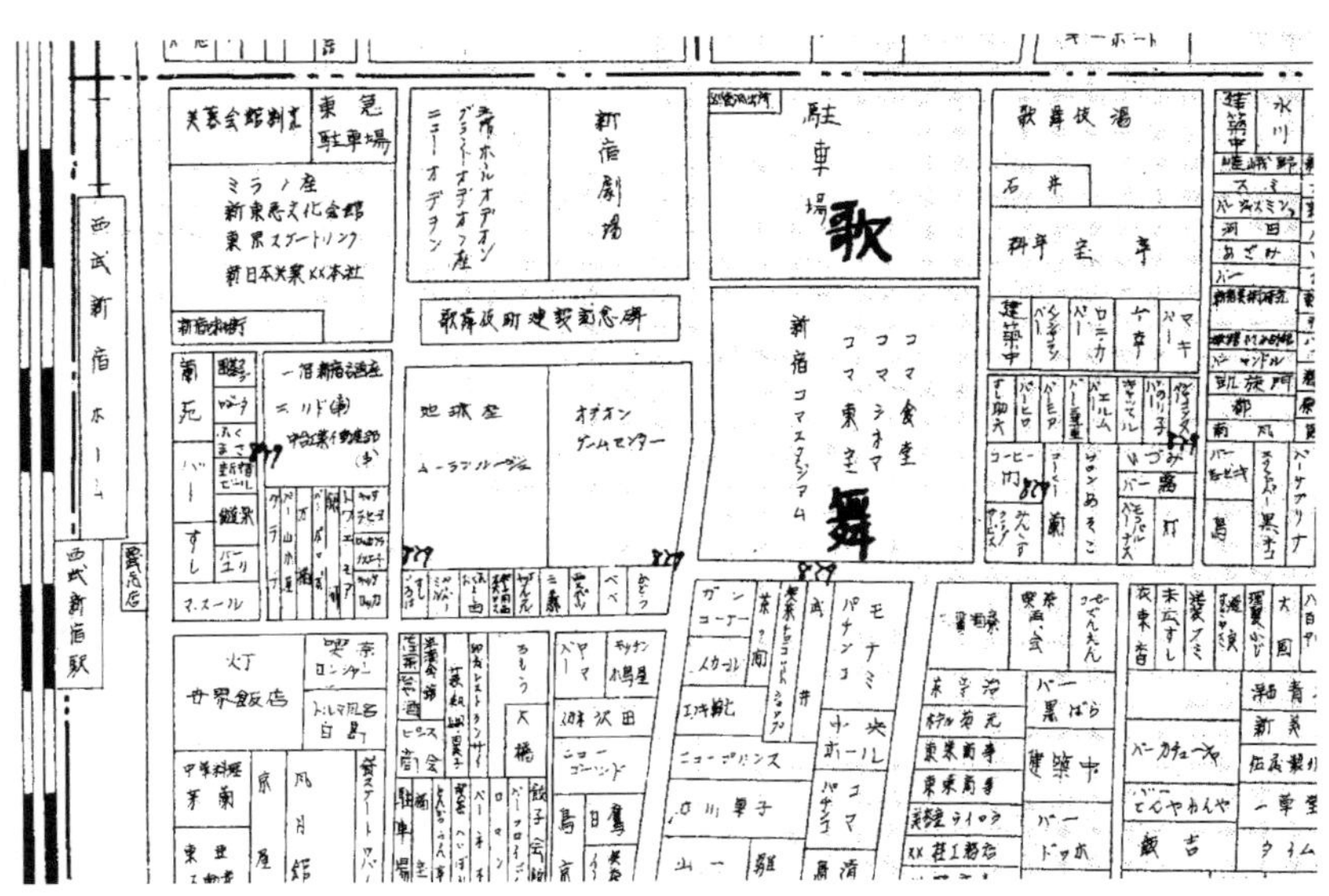

1960年代初頭の歌舞伎町。左側のミラノ座が今の歌舞伎町タワー
出所：「東京都全住宅地案内地図帳」1962

日本人の都市計画家、都市研究者などが必ず重視し続けてきた西洋の広場が、人々の自由闊達な活動と発言の場が、そこに実現されることを石川たちは夢見たのであろう。さらに「夜の人通り」「山の手全体の家庭中心としての上品で健康な娯楽中心地」。それこそが石川の求めたものだ。

どうやら一九五五年、昭和三〇年という高度経済成長の離陸期における歌舞伎町は、その後の姿とはまったく異なる理想を生きていたらしい。

これからの歌舞伎町はどうなる?

歌舞伎町が一大風俗街になるのは一九七〇年代である。

七三年にオイルショックがあり、経済が変

わったことが大きいらしい。

「健全な娯楽」だけでは商売ができなくなった。テナントには風俗店が増えた。もちろん新宿は宿場町であり江戸時代から岡場所があった。戦後は闇市、赤線、青線の街でもある。そういう土壌があるのだから何かをきっかけに風俗の街に変わるのは必然だった。

私が大学生になって東京に来た頃、すでに歌舞伎町はとても怖い街であった。映画を観に歌舞伎町に行くだけでもビクビクした。八〇年代初頭、テレビの深夜番組ではピンク映画監督の山本晋也が毎週歌舞伎町の新手の風俗店を紹介していた。山の手全体の娯楽中心地ではあったが、家庭中心としての上品で健康な娯楽中心地とは到底言いがたかった。

二〇〇〇年代、東京都の浄化作戦もあり、また近年はコロナもあり、「夜の街」への非難もあり、歌舞伎町は少しはおとなしくなったのかもしれない。若年人口が減り、男性は草食化し、あるいはヴァーチャルな世界に浸るようになったので、リアルな歌舞伎町には行ったことがない人が増えたとしても不思議ではない。

世界中から集まる観光客にとってはまだまだエキゾチックでエロチックな街であるが、今後はおそらくこれまでとは少し異なる性格の繁華街に変わっていくのではないだろうか。

女性も楽しめるとか、一定の清潔さとか、おしゃれさとか、一九五〇年代から六〇年代にあった文化発信能力とか、そういったものが改めて歌舞伎町で成長していくのかもしれない。

注1：東京府立第五高等女学校（第五高女）は、大正九年（一九二〇年）、現在の新宿区歌舞伎町に創立された。同地は大村伯爵家の鴨場であったものが、峯島家の所有となり、池を埋め立てるなどして宅地となり、その後、尾張屋五代目の峯島喜代が、東京府に当時のお金で五〇万円を寄付するとともに同土地を永代無償で貸与し、第五高女を開校した。第五校女は一九四五年（昭和二〇年）四月一四日未明の戦災により消失。その後一九四八年（昭和二三年）五月、校舎が中野区富士見町（現弥生町）へ移転された。

注2：「臨時建築制限令」は、一九四六（昭和二一）年五月二九日に公布され、木造住宅について、料理店、劇場、映画館等、そして、床面積が五〇㎡を超える住宅、店舗、事務所の新築、増改築を原則として禁止し、これに違反した建築主、工事請負人、建築物の所有者を罰金等に処した。この勅令は、小規模の建築だけを許容することにより、建築資材の投入量に対する建築物の棟数を確保することにより住宅難への対応を図ろうとした。

〔参考文献〕

木村勝美『新宿歌舞伎町物語』潮出版社、一九八六
鈴木嘉兵衛『歌舞伎町』大我堂、一九五五

2 綱島

桃源郷、温泉街から今も変貌中

住宅地としての開発は一九二〇年代

綱島は東急東横線沿線の町である。数年前まで綱島温泉でも知られていた。明治時代からは桃の名所だったらしい。満開の季節には、町が桃色の絨毯を敷き詰めたようになり、その間に黄色い菜の花が彩りを添えた風景を丘の上から見下ろせば、実に筆舌に尽くしがたい風景だったというからまさに桃源郷だ。

現在は相鉄線の新線が、西谷（にしや）駅から横浜市営地下鉄羽沢横浜国大駅を経由して、東急新横浜線に乗り入れ日吉に至る。その路線の日吉の手前が新綱島駅だ。地下駅の地上部にはタワーマンションがある。これからの綱島は「サスティナブル・スマートタウン」を目指すという。

綱島が住宅地として開発されたのは一九二六～二七年であり、

桃
綱島温泉
満開！
二子玉川
東横・目蒲電車

綱島といえば桃だった（一九三六年の新聞広告）

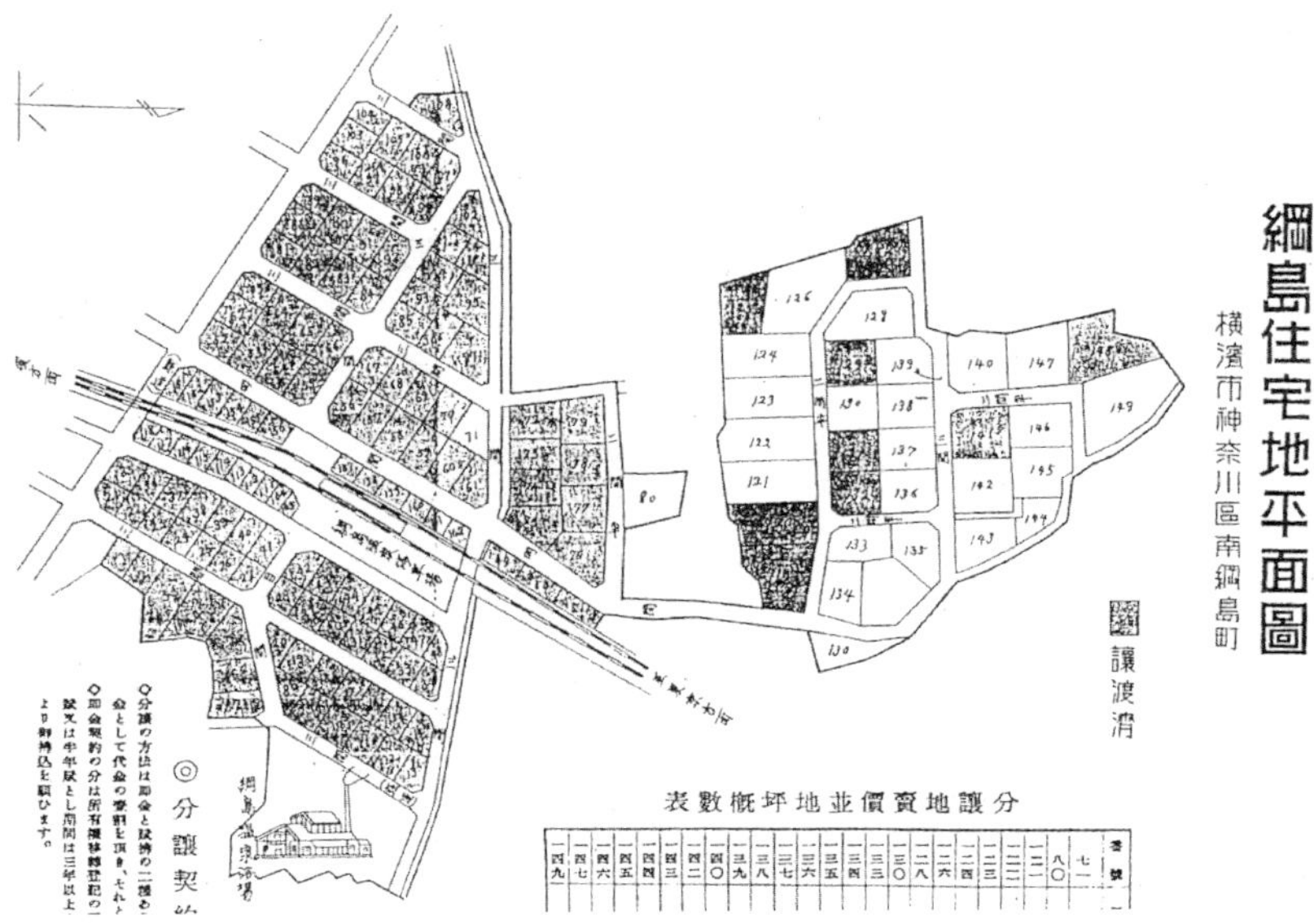

綱島住宅地平面図。第１期売り出しは駅前の商店地区で1927年3月。第２期は右側の高台で27年8月。左下に綱島温泉。　出所：東横電鉄

東横電鉄（現在の東急）が新丸子、元住吉、日吉、菊名、白楽、鶴屋町とともに現在の横浜、川崎市内に開発したものの一つである。当時の綱島駅は綱島温泉駅といい、駅周辺の一万二千坪（約四万㎡）は商業地として開発され、すぐにすべて分譲されたらしい。今もにぎわっており、昭和の喫茶店もあるのが好ましい。

　また、駅西口から北に向かった丘の上の綱島公園隣接地三千坪（約一万㎡）に、東横電鉄は住宅用分譲地をつくった。駅の「北部は丘陵にして南部は鶴見川の清流に面し冬暖かく夏涼しく風景絶佳なり」「隣接して桃雲台公園あり　老松点在して雅趣に富み附近一帯風光明媚　特に桃花満開の季節が最も佳なり」と当時のパンフレット

は書いている。しばらくは空き地で子供の遊び場だったが、一九三七年ごろから界隈に工場が増え、駅の乗降客数も増えて、住宅が急激に売れ始めたという。

綱島温泉の歴史

綱島温泉の発祥は、一九一三年に地元の菓子屋の加藤順三が自宅温泉にラジウムが含有されているかどうかの分析を内務省に依頼、飯田助太夫（いいだすけだゆう）によってラジウムの含有が発見されたのが始まり。この二人が綱島温泉の基礎を形成、まず割烹旅館の「入船亭」を一三年に早速開業した。入船亭があったのが先述した新綱島駅の場所である。温泉旅館の元祖は「永命館」で一六年か一七年に小島孝次郎が開業したと言われるが、すでに一五年に入船亭が温泉旅館になっていたという説もある。

綱島は昔から鶴見川堤防の桜と柳が名物で、花見の時期は観光客が溢れた。芸者を運ぶ人力車が往来し、露店も賑わった。「桃は畠に　桜は土手に　綱島花吹雪」と「神奈川音頭」で歌われるほどであったという。

この温泉に目を付けた東横電鉄は、地元有力者と協力し、前述

綱島の丘の上の住宅地。右頁地図右半分の一画。

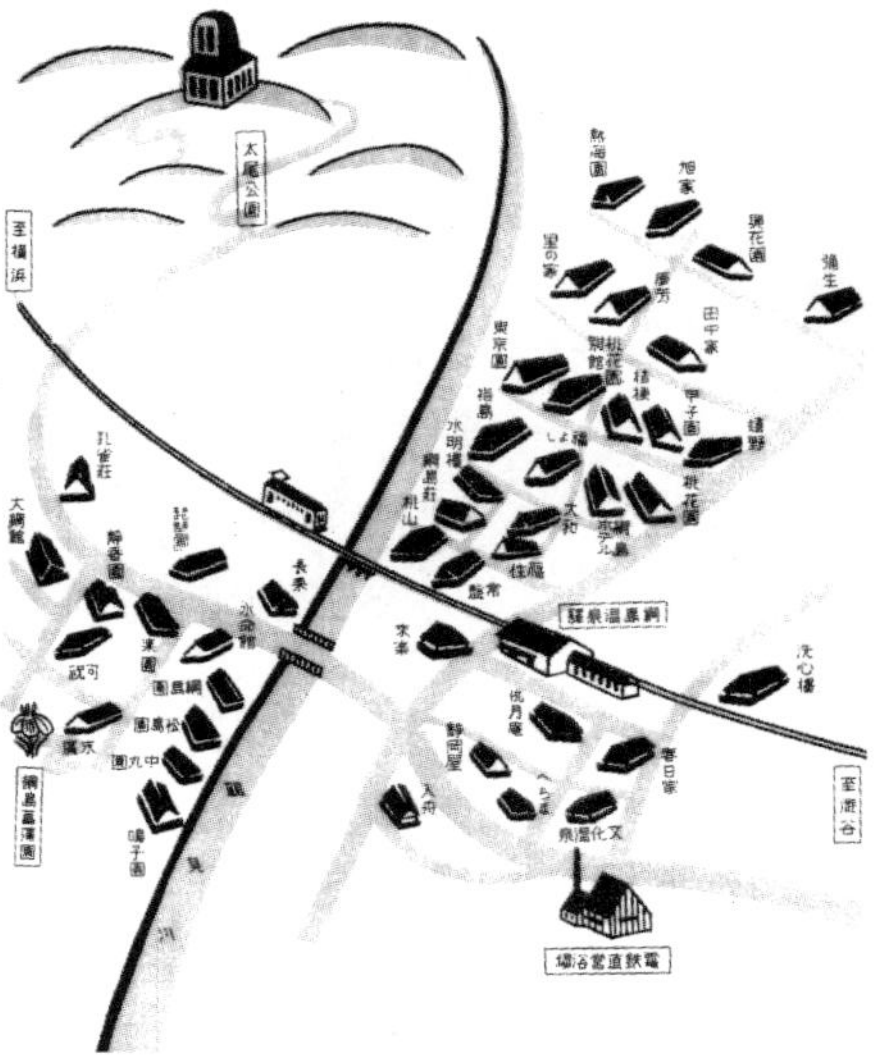

1935年頃の綱島温泉街旅館分布図。44軒の旅館がある。右が渋谷方面。真ん中を横断するのが鶴見川。左上は大倉精神文化研究所。　出所：「横浜日吉新聞」2022年3月17日

のように綱島駅西の住宅街化・別荘地化を企図し、住宅地の一角に遊園地を作る計画を立てた。しかし資金の都合から温泉だけを一九二七年に開業した。

その規模は約四〇〇〇㎡。名物の「あやめ池」を中心とした庭園があり、浴場の建物は三〇〇㎡。二九年下期の入浴客数は一万人を超え、その後も増加し、鉄道の増収に寄与した。そしてこの東横電鉄の資本投下により綱島全体も温泉街となっていった。

ただし温泉は人件費がかかり、赤字だったので、当時の東横電鉄・篠原三千郎（みちろう）常務が同社田園都市課に赤字解消策を練らせた。

結果、入浴客が長時間滞在できるように、施設を改良することになった。ポンプを増設して湯量を増やし、無料休憩所を設け、庭園を整備して散策ができるようにした。

三一年からは田園都市課が経営を担当するようになり、入浴客数も急増し「箱根に次ぐ」客数を集

明るい遊園地

新綱島の改装へ

飯田代議士が音頭取りて

桃色郷の塗替策

“湯同伴歓迎”の桃色温泉郷として有名な横浜市神奈川区綱島町温泉街はあまりにもエロ的に発展を遂げて非常時下の時代の波にそはず既に芸妓屋組合二業組合では営業の行詰りを感じ寄々この打開策に腐心してゐたところ地元選出代議士飯田助夫氏もこの是正策に乗り出しこの程同町料理店水明方に同氏が主催となつて県から谷口保安課長、鈴木観光課長、流石神奈川署長、市から[illegible]助役、地元から芸妓屋組合、二業組合各代表地主四名が集まり綱島発展座談会を開き相談の結果綱島温泉は工場地帯[illegible]都市高等住宅地の中心にあるので先づ第一に現在のエロ温泉郷の汚名を一掃して高級温泉郷とする、それには目下工事中の鶴見川から引水して約三万坪の池を作り付近の丘や桃畑を保護する外諸設備をして一日の行楽によい大遊園地を建設し名実共に綱島温泉郷の上品化を計りオリンピック開催までに完成させ一流ホテルも建設して外人誘致を計る事に地元の反対もなく意見の一致を見たので発起人の飯田代議士は早速計画の具体化に邁進明年四月頃までに実現すべく運動中である

る事となつたが、最近の職工増加率を統計に見ると次の通りである

	人口	職工数
六年	一〇〇	一〇〇
七年	一〇八	一〇七
八年	一二六	一二七
九年	一三三	一五八
十年	一三九	一八二
十一年	一四四	二〇六
十二年	一七二	三一八

戦争激化によりピンク路線を一掃しようとした。
出所：「読売新聞」1938年4月7日

めることになったという（『港北百話』）。三四年頃には「住宅もネオン街も軒を並べている」という状況で、旅館数も四〇軒ほどにまで増加した。

三五年頃には綱島に「大歓楽境」をつくろうという計画もあった。綱島温泉組合の柴田弁蔵氏他三名が中心となって計画したもので、綱島にできた花街を「一大遊園地化し」、西の宝塚と共に、ニューヨーク郊外のコニーアイランドのような場所に「飛躍しよう」というのである。温泉と芸者遊びだけでは「近代人の感覚にピッタリと来」ないから、「あらゆる大衆を引き付けよう」と、「各種運動場、劇場、その他あらゆる娯楽設備を含む超豪華」なものをつくり、「東横電鉄会社も大乗気になっていた」という。

しかし戦争が激しくなると様相が変わってくる。芸者遊びは不謹慎だから、「健全保養地、工業都市の住宅地として」「新秩序を打ち立てる」べく、旅館業者は芸妓屋組合と絶縁し、湯治客や連れ込み旅館客は

大曽根側には昭和な商店街もある

庶民向けの昭和30年代の平屋

大曽根の屋敷

一切謝絶。全旅館が「純然たる下宿旅館」に転向したという。一九四〇年には安立電気株式会社ができ、それが軍需工場となり、綱島の旅館街は軍需工場の工員寮や軍関係者の宿泊所となり、綱島公園は高射砲の陣地となったのである。

だが戦後の綱島は、東京の奥座敷の温泉旅館街として賑わいを取り戻し、八〇軒ほどの旅館ができ、東海道新幹線が開通して東京から伊豆、箱根が身近になるまで繁栄が続いた。

懐かしい農村風景が残る大曽根

綱島駅から南側には鶴見川が流れており、川沿いは釣りをする人、ジョギングをする人、サイクリングをする人などで結構賑わっている。驚いたのは川の両岸を橋を渡って歩いて行き来する人が多いことだ。橋の南は大倉山駅が近い大曽根地区であるが、大きな商業施設はない。そのため橋を渡って綱島駅周辺に買い物などに来るらしいのだ。

大曽根地区には庶民的な古い昭和の平屋が並ぶ地域もあり、おそらく鶴見川沿いの工場地帯の従業員がたくさん住んでいた時代があったのだろうと思う。古い昭和な商店街もあり、古いスナックもある。今は多少寂れているが、建て替えがあったり、新しい店もできたりしているようだった。

また大曽根は綱島駅からも大倉山駅からも遠いこともあり、農地はほとんどないが地主などの広い屋敷をいくつも見ることができる。こんな懐かしいような風景が、東横線沿線の、それもそれほど渋谷から遠くもないところに残っているとは思ってもみなかった。

〔参考文献〕
『街づくり五十年』東急不動産株式会社、一九七三
『東京急行電鉄50年史』東京急行電鉄株式会社、一九七三
『港北区史』港北区郷土史編さん刊行委員会、一九八六
横浜開港資料館・吉田律人「綱島温泉の誕生」、二〇一八
横浜開港資料館・吉田律人「綱島温泉の半世紀」、二〇一九

3 日野・豊田

平山城址公園近くにあった娯楽場

実業家鮫島亀之助がつくった養魚場

中央線の立川から八王子に向かうと二番目の駅が豊田駅である。行政的には日野市。この豊田駅から南に向かうと多摩川の支流である浅川が流れている。平山橋で浅川を渡ると平山城址(ひらやまじょうし)公園に近づく。平山城址公園は八王子市と日野市にまたがる公園で、古くは武蔵七党の一族である平山氏の居城(平山城)があった場所だ。一九五〇年一一月二三日都立多摩丘陵自然公園に指定され、一九八〇年六月一日に開園した。平山周辺には平山季重(すえしげ)の居館があり平山城址公園には見張所があったとされていることから公園の名称にもなっている。公園入口付近にある季重神社では平山季重を祀っている。

今は平山橋の南東部の河岸段丘の上に住宅地が広がっている。段丘の下にも平山住宅という集合住宅があるが、この一帯はかつて「鮫陵源(こうりょうげん)」という娯楽施設の跡地だったという。

「鮫陵源」とは何だかいかめしいような名前であるが、娯楽施設である。鮫島亀之助という人物がつくったものだ。鮫と亀である。平山をさぐる会『平山をさぐる〜鮫陵源とその時代』によると、鮫島氏は鹿児島県出身。元島津家の薩摩藩士の家柄であり、西南戦争で西郷隆盛側についたために父が処刑されてしまった。そのためか母と共に上京。小学校を終える頃にはロサンゼルスに渡り、学校卒業後は貿易商に勤務。大正の半ば頃に帰国して事務機、キャンデー、チョコレートなどを輸入する鮫島商会を銀座に開設し、アメリカ製のタイプライターを輸入する総代理店としても成功し、京王電鉄の第三位の株主となったのだった。

水路は日野によく見られる

そういうわけで京王線沿線の平山城址近くに鮫陵源をつくることになったと思われるのだが、もう一つの理由は、鮫島氏が金魚の養殖を趣味にしており、浅川沿いの河岸段丘からの大量の湧き水が養殖に適していたことである。なるほど、日野というのは水路が有名な土地である。「鮫陵源」跡地近くを歩いてみても、地主さんらしい大きな家に沿って水路が流れていて、なかなか良い眺めである。(陣内秀信・三浦展『中央線がなかったら』ちくま文庫、法政大学エコ地域デザイン研究所編『水の郷日野』鹿島出版会、参照)

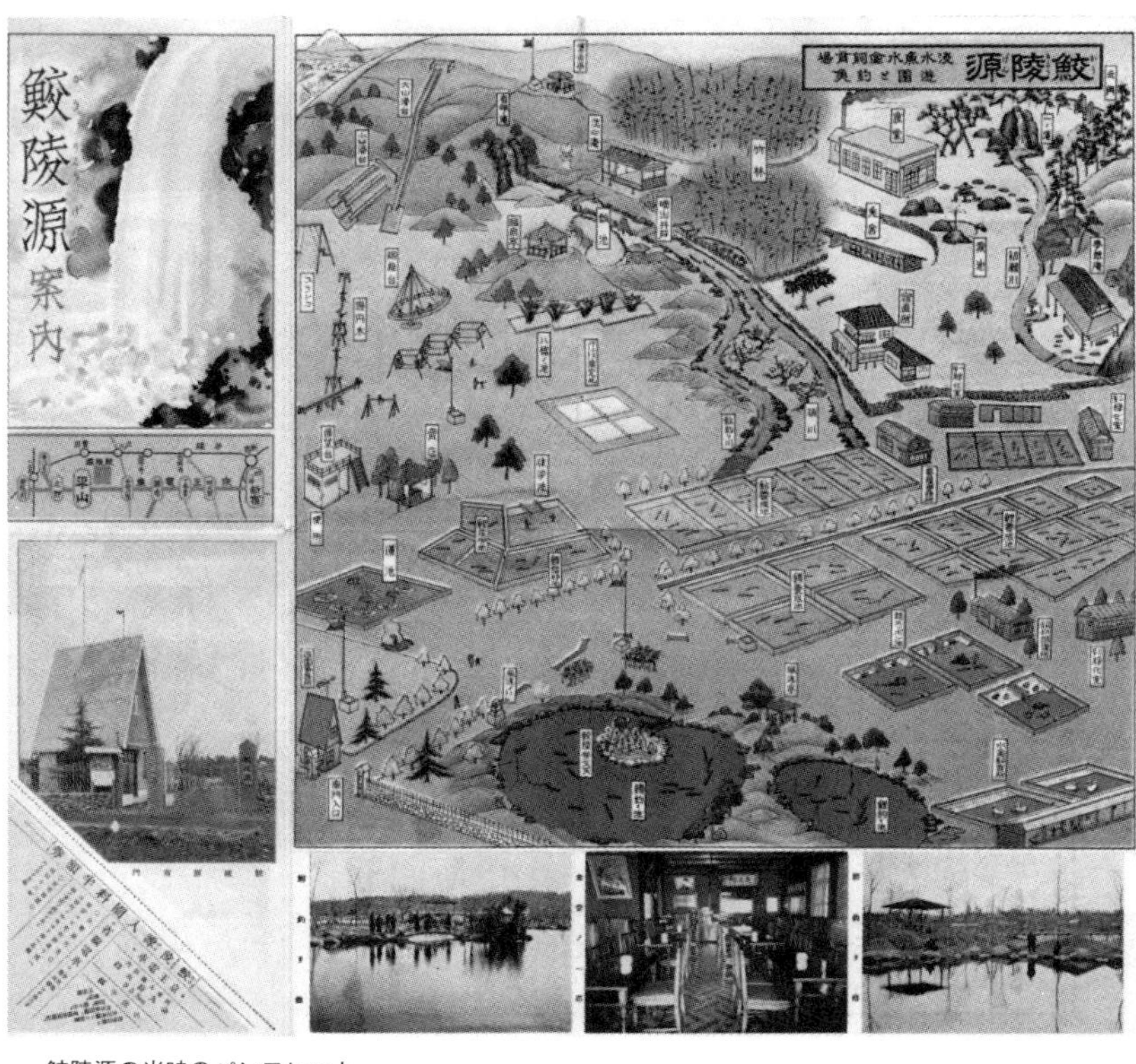

鮫陵源の当時のパンフレット

高級食堂に遊園地、おとぎの国のようだった

「鮫陵源」は一九三六（昭和一一）年六月に開園した。敷地面積は六万六〇〇〇㎡（九万九〇〇〇㎡という説もある）。川沿いに金魚の養殖池が大小六〇区画もあった。養殖した魚は、アユ、マス、ウナギ、コイ、フナ。金魚等の観賞魚。魚ではないが食用のスッポン。また、ガチョウ、合鴨を千羽も飼っていた。敷地には和風広間、小座敷八室、洋風食堂三室を持った日本館

があり、上記の新鮮な魚や鴨を使った料理が食べられた。また新宿の「二幸」（今のスタジオアルタの場所にあった）にも魚が卸されていた。定食の値段は二円から五円だったらしいが、当時の江戸前寿司の値段が三〇銭だったというので、七倍から一七倍。三五〇〇円から八五〇〇円くらいだろうか。いずれにしろかなり高級だったようだ。

また敷地には、三角屋根の洋風建物も建ち並んでおり、屋根の上には「鮫陵源」のシンボルマークの入った旗がたなびいていた。それが当時はとても洋風で、おとぎの国に来たように感じられたらしい。多摩の山あいにできたのだから当然だろう。

遊園地もあり、二五mプール、釣り堀大小三箇所、鉄棒、ブランコ、シーソーなどの子供用遊具のある場所、ウッドボールゴルフという「鮫陵源」独自の遊びができる場所があった。

ウッドボールゴルフとは、ゴルフとクリケットの中間のようなスポーツらしく、直径七センチほどの木の球を、柄のついた長さ九〇センチほどの棒で打ち飛ばし、得点を競うものだったらしい。

段丘の上から平山住宅のある低地に向かって「大山滑り台」があり、これが「鮫陵源」のシンボルだった。大山滑り台は当時の娯楽施設には必ずと言ってよいほど設けられたものである。また一〇mくらいの高さを、滑車のついた台に乗って滑り降りる大きな滑り台もあった（拙著『娯楽する東京』参照）。八王子など近隣の子どもたちが遠足に来る場所でもあったようである。

戦後は料亭、そして団地に

このように地域住民にも親しまれた「鮫陵源」も、一九四一年に鮫島氏が没し、四三年には戦争のために経営中止となった。施設は陸軍に接収され、建物は軍服の肩章を作る工場となった。養殖池には東南アジアの占領地から持ち込まれた生ゴムの塊が沈められて保管されたという。

戦争が終わると「鮫陵源」全体は復活しなかったが、「鮫陵源」の土地は税金の代わりに物納され、それが八王子の医師に転売されて、日本館を使って料亭としての「鮫陵源」が復活した。子ども向けの遊園地は荒れたまま放置され、近所の子どもたちがそこで勝手に遊んでいたらしい。養殖池にも魚がまだいて、それを獲る子どももいた。昔は今と違って空き地を立ち入り禁止にしたりしなかったからである。女の子たちにとっては、洋風の建物などの雰囲気がロマンチックな印象を与え、「不思議の国のアリス」を連想したりすることができる場所だったらしい。

だが料亭は一九五五年に廃業となり、土地は東京都住宅供給公社に売られ、六四年には平山住宅として開発されたのだった。

〔参考文献〕
平山をさぐる会『平山をさぐる～鮫陵源とその時代』日野市生活課、一九九四

II

風致地区

4 善福寺

―― 井荻村・内田秀五郎の業績

風致地区とは?

風致地区という言葉をご存じだろうか。なんか聞いたことがあるような、という人はいるだろうが、聞いたことがなくても当然である。

風致とは「おもむき」があることを意味する。風流、風雅といった言葉に通じると言ってよい。「致」という字にも「おもむき」という意味があるそうだ。「筆致」といえば、その人らしい文章のおもむきを意味する。

風致地区とは、簡単に言えば、都市の近くにありながら、緑や水辺などの自然風景が豊かで美しく、人々がそこにいると和めるような場所を行政が指定して保全した地区であり、行き過ぎた都市開発を抑制する意味もあった。一九六五年の東京都資料によれば「風致地区は都市生活の合理的な利用計画の一部で、特に都市の風致を維持し、美しく快適な環境を造成することをねらいとした都市計画上の施策である」(東京都建設局編『東京の風致地区と自然公園』)とされる(現在の東京都のホームペー

落ち着いた水と緑が美しい善福寺池

ジでの説明は「都市の風致（樹林地、水辺地などで構成された良好な自然的景観）を維持するため、都市において良好な自然的景観を形成している区域のうち、土地利用計画上、都市環境の保全を図るため風致の維持が必要な区域」とされている）。

日本初の都市計画法が一九一九年に制定されたが、風致地区もそれに規定されている。そのため風致地区に指定された地区では、住宅や商業などの用途や建物の形態を規制する一般的な都市計画の規制に加えて、より厳しい建物の高さ制限や造成、樹木等の伐採に関する規制がかかる。

風致地区は、戦前から指定が始まり、戦後にかけて指定地区が増え、現在は全国で約八〇〇地区ほどある（指定地区がその後指定を外れるケースもある）。首都圏では、東京都二八か所、神奈川県は五一か所、千葉県一六か所、埼玉県一か所、茨城県二一か所などとなっている。

風致地区が全国で最初に指定されたのは一九二六年（大正一五）九月、明治神宮の内外苑に通ずる表参道、西参道などの参道四路線とその両側の一八mずつである。

東京府での二番目が一九三〇年（昭和五）四月の多摩陵（八王子市）。つまりどちらも皇室関連の土地であり「有限で崇高な城域の森厳な風景美を維持しようとする」ものだった（前掲『東京の風致地区と自然公園』以下同）。

戦前に指定された風致地区～洗足、善福寺、石神井、大泉、多摩川、江戸川など

同年一〇月には、洗足、善福寺、石神井、江戸川が指定される。これは「都市計画区域内の自然風景地の保護、特にその地貌と林相のような静かな風景美を保存しながら一方では水流とか水面のような動的風景要素を備えて行楽の対象となっている区域」である。

洗足は大田区の洗足池周辺、善福寺は杉並区の善福寺池の周辺、石神井は練馬区の三宝寺池周辺、江戸川は葛飾区の江戸川沿い、矢切の渡しから北の水元公園までである。

さらに三三年一月に多摩川、和田堀、野方、大泉が指定される。「武蔵野の景相が豊かな風景を護り田園都市的理想住宅地として開発整備しようとする区域」である。

多摩川は小田急線祖師谷方面から田園調布方面まで、多摩川とその支流の野川などの流域であり、

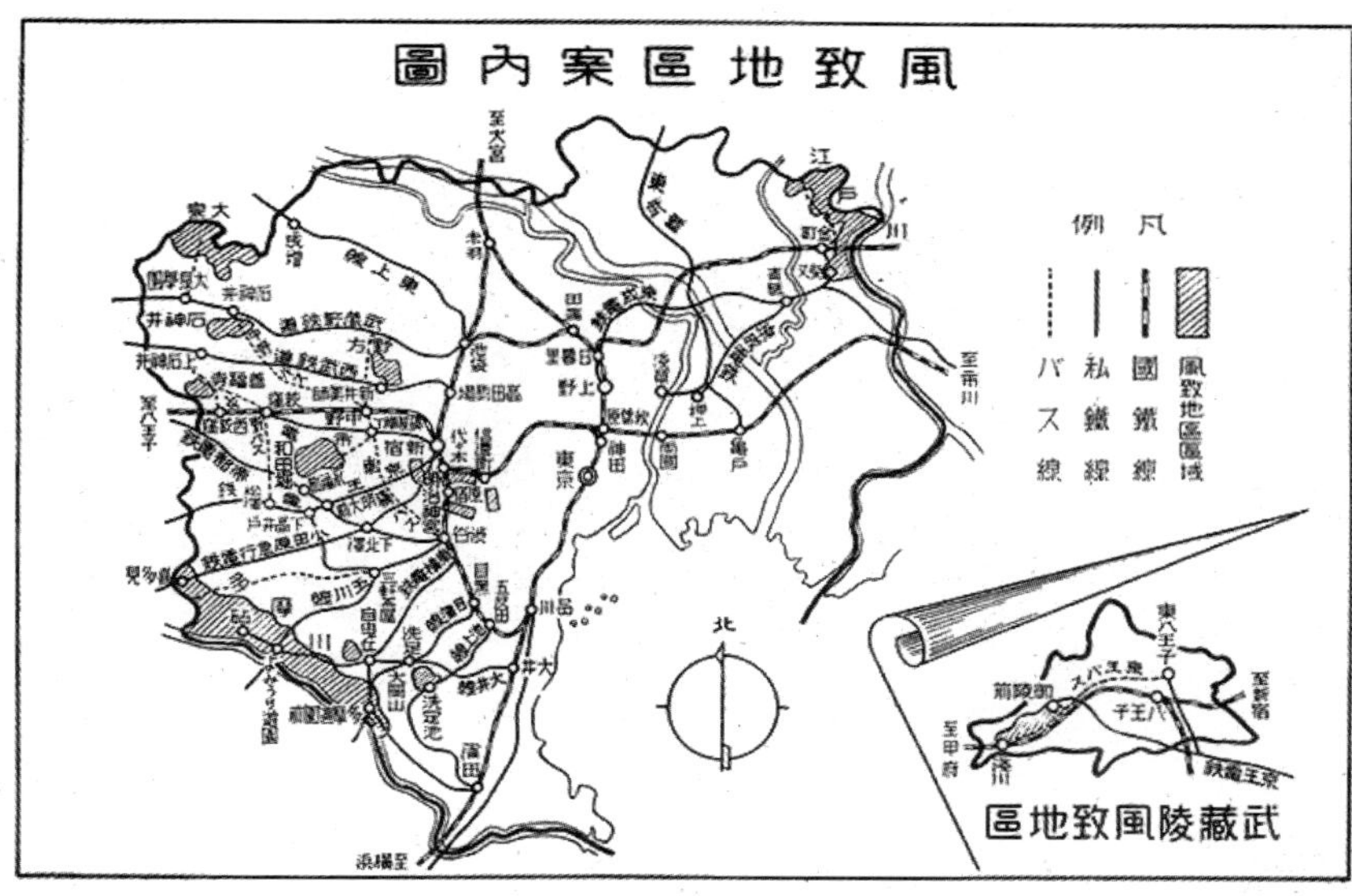

東京の戦前に指定された風致地区。東京市西郊に多い
出所：東京府風致協会聯合会『皇都勝景』1942

電車で言えば東急大井町線上野毛・等々力・田園調布の多摩川を見下ろす高台などを思い浮かべれば納得がいくだろう。

和田堀は杉並区にある大宮八幡周辺であり、善福寺池から流れる善福寺川の流域。

野方は中野区の西武新宿線新井薬師駅北側で、妙正寺川流域、哲学堂公園周辺である。

大泉は西武池袋線大泉学園駅北側の大泉学園町とその東側の大泉町一帯であり、大泉学園町は箱根土地開発（現・西武鉄道）が大学誘致のために開発した地域である。

戦後も風致地区指定は続くが、本書では戦前の洗足から大泉までの区域を探訪してみることにする。江戸川を除けばいずれも東京二三区西側の、今は比較的高級な住宅地となっているところである（なお野方は戦後風致

中島直人さん　善福寺池畔のカフェにて

地区指定から外れた）。

現在のウェルビーイングにも通ずる風致の概念

探訪の前に専門家のお話を聞いて予習をしておくことにした。伺ったのは東京大学大学院工学系研究科都市工学専攻教授・中島直人さん。中島さんは、小さい頃から善福寺池近くで育ち、卒論も風致地区という方である。せっかくなので善福寺池のほとりのカフェで話を伺った。

「風致地区は、一九一九年の都市計画法にて地域地区の一つとして制度化されたもので、特に戦前期の風致地区は、自然環境、歴史的環境の保全・育成に関する豊かな概念を含み、積極的な運用がなされました。中でも、東京府の各風致地区を単位として地元関係者によって組織された風致協会の活動は、行政と民間との協働による都市計画の実践の先駆として高く評価されるものです。風致協会は、我国の官僚主導の都市計画が、住民、市民をいかに意識し、いかなる関係構築を図ろうとしたかという点において、都市計画史研究上極めて興味深い事例です」と中島さんは言う。近年盛んな公民連携のまちづくりの先取りとも言えるのだ。

また中島さんによると風致地区はある意味で日本的な曖昧さのある概念だという。都市計画という

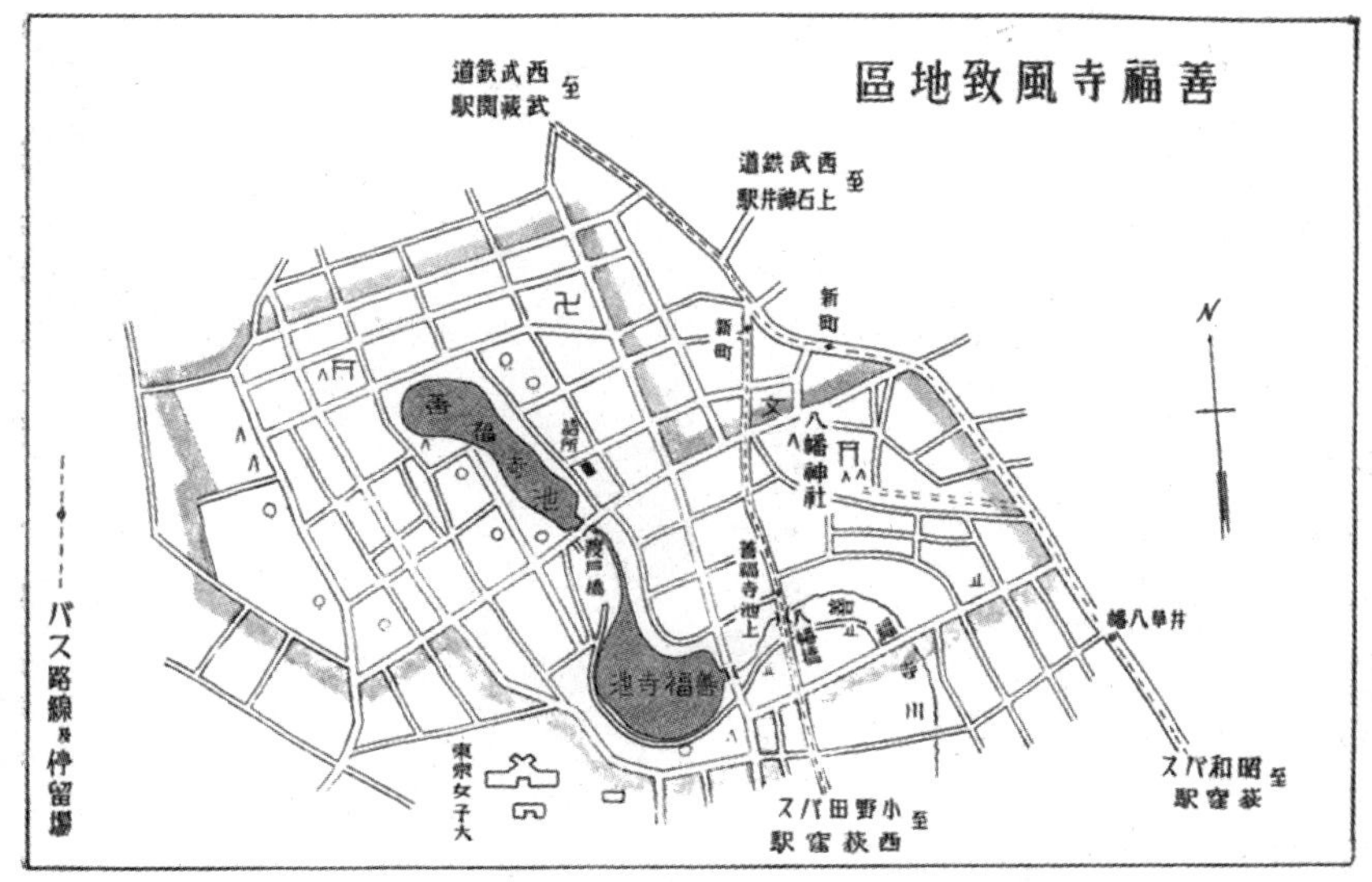

指定された当初の善福寺風致地区。八幡神社の南に同潤会勤め人向け分譲住宅地が、善福寺池の下の池の南東部には同潤会普通住宅地がつくられた。現在の風致地区の範囲は41頁の写真参照。
出所：東京府風致地区協会聯合会『皇都勝景』1942

ものは主として道路や建築物の大きさ・広さ・高さなどを物理的に規制するものなのに、風致地区はまさに「風致」という曖昧な概念に基づいており、池の面積とか木の高さとか種類などを規定するものではないからである。

また風致という言葉自体は最初は英語のアメニティ（amenity）の訳語として説明されることもあったそうで、単に物理的に緑が多いといったことではなく、身体感覚的な気持ちよさを意味するのだそうだ。そういう感覚的な要素が都市計画の最初の時点から入り込んでいたのであり、そのことがむしろ現代的な意義になっていると中島さんは言う。実に興味深い話だ。

東京府で風致地区行政を担当した水谷駿一の一九三三年に書かれた論文「帝都の風致地

秋の善福寺池

区に就いて」にも「我らの都市は、生活をなす上に、あるいは活動をなす上において利便の土地でなければならぬ。また保健的な土地であり、さらに自然の美に富み、かつ潤い、愉快な土地であらねばならぬ」と書かれている（東京府土木部編『帝都に於ける風致地区に就いて』。文章は現代的に改めた）。

「愉快な」という形容詞は当時流行った言葉の一つだが、心と体が思わず解放されるというような意味であろう。

「風致には、単に緑化するとか保全するだけではなく、味わうとか楽しむといった要素、ボートなどの娯楽要素もあり、いわば創造的風致になっているところが面白いのです。ウェルビーイングといった考え方が重視される今という時代から見て、改めて風致は意味がある」と中島さんは言う。

なるほど、たとえば公園や緑地は人口何人当たり何㎡必要だという方針があったとして、だからといってそのとおりに公園・緑地がつくられれば快適かというと、そうとは限らない。禁止事項ばかりの公園は誰にも使われないし、緑地も計画的に整備されすぎた緑地は本当に快適かどうかわからない。

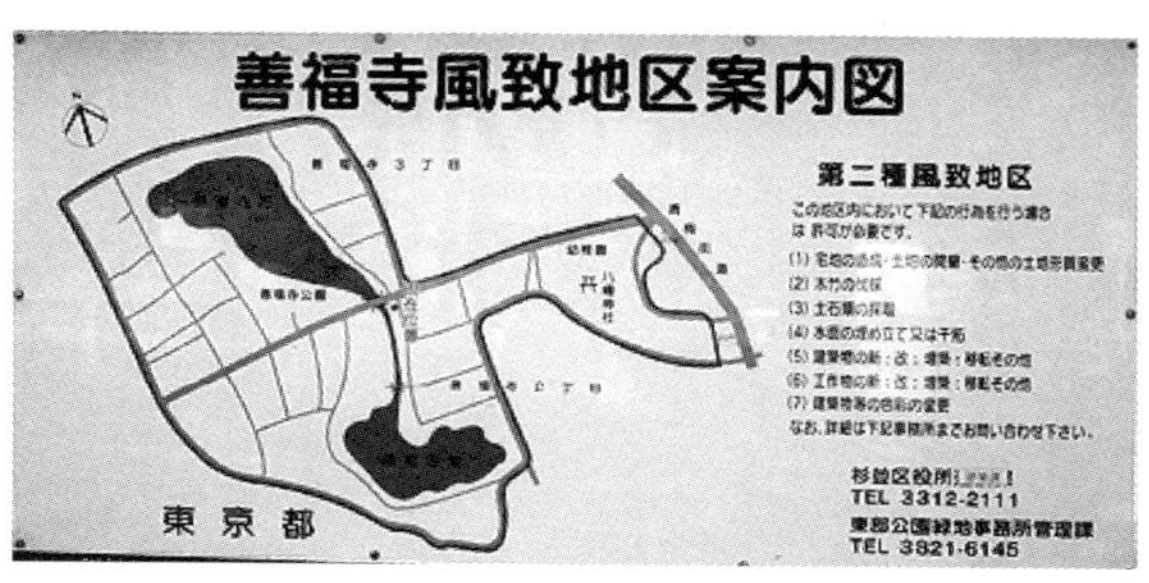

善福寺池畔に今もある風致地区案内図

まさにそこに「風致」が必要なのだ。梅や桜が春を告げ、初夏にはケヤキに無数の青葉が繁り、秋には木々が紅葉し、葉が落ち、冬にはミカンやユズの実がなり、水面の光る池には鴨が増える、という多様な生物たちの四季の移ろいがあり、それを楽しみ、はかなむ人間がいる、そういう場所が全体として感じさせる生命の充実感、満足感、幸福感のようなものを含めての風致なのであろう。

市民主体の風致地区創造、田園都市思想との関わり

風致地区の管理運営は地元の地主などから結成された風致協会が行った。そして風致地区は最初から今のような形だったのではなく、時間をかけて整備されたという。

善福寺池も当初はまだ上池は小さく、下池はなく、田んぼの面積が大きかった。善福寺風致協会設立の具体的な準備は一九三三年一一月の設立有志懇談会から始まり三四年一〇月二日になって東京府に認可された。会長は、当時の元井荻町町長の内田秀五郎（ひでごろう）である。内田は井荻町の耕地整理事業を行い、道路を整備するなど、村の近代化を図ったことでも知られる。彼はその後「東京府風致協会聯合（れんごう）

会」の会長も務め、井荻町だけでなく東京全体の風致地区の形成に貢献した。

協会の収入は会員の会費、東京府及び杉並区からの補助金だったが、ボート事業を始めるとこれが大きな収入源になった。また協会は、池の拡大、鯉（こい）や鮒（ふな）の稚魚の放流、ベンチの設置、植樹なども行った（現在ボート事業の運営は東京都の管轄）。

風致地区という言葉を聞くと、「風紀」という言葉とも近いので、ちょっと堅苦しい印象がするが、健全に楽しむかぎりでの娯楽的な要素は重要なものとして捉えられていたようである。こうした考え方には、当時欧米から入ってきた家庭重視、子どもの教育・発達重視の田園都市思想とも関連しているのではないかと思われる。

実際先ほどの水谷の論文でも「利便」「保健」「自然美」「潤い」「愉快」という土地の条件を備えた都市の形態に「理論的説明を与えた」のはイギリスの田園都市思想であると書かれている。

住宅地形成への影響

風致地区に指定されることは、その後の住宅地化に影響したのだろうか。

中島さんによれば「風致地区指定とは関係なく市街化は進んでいきました。しかし、たとえば和田堀に隣接する永福町の戦前の住宅地のチラシには風致地区という言葉が売り文句の一つとして使われていますし、ある程度影響はあったでしょう。善福寺風致地区でも、同潤会の勤め人向け分譲住宅地

1941年の善福寺風致地区。池はまだほとんど田んぼであり、木々も少なく、まわりに家は少ない。下の団地のようなものが同潤会普通住宅地。その右上の住宅地が同潤会勤め人向け分譲住宅地。左下は東京女子大学。 出所：国土地理院

1957年の善福寺風致地区。上池が拡大、下池ができあがり、木も育ち、まわりの家も増えた。出所：国土地理院

ができていますが、これは協会員のうち内田ら八名が土地を同潤会に提供したもの」だという。

緑が豊かで、善福寺、和田堀、石神井、洗足のように水辺があり、風致地区なので静かだとなれば、住宅地としては最高である。地主などを中心に風致地区に邸宅を構える人が増え、さらにそのまわりに住宅地が形成されていったのであろう。一九四一年の写真を見ると善福寺池のまわりにはまだ家はほとんどない。だが五七年になるとかなり家が増えているのがわかる。

戦後の一九五八年には善福寺風致協会は家庭緑化にも尽力し、苗木の即売会や無料配布を行ったという（中島直人他「善福寺風致協会の活動の変遷についての研究」）。最初から自然豊かな住宅地があったわけではなく、風致地区にふさわしい場所を主体となってつくりあげていったのである。

新しい動き

このような風致地区であるが、規制の効果は実際にはあまりなく、特に戦後復興期に樹林地は燃料や資材として伐採されてしまったり、食料増産のために畑地に整地されたり、何より宅地化、住宅建設が激しく進み、実態としての風致が損失してしまったという。その結果、風致地区から部分的に外れる区域が出てきたり、地区全体が風致地区ではなくなることもあったのだそうだ。

また風致地区であるがゆえに、静かな環境が重視されるので、あまりにぎやかなことはできないという面がある。それでもいいのだが、今の時代、もう少し池のまわりで何かをしたいというニーズもある。

実は中島さんとお会いしたカフェは最近できたもので、池のまわりはジョギング、ウォーキング、犬の散歩などの人が早朝から多いため、このカフェも早朝から開店し、ペットを連れた客でにぎわう。

また中島さんも地域の友人たちと「善福寺どんぐり・ピクニッククラブ」という活動を始めている。同クラブは、「善福寺公園近隣の地域コミュニティーが持つ個性や多様な意見を大切にしながら、これからの善福寺公園のあるべきすがたを自由に思い描くとともに、未来の担い手である子ども達と一緒に善福寺公園のパークライフを楽しむ」活動であり、「善福寺公園のこれまでの歴史や現在の様々な公園活動、これからの公園のビジョンを大切にしながら」「子どもたちの自由な遊び場づくり、自然とのふれあいの場づくり、防災体験ができる場づくり、生物多様性を体験できる場づくり、多世代交流ができる場づくり、中高大学生の学びと活躍の場づくり、文化芸術を体験できる場づくりなど、公園を楽しむ様々な場づくりを行」うものだという。風致地区も今の時代にふさわしい新しい段階に入ったようである。

〔参考文献〕

中島直人他「善福寺風致協会の活動の変遷についての研究」二〇〇〇年度第三五回日本都市計画学会学術研究論文集
中島直人「用語「風致協会」の生成とその伝播に関する研究」二〇〇三年度第三八回日本都市計画学会学術研究論文集

5 和田堀・永福町

武田五一設計の家があった

風致地区を宣伝に使った住宅地

和田堀とは杉並区の大宮八幡神社に隣接する堀であり、周辺一帯を含めて一九三二年に風致地区に指定された。詳しい範囲は四七頁上図のとおりであるが、真ん中を蛇行するのが善福寺川。左端の斜めの道が井の頭通りであり、そのさらに左を井の頭線が走っている。真ん中あたりを上下に走る道路が永福町駅北口の商店街であり、その道の下の方に永福町駅が位置する。つまり概ね、井の頭線永福町〜西永福の北側が和田堀風致地区である。絵図（四七頁下）を見ると、下が北、上が南であるが、左下に和田堀が描かれている。その上に大宮八幡神社があり、その上に井の頭通りがあって、そのすぐ上に井の頭線永福町と西永福の駅がある。神社と井の頭通りの間、そして井の頭線の南側に住宅地が形成されているのがわかる。右上隅は富士山である。

そもそもこの絵図は和田堀風致地区が指定された頃に開発された住宅地「永福住宅地の栞（しおり）」で使われていたものである。前章でも書いたように、風致地区に指定された地区やその周辺は良好な住宅地

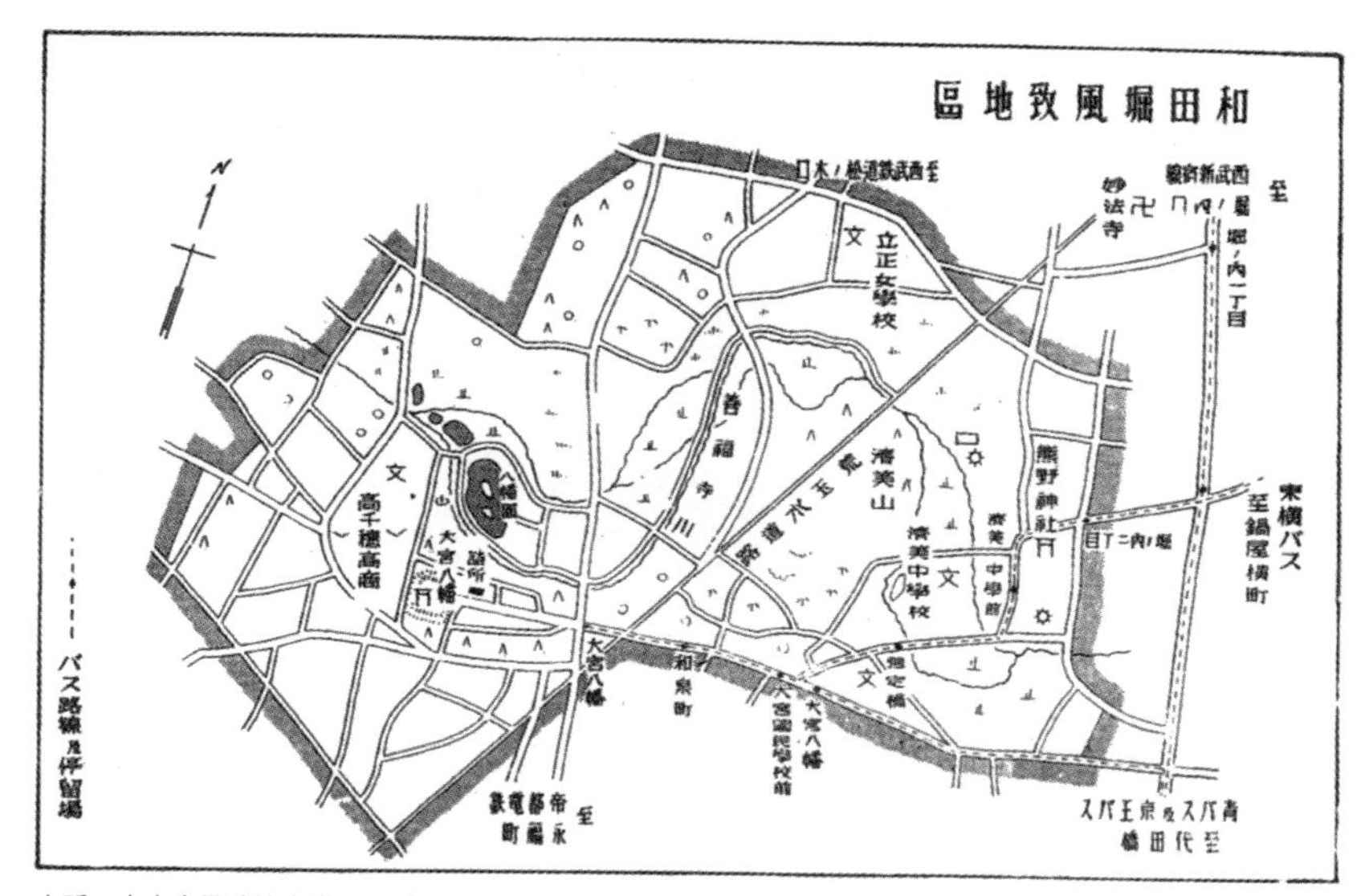

出所：東京府風致協会聯合会『皇都勝景』1942

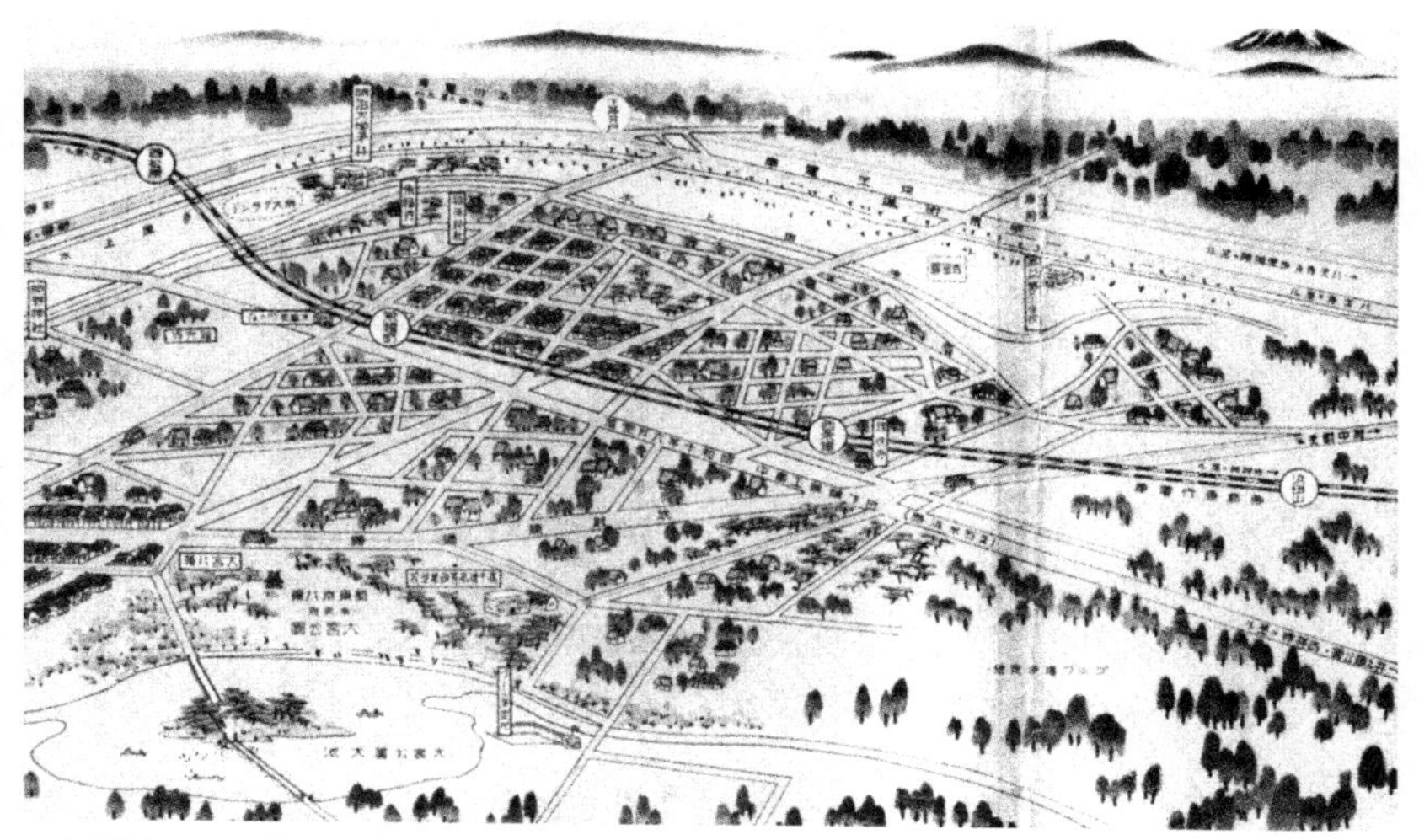

手前が和田堀。井の頭線に沿って住宅地がつくられた。
出所：永福町駅前地主共同事務所「健康と勝景 永福住宅地案内」1937

大宮八幡神社

和田堀

として宣伝文句に使われた可能性がある。この栞はまさにそういう事例の典型である。

栞は私の調べた限り二種類あり、ひとつは発行年が不明だが、もうひとつは一九三七年である。前者には分譲地購入者の名前が列挙されているので、こちらのほうが後から発行されたものかもしれない。

いずれも表紙に「内務省指定風致地区」と書かれており、和田堀のボートと富士山、そして当時流行の赤い屋根の郊外住宅が描かれている（口絵二、三頁下）。発行者は永福町（駅前）地主共同事務所となっているので、土地開発主体もその事務所であろう。事務所のオフィスは永福町駅と西永福駅の駅前に置かれており、絵図に赤丸で示されている。

永福町駅北口には第一永福荘という住宅地がある。西永福駅北口の井の頭線と井の頭通りの間に第

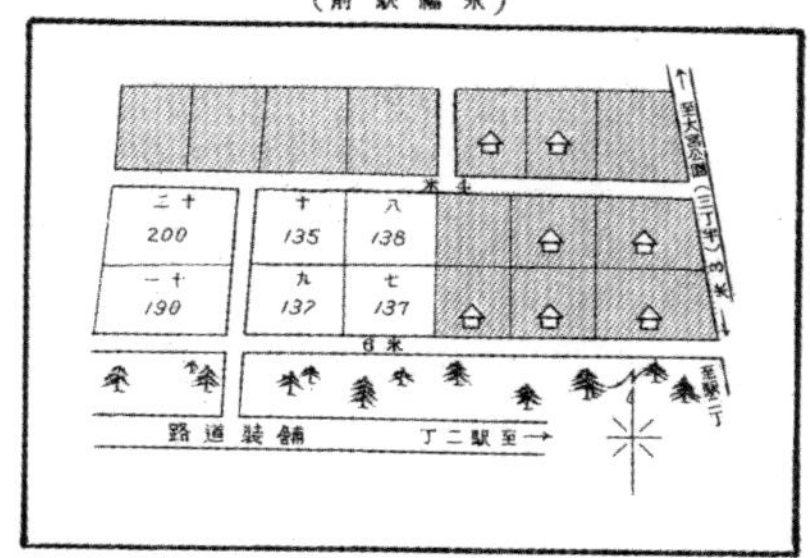

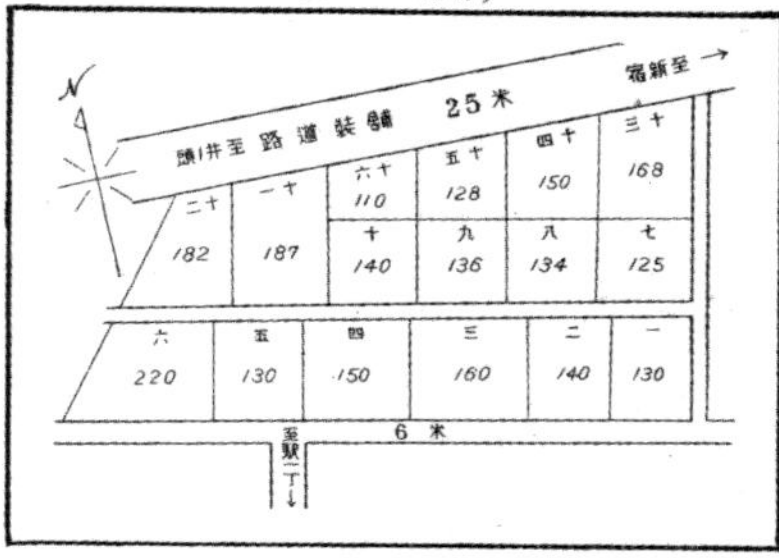

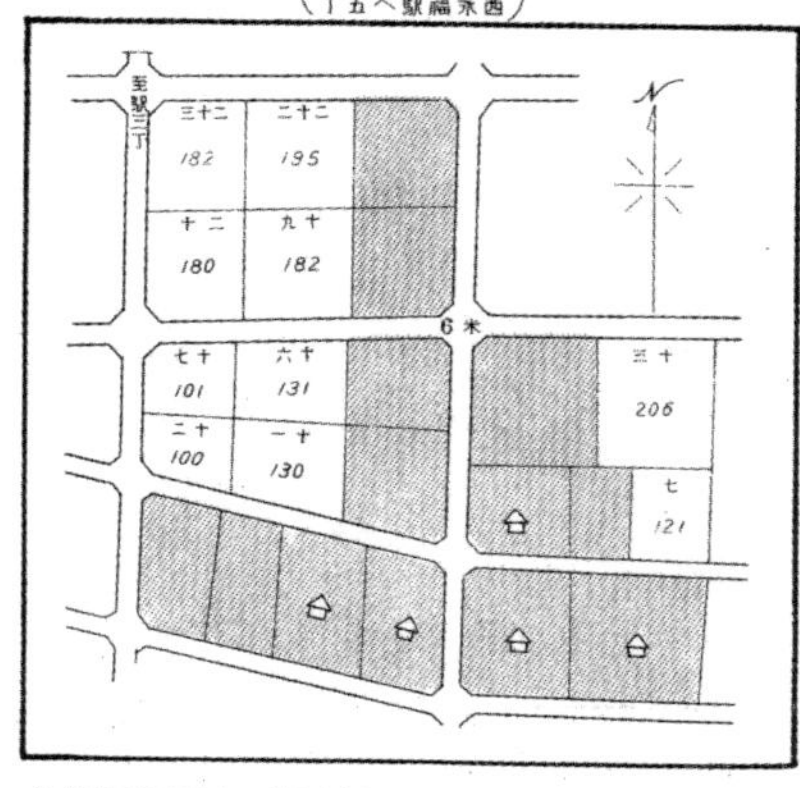

永福町分譲地の敷地割
出所：「永福住宅地の栞」1938頃

二永福荘。井の頭線の南側に第三永福荘がある。その下の「分譲予定地五万坪」とあるのがおそらく第四永福荘になったのではないかと思われる。その下に流れるのは玉川上水である。

第三永福荘の左に八幡台分譲地というのがあるが、これは下高井戸八幡神社に隣接しているからである。それらを囲むように流れているのが神田川である。当時は小池があったり、釣り堀があったことがわかる。その上にあるのが第一翠（みどり）ヶ丘、その上が第二翠ヶ丘。さらに上に第一、第二の松柏園がある。そのまた上が大宮苑、善福寺川をはさんで富士見台分譲地、それらの左には浜田山分譲地がある。

つまり和田堀風致地区のほぼ南半分、善福寺川の南側一帯にこの永福住宅地事務所による分譲地が集まっている。地主たちがかなり積極的に風致地区人気を当て込んで宅地開発を行ったのではないかと想像される。第三永福荘、八幡台、分譲予定地（五万坪）は風致地区外であるが、隣接していたり、神田川や玉川上水に接しているので、似たような風致は感じられたであろう。

三井・三菱・軍人・官吏

三八年発行と思われるほうの栞の表紙には、次のように書かれている。田園郊外の理想が謳われるとともに、そこに風致地区が結びつけられ、かつ家庭と子どもの生活の重視がなされていて、とても興味深い。

健全なる精神は健康の身体に宿る。健康こそは人生幸福の基点であります。ことに大東京の濁った空気と狂燥音のちまたで暮す都会人には、これ以外に何の幸福がありましょうか。かつての大自然の情趣を誇りし武蔵野も、文明の侵蝕にほとんどあとかたもなく破壊され、豊かな日光、新鮮な空気、欝蒼たる森林、鳥歌ひ花笑ふ平和な田園風景は、都心を遠く離れざる限り、容易に求め難き状勢となりました。

かかる時代、新宿・渋谷へわずか十分あまりの永福の丘こそは、都心に近くしかも武蔵野情緒を多分に残す、保健上申分なき唯一の理想住宅地と称することができましょう。本地は内務省より大宮公園の大自然林を中心として周囲三〇万坪の地域を風致地域として指定され、今後永久にこの地一帯の武蔵野風致を保護保存されることになりました。したがって本地は、ますます発展する交通機関の恩澤に浴しながら都心に近くて都塵に遠き清浄明朗なる健康地区たることを絶對に保証された次第であります。和気に満ちた楽しき家庭の団らんと幸福は、かかる地にしてはじめて生み出されてゆくのであります。大東京に生活して、一家の幸福、子孫の隆栄をこいねがうもの、あえて美田を求めずとも、誰が自然美に恵まれたる本地をおいて他に生活の根拠を求め得られましょうか。（※文章は現代的に書き改めた）

先述したように栞には分譲地購入者のフルネームと職業が書かれている。職業別に見ると、一二五人の購入者のうち会社員が最も多く二七人（銀行員という表記も含む）、実業家が一七人、軍人が一四人、官吏も一四人、重役・社長も一四人である。

当時は個人情報保護などという思想はなかったので、なかには「三菱社員」「三井社員」「大倉土木」「明電社重役」などと書かれている人も少なくない。大企業の人間が買ったことが宣伝になったのだろう。

武田五一設計の家

実際に現地をいくつか歩いてみた。

永福町駅北口の第一永福荘は、家がかなり建て変わっており、一九三二年当時を偲ばせる家はほぼないようである。区画は大きく、家も大きめであり、歩いていると何人も白人とすれ違ったので、外国人居住者も多いように思われた。

大宮八幡を経て和田堀公園に行くと、残念ながら掻い掘りか何かの工事中できれいな水面を見ることができなかったが、それでも多くの人が絵を描きにきたりしていた。また木々はあまり手を入れられていないようで野趣に富み、自然に近い形で保全されているように見えた。

和田堀から西に丘を登ると高千穂大学などの敷地であり、そこに隣接したあたりがかなり良好な住宅地になっている。おそらく大宮苑、第一・第二松柏園がこの一帯であろう。第二翠ヶ丘、第二永福荘のあたりは、駅が近いせいか開発が進んだようで、マンションに建て替わるなど、往時を偲ばせる家は少ない。それに対して駅から少し離れた第三永福荘は良好な住宅地として保たれている。戦前からの家かどうか不明だがかなり立派な邸宅も残っている。敷地も広めであり、明らかに土地が分割されてミニ戸建てが建つという例は見かけなかった。

探訪後、一部の写真を自分のFacebookにアップしたところ、知り合いの建築系の大学教授（女性）

永福町から浜田山にかけての家並み

武田五一設計の家

が私の家はこの近くだと反応してきた。彼女によると、第三永福荘には著名な建築家・武田五一の設計した家があったという。残念ながら今はない。だが彼女が大学教授だということで、その家の所有者から元の家のスケッチと土地の領収証をもらったという。領収証にはたしかに永福町地主共同事務所と書かれている。日付は一九三三年一一月で、その家の竣工は三四年である。栞は三七年だから、複数の住宅地をゆっくりと分譲していったのだとわかる。

家のデザインはシンプルだがモダンで、和風のようにも洋風のようにも見える。平行に並んだガラス窓とサンルーム、そして背景の木の枝ぶりが、素人目にも京都・山崎に武田の弟子にあたる藤井厚二が設計した聴竹居ともどこか通ずる気がする。永福町も昔は山崎のように自然に満ちた場所だったのだろう。

6 洗足池

ジャズが流れる不夜城だった

お化け屋敷も開かれた

私ごとだがちょうど四〇年前に洗足池近くに住んでいた。駅は東急目黒線（当時は目蒲線）と東急大井町線が交わる大岡山駅を使ったが、大井町線・北千束池、東急池上線・洗足池駅も近かった。住所は大田区南千束二丁目だった。本稿を書くにあたってよく見ると洗足池付近は風致地区の中である。ただし、池を見下ろすマンションだったらよいが、当時住んでいたのは何の変哲もない木造アパートの一階だった。池の北側の川沿いの低地、野球場のあるところのさらに北側で、今は戸建て住宅が並んでいる。アパートの東西は台地であり、高級住宅地であるが、当時はまだそういうものにあまり関心がなかった。そもそも早朝に家を出て深夜に帰宅する毎日だったので、街を歩いたことはあまりなかったのである。とはいえ、たまには池のまわりを散策した。ボートに乗ったり、夏にはお化け屋敷に入ったこともある。執筆にあたりあらためて池周辺をめぐってみると、当時よりかなり整備されていて、住民の憩いの場としてさらに充実してきたようである。

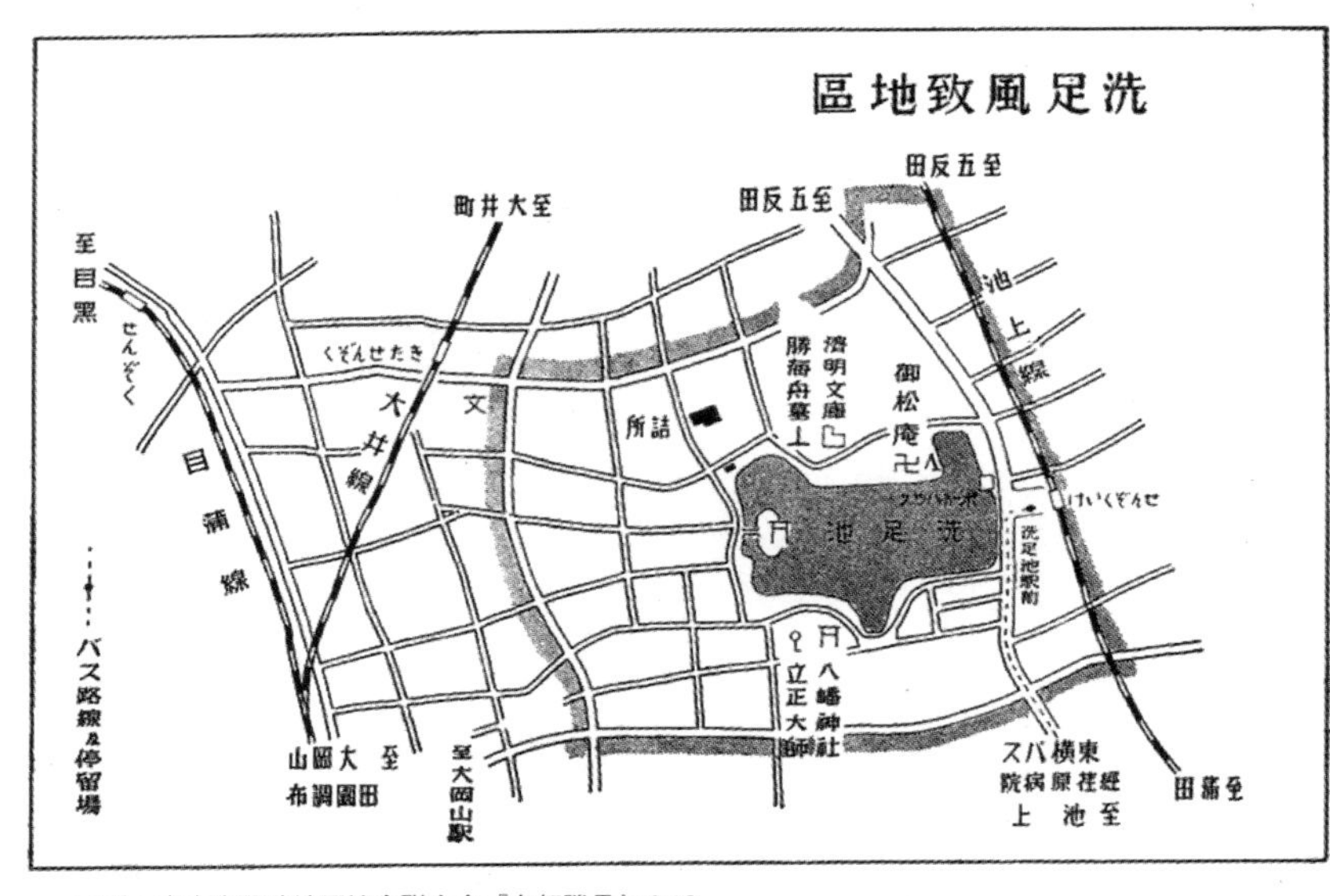

出所：東京府風致地区協会聯合会『皇都勝景』1942

近年、大田区では「洗足池公園を含む一帯の区域は都市計画の重点課題地区である」としている。そして「洗足池公園を中心とした緑豊かな自然環境と低層住宅が調和した閑静な住宅地が広がる」「洗足池公園内及びその周辺に旧清明文庫（鳳凰閣）や妙福寺祖師堂などの歴史的資源が点在している」「坂道などが見られるように地形に起伏があり、曲線のある道路が多く、変化に富んだ景観が見られる」「幹線道路などの道路沿道の集合住宅が立ち並ぶ景観が見られる」ことを特長とすることから、「洗足池公園と一体となった緑豊かな住環境の維持・保全を図ること」を目標としている。

区の資料では「一部建築物の外壁の色彩が黒、暖色、寒色となっていて、周辺の建築物や敷地内の緑と調和していないものが見られる」というように細かく分析されているが、たしかに歩いていると最近建てられたプレハブ住宅は白・ベージュと黒・茶色を組み合わせた流行の住宅が多く、庭が狭まり、庭木も減ったため、従来の落ち着いた住宅地とは異なる新興住宅地的なイメージになっているのはちょっと寂しいところである。

　また洗足池南の中原街道には歩道橋があったが、公益社団法人洗足風致協会を中心とした地元町会・商店街等により、洗足池駅から洗足池方面への眺望を阻害しているとして歩道橋撤去を求める運動が行われ、撤去されている。

夏祭りでお化け屋敷が開かれたこともある（1980年代）
出所：洗足風致協会

洗足池の新聞広告（読売新聞1954年）

　明治期には洗足池畔に勝海舟が住んだ。幕末、鳥羽・伏見の戦いで敗れた江戸幕府側は官軍の西郷隆盛と交渉するため勝海舟を官軍本部の池上本門寺へ出向かせた。勝は途中洗足池の景色にひかれ、一八九一年に別邸「洗足軒」を建てた（戦後焼失。跡地は大田区立大森第六中学校）。

　海舟没後、海舟の墓所や別荘「洗足軒」の保存、海舟に関する図書の収

戦前の住宅地風景　　出所：洗足風致協会『洗足池』1995

洗足池を囲む台地の高級住宅街の現在の様子

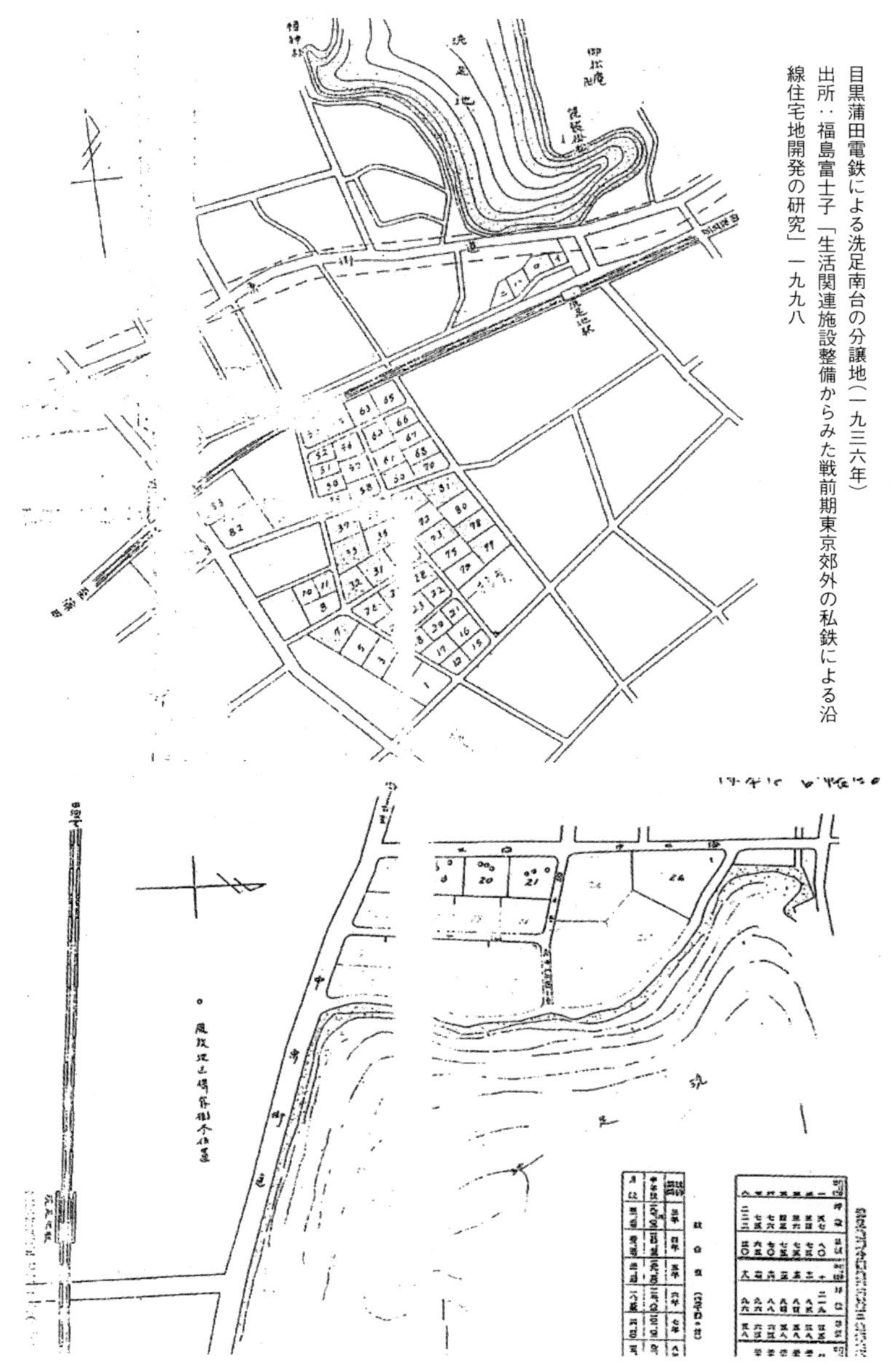

目黒蒲田電鉄による洗足南台の分譲地（一九三六年）
出所：福島富士子「生活関連施設整備からみた戦前期東京郊外の私鉄による沿線住宅地開発の研究」一九九八

目黒蒲田電鉄による洗足池畔分譲地（1936～37年）。線路の右に「風致地区保存樹木位置」と書かれ〇印がある。 出所：福島富士子「生活関連施設整備からみた戦前期東京郊外の私鉄による沿線住宅地開発の研究」1998

集・閲覧、講義の開催等を目的として、財団法人清明会が一九三三年に開館。二〇〇〇年に国登録有形文化財に登録され、二〇一二年に大田区の所有となったものであり、その後旧清明文庫を増築し、二〇一九年、勝海舟記念館として開館した。

娯楽の中心になっていく

洗足池はもともと武蔵野台地の湧き水をせき止めた池で、かつては「千束郷の大池」と呼ばれ、灌漑用水としても利用されていた。千束とは稲の量を量る単位である。「洗足池」と呼ばれるようになったのは、一二八二年、日蓮聖人が病気療養のため身延から常陸に向かう途中に立ち寄った際に、池で足を洗ったことが由来である。江戸時代には、洗足池は風光明媚な地として有名になり、庶民の行楽地にもなった。

一九二三年、関東大震災があったが、その前から洗足池周辺では市街化が進行しはじめた。一九二一年三月九日読売新聞記事によると、洗足地区の有志が池のまわりに「大遊園地」を計画したらしい。二三年、池上電鉄の洗足池駅が開設され、荏原(えばら)土地株式会社による池畔住宅地経営が洗足池周辺の市街化展開の大きな核になったという。池上電鉄によるボート場、遊覧地開発を示した事業構想、荏原土地株式会社による料亭「水光亭」の経営により、行楽地としても発展していく。

一九二九年の「国民新聞」によると、夏は納涼客がウンカのごとく押し寄せ、茶店を見ながら歩き、ボートには男女が乗り、モーターボートもあり、ジャズが流れ、アーク灯によって明るく毎夜一一時まで不夜城の賑わいだったという。

一九三〇年、洗足池を中心とした三〇haの地域が洗足風致地区に指定された。当時の目標は、景勝地や休養地、名所等の公的な要素と、住宅地という私的要素を相互に調和融合させることだったという。

一九三三年には洗足風致地区協会が設立された。協会は、来遊者の増加を図ることをかなり重視しており、弁天橋の整備、弁天島厳島神社建立、大相撲観覧大会、コイとフナの放流、逍遙道路整備(今風に言えばプロムナード)、児童の遠足・修学地としての市内各小学校へのPRなどを行っている。だが急速な宅地化のために大量の下水が洗足池に流れ込み、一九三七年度には池を浄化するため、風致地区改善費によって下水工事が行われたほどである。

古き良き昭和の中流住宅地の雰囲気

洗足池の南の中原街道を渡り、東急池上線洗足池駅のすぐ南東は三井信託の開発した住宅地で、そこから坂を下ると小池がある。洗足池の同じ流域にある、まあ妹分である。周辺は典型的な昭和初期・中期の中流住宅地である。

大田区の資料によると、一九二四年から二九年にかけて洗足駅近くの千束地域で、また一九二五年から三七年にかけて洗足池近くの池上西部において、それぞれ耕地整理が行われているので、おそらく上池台の開発もその後に行われたものと思われる。目黒蒲田電鉄による洗足南台の分譲地は一九三六年、洗足池畔の分譲地は三六年から三七年にかけて分譲されている。

そこから南、再び急な坂を上った高台に、同潤会の勤め人向け分譲住宅地があった。一九三一年に二五戸が分譲された「洗足台第一分譲住宅地」であるが、すでにすべて建て替わったようである。

そこから続いて西に向かった雪が谷には「洗足台第二分譲住宅地」がある。一九三二年分譲、三六戸であり、最寄り駅は石川台である。風致地区と同潤会の立地には直接的なつながりはないそうだが、洗足についてはなんらかの相関関係はありそうである。

さらに西に向かうと崖である。そこから多摩川や富士山が一望できたはずである。今は建物が多いので多摩川は見えない。その代わりに武蔵小杉のタワーマンション街が見える。

崖を階段で下ると、呑川（のみがわ）沿いの低地である。呑川沿いには銭湯・明神湯がある。ここは破風（はふ）の透かし彫りで有名。今回は入湯しなかったが、以前入湯したときは、脱衣所と風呂場の間の戸がまだ木製であった。今もそうだろうか。

しばらく歩くとまた上り坂である。雪谷大塚駅方面に向かって上ると、また同潤会の住宅地がある。一九三三年、三一戸が分譲された「雪が谷分譲住宅地」である。赤羽の勤め人向け分譲住宅地や西荻の普通住宅地では桜並木があるが、雪が谷は紅葉の並木である。住宅はおそらくほぼすべて建て替わ

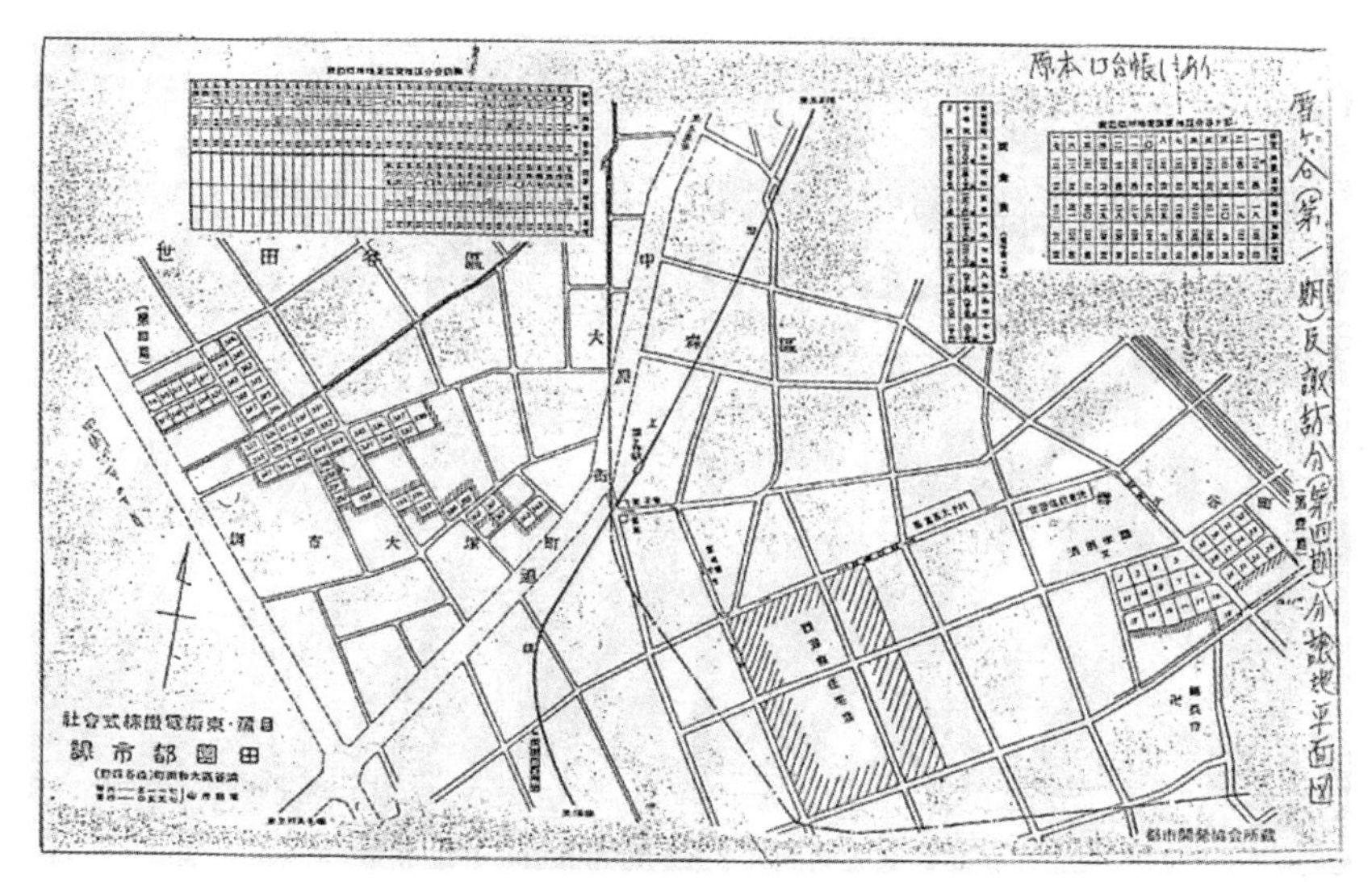

左上の雁行している土地が田園調布の東側にある雪が谷での目蒲・東横電鉄による住宅地開発。その右下の方に同潤会の雪が谷住宅地がある。　出所：福島富士子「生活関連施設整備からみた戦前期東京郊外の私鉄による沿線住宅地開発の研究」1998

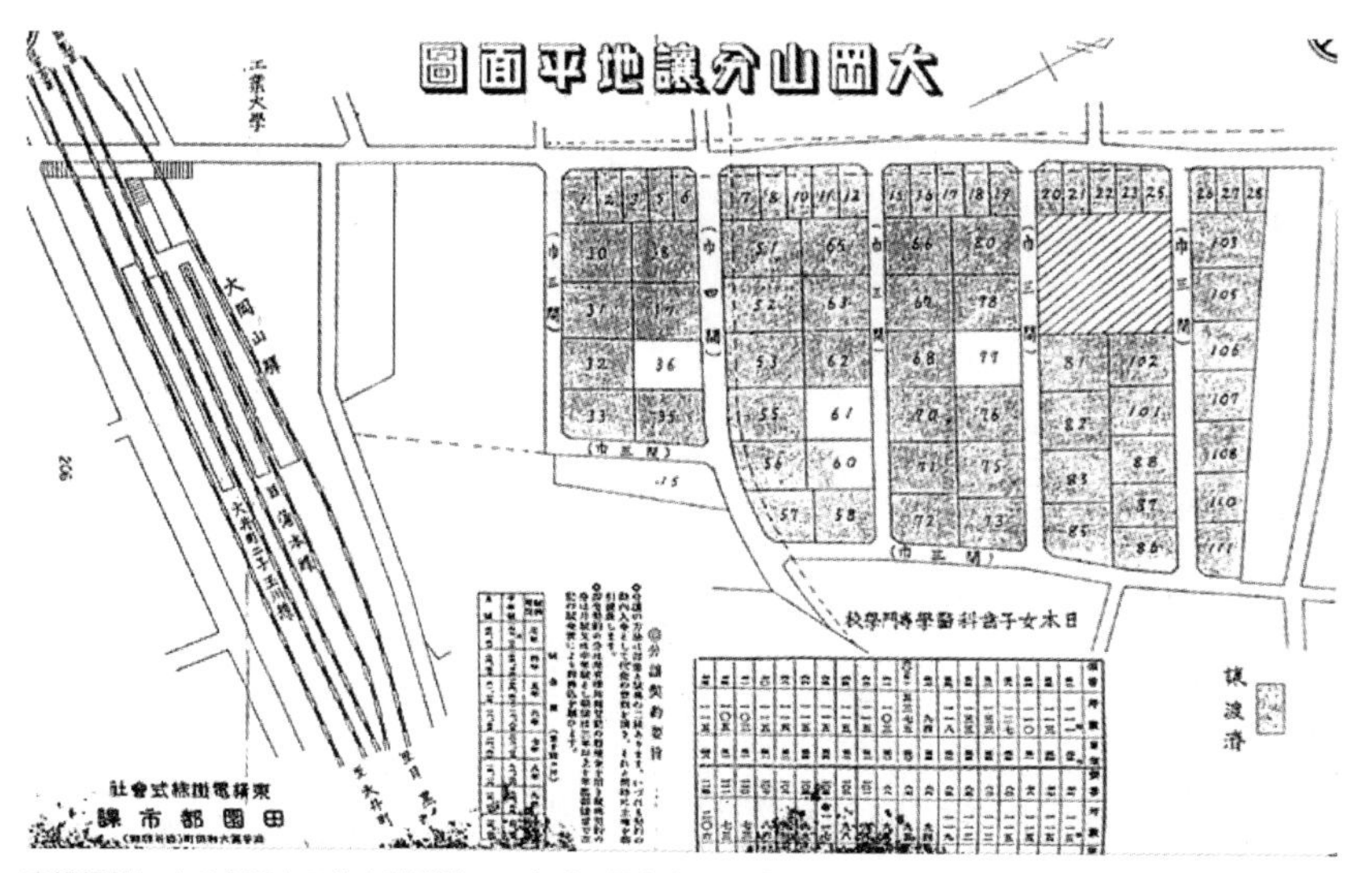

東横電鉄による大岡山の住宅地開発　　出所：福島富士子「生活関連施設整備からみた戦前期東京郊外の私鉄による沿線住宅地開発の研究」1998

雪が谷住宅地の紅葉並木

っているが、並木道は見事に残っている。住宅地探訪で疲れた体を並木道が癒やしてくれる。

ついでに記すと、上池台から北東方向の大井町線荏原町駅南側には同潤会の「普通住宅地」、そのさらに北の池上線荏原中延（えばらなかのぶ）駅の北西、山王の高台から西側に降りた横須賀線のガード下あたりにも「普通住宅地」が存在した。

普通住宅とは「大正末期から昭和前期に公共住宅として一般に用いられた長屋形式の集合住宅の呼称」であり、「庶民の住宅」として「当時としては『普通』の居住様式であった」らしい（佐藤滋『集合住宅団地の変遷』）。

同潤会では震災直後に造った仮住宅（今で言う仮設住宅のこと）や鉄筋コンクリートのアパートなどと区別するために普通住宅という用語を用いた。今で言うメゾネットのようなもので、一つの建物に二世帯から六世帯が入居するように造られた。商店向けの土間を持った二階建の普通長屋形式もあった。

また、現・大田区千鳥町には、「職工向け分譲住宅地」もあるし、都立大学駅近くには勤め人向け分譲住宅地があった。もちろん代官山にはアパートがあった。このように同潤会の多様な住宅地やアパートが、旧・荏原郡の東急各線沿線に多数つくられたのである。

分譲住宅地は、同潤会としては最後のほうの時代につくられたものが多く、「時代の要望は住宅の量の問題から更に質の問題へ」と変わり、「一般勤労知識階級の住宅所有熱」が高まってきたので、同潤会としても「何等かの方法に依って住宅を所有せしめ」「最も時代に適した文化的合理的なる小住宅の模範を供給し」「一般の住宅知識普及向上に資する」ため、「月賦」で購入できる分譲住宅の建設を進めたという。

分譲住宅の敷地の選択に当たっては、土地が高台で湿っぽくないことが重視された。当時はコレラが流行し、コレラは低地で感染しやすかったからである。そして緑と水などの自然環境がよいこと、東京駅方面から市電（路面電車）に乗って終点駅まで十銭以内、あるいは省線（現ＪＲ）を利用する場合は定期券月額五円以内であること、ガス・水道の利用が容易であること、小学校・医師等に不便がないことなどが分譲地開発の条件であった。

住宅そのものについては、「清楚なる木造瓦葺（かわらぶき）和風を主と」し、平屋と二階建てがあり、延床面積は最大三五坪、敷地は建坪（建築面積）の三倍以上を標準として、将来増築できるようにすること。間取りは三～五室、子供室あるいはサンルームに利用できる広縁があることが条件であった。今では当然だが当時は子どもを健康な環境で育てることが重視され始めた時代だった。

また、東南の陽光を多く採り入れ、かつ通風を妨げぬように敷地の西北に寄せて建物を配置し、ま

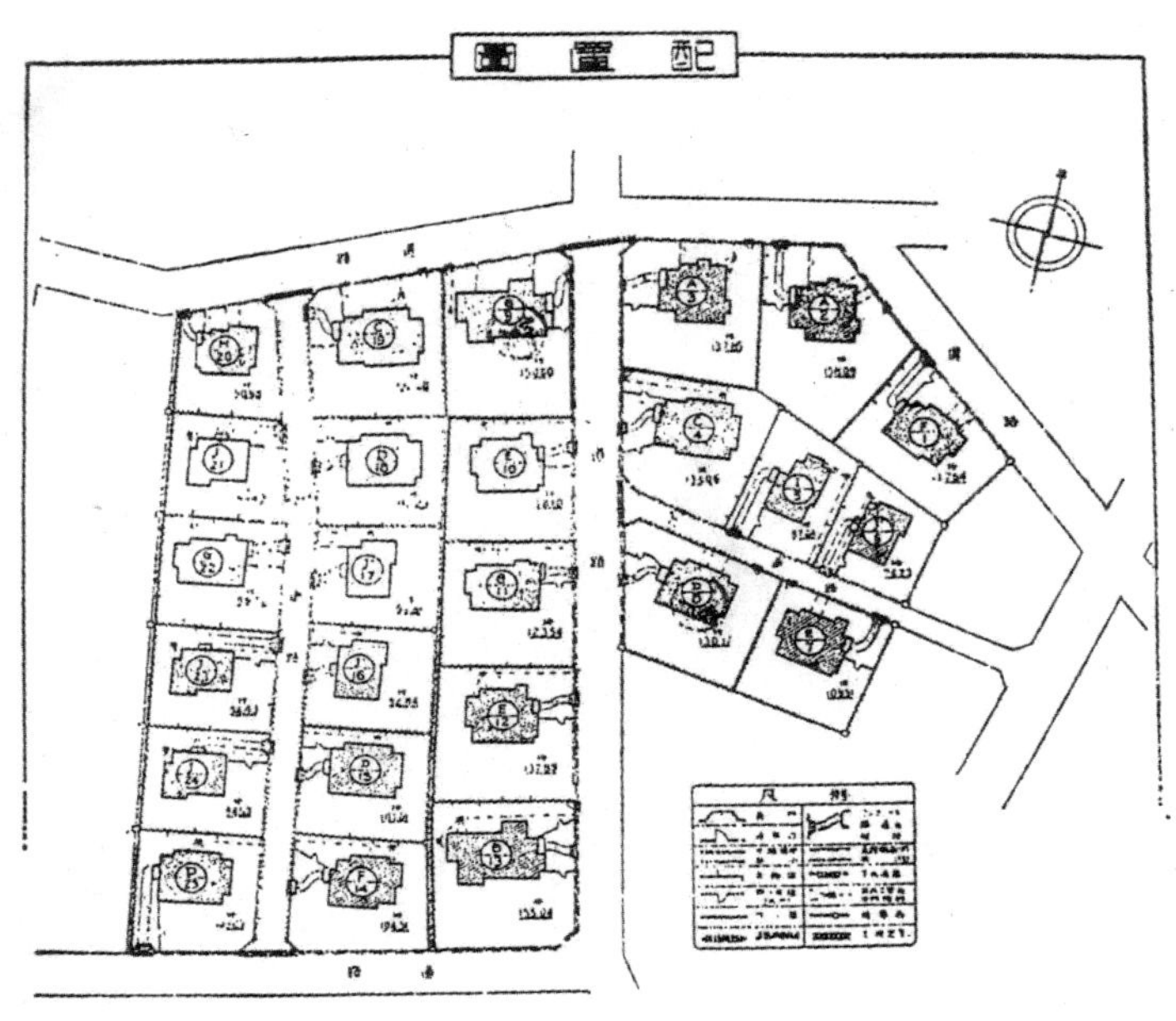

同潤会洗足台第一分譲住宅の配置図。門から玄関まで、いろいろな形でアプローチするように設計されている。資料：同潤会

た各住戸相互の配置も、陽光と通風の観点から配置すること、台所付近には特に物干し場、物置のための空き地を用意することなどが条件とされた。

つまり、風通しの良い、さわやかな土地に、日当たりの良い家があり、そこで子どもを含めた家族が健康的に暮らせる住宅というものが求められたのだ。わかりやすく言えば、サザエさんの家のようなものが標準だったと言えるのではないだろうか。

また同潤会は、同じような家がずらずらと並んだ住宅地を望んではいなかった。似通った住宅を多数建設することにより、単調に陥らないように、道路から建物までの距離を長くしたり短かくしたりして変化を与えた。さらに玄関の位置を変え、屋根の形にも変化をつけ、敷地内における建物の位置にも変化を持たせた。

高度成長期につくられた団地のように、同じ間取りの同じ形の家が同じ間隔で並んでいるような住宅地ではなく、一定のコードに従いながらも、平屋と二階建てがあったり、屋根のデザインがちょっと違ったり、門から玄関までのアプローチが違っていたりと、一戸一戸が少しずつ違う、そのことによって真にすばらしい街並み、家並みが形成されるという思想が同潤会にはあったのである。

〔参考文献〕

洗足風致協会『洗足池』、一九九五

古賀史朗「風致の聖と俗——東京の風致地区を中心に」(原田勝正・塩崎文雄編著『東京・関東大震災前夜』日本経済評論社、一九九七)

西村裕美「市街地における池空間の成立過程と利用形態の多様性に関する研究——大田区洗足池を事例として」大田区ホームページ

福島富士子「生活関連施設整備からみた戦前期東京郊外の私鉄による沿線住宅地開発の研究:東京横浜電鉄を例として」、一九九八

7 多摩川・上野毛・等々力

ドイツ風ジートルンクがあった

一大文化地域・上野毛

田園調布から、鉄道なら東急大井町線の九品仏、尾山台、等々力、上野毛駅にかけて、環状八号線の南側一帯は、多摩川を見下ろすこともできるまことに良好な邸宅地である。旧・玉川村に属し、もともと縄文遺跡や古代の古墳が多く、近代以降は、富裕層の別荘地などがつくられた。左図を見ると、二子玉川からさらに成城方面にかけて、徳川邸、高橋是清、岩崎家、松方家ほか、政治家、実業家、画家、文学者の邸宅や第一銀行のクラブなどがずらりと並んでいる。二子玉川の多摩川沿いには料亭街があるが、これが今の二子玉川駅周辺である（拙著『花街の引力』参照）。

この地域が一九三三年に風致地区に指定されたのはけだし当然である。『皇都勝景』では「南に股の清流を、北に松、杉、欅(けやき)等の群生する高台地を擁し、壮快な展望を有する多摩川風致地区は、本府にうける風致地区の過半を占むる面積を有し」と述べている。風致地区図では田園調布の左に温室村の文字が見えるが、当時このあたりは日当たりの良さを活かして花卉(かき)栽培が盛んだったのである。

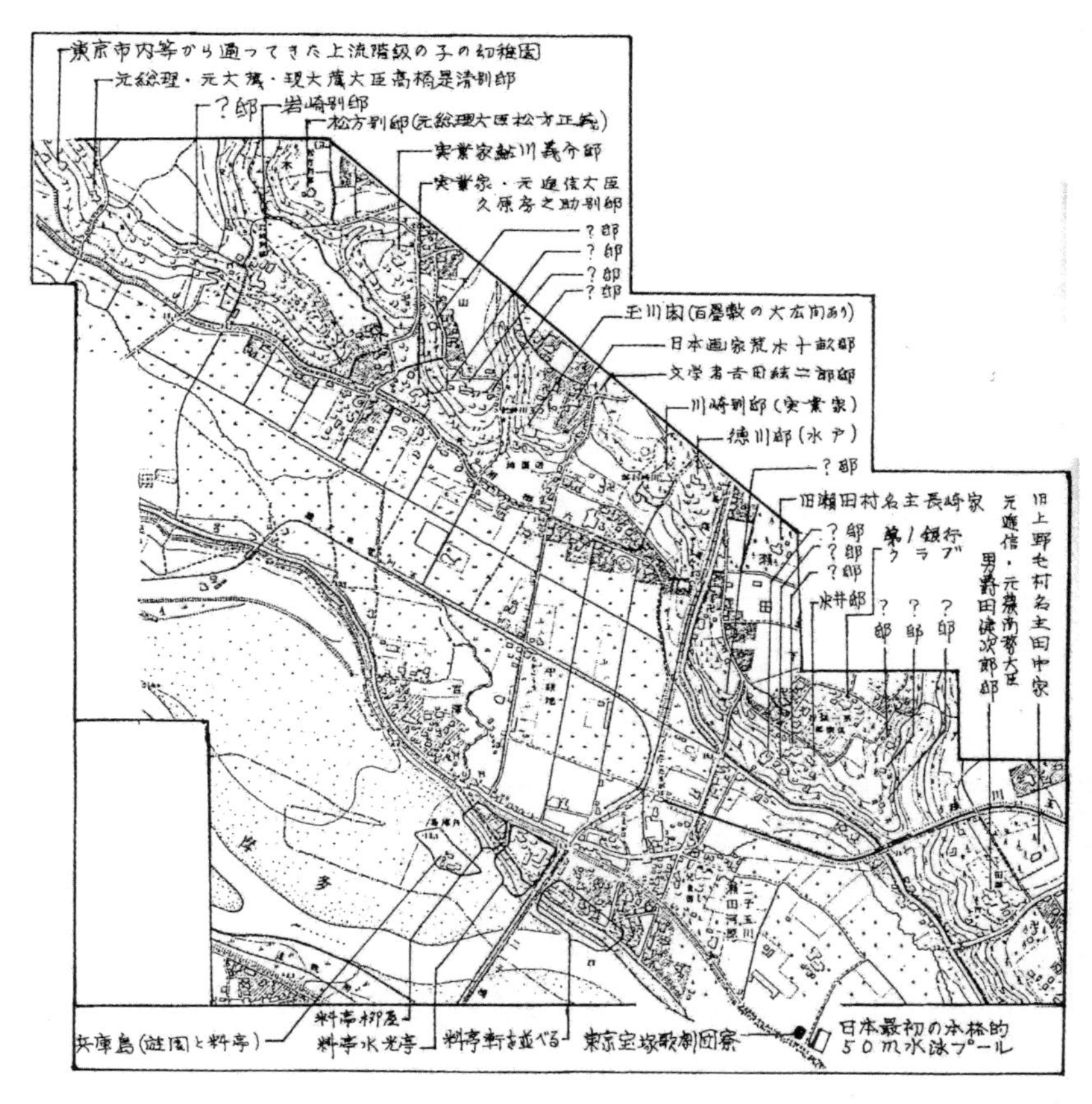

昭和初期の多摩川沿いの主な邸宅や施設

出所：三田義春『都市美せたがや叢書３　世田谷の近代風景概史』1986

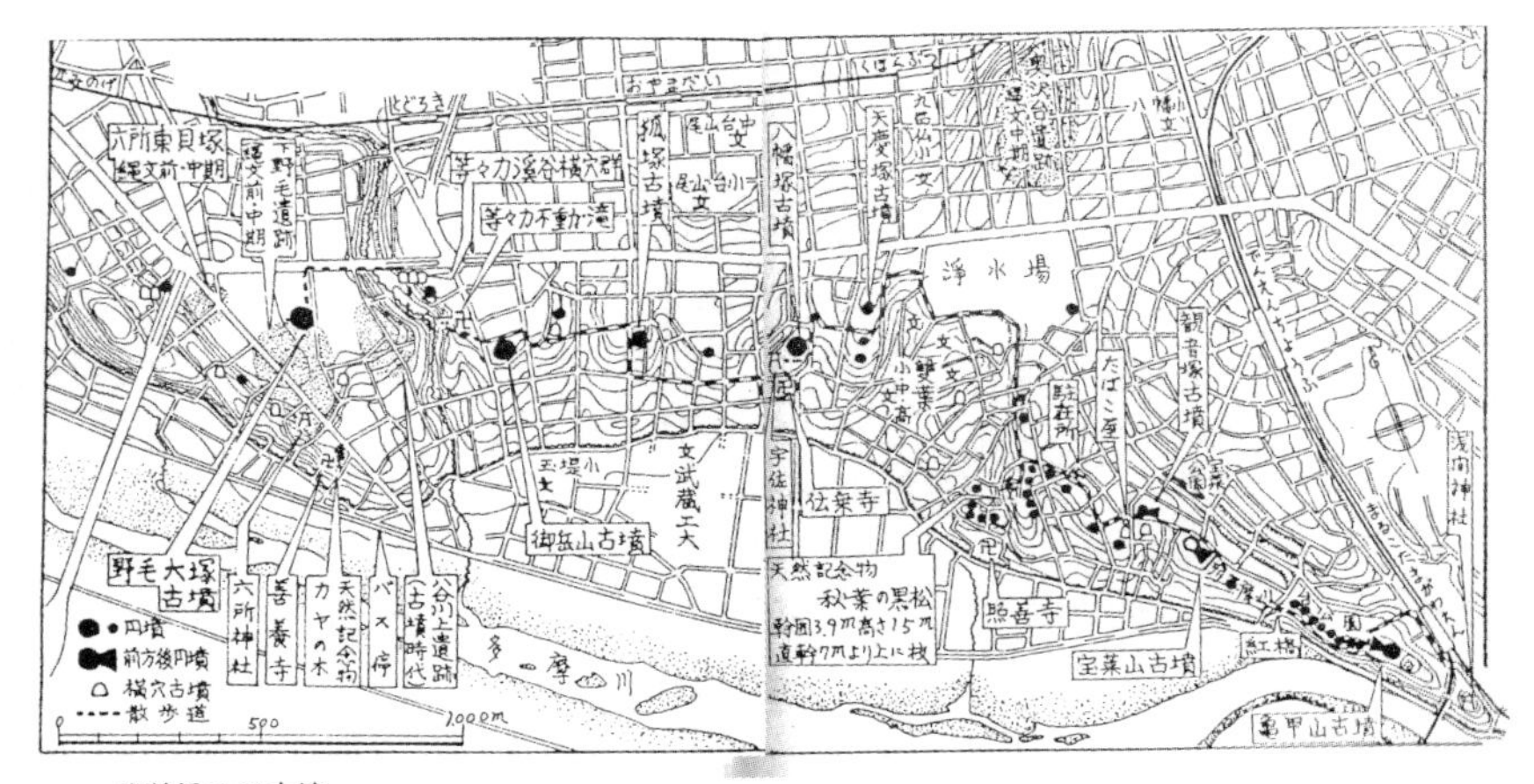

崖線沿いの古墳
出所：三田義春『都市美せたがや叢書３　世田谷の近代風景概史』1986

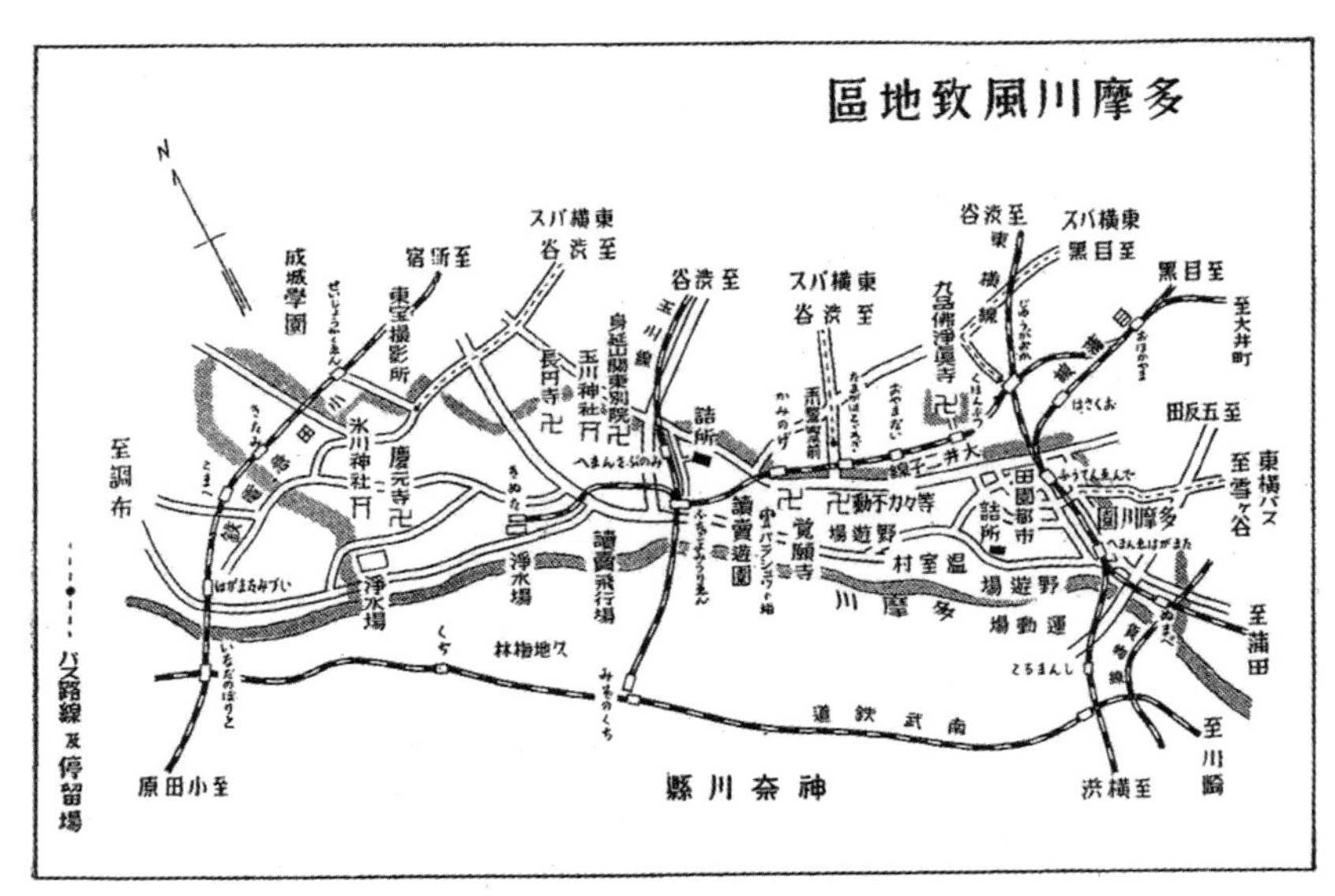

田園調布の左に温室村の文字も見える
出所：東京府風致地区協会聯合会『皇都勝景』1942

上野毛の豪邸と五島美術館（左下）

また玉川村の人口は一九二〇年から一九四〇年の間に七五九一人から四万六六九五九人に増えただけであり、世田谷村が一万三〇六八人から一万三〇二三九人に一〇倍に増えたのと比べると、増加数も増加率も少ない（『世田谷近・現代史』）。多摩川は都心からまだ遠かったのであり、急増する人口を吸収するような一般人向けの土地ではなかったのだろう。

上野毛と言えば私は加藤周一を思い出す。戦後最高の評論家と言われる。次に小佐野賢治。ロッキード事件で初めて一般人の目に触れた政商にして国際興業社主。田中角栄の「刎頸（ふんけい）の友」。そして五（ご）島（とう）美術館。東急の総帥、五島慶太の美術コレクションを保存展示するため、五島の没した翌年の一九六〇年に設立。国宝「源氏物語絵巻」を所蔵する。設計は吉田五十八。寝殿造の要素を現代建築に取り入れたものと言われる。美術館の隣には五島が一九四九年に創設した財団法人大東急記念文庫がある。また、岡本太郎も一九四六年から五四年に上野毛に住んだ。

と、書くだけで、ただごとではないことがわかるのが上野毛である。ここはわれわれ一般庶民の感覚からすると住宅地ではない。住宅地と呼ぶには家が大きい。敷地が広い。庭の木がうっそうとしている。店がない。ちょっと浮世離れしている。多摩川を見下ろし、川崎、横浜を望む小佐野賢治邸の大きさよ！　むしろこれは別荘地であろう。本来、昭和初期にはそうであったのだし。一般人から遠く離れて思索し、創作し、あるいは暗躍する場所とも言える。

　上野毛のさらに西の岡本には、三菱財閥が集めた日本および東洋の古典籍及び古美術品を収蔵する静嘉堂もある。岩崎彌之助（一八五一―一九〇八　彌太郎の弟、三菱第二代社長）と岩崎小彌太（一八七九―一九四五　三菱第四代社長）の父子二代によって設立され、国宝七点、重要文化財八十三点を含む、およそ二十万冊の古典籍（漢籍十二万冊・和書八万冊）と六千五百点の東洋古美術品を収蔵している。静嘉堂の名称は中国の古典『詩経』の大雅、既酔編の「豆静嘉」の句から採った彌之助の号で、祖先の霊前への供物が美しく整うとの意味。

　一九九二年四月、静嘉堂文庫美術館が開館。世界に三点しか現存していない中国・南宋時代の国宝「曜変天目茶碗（稲葉天目）」をはじめとする所蔵品を、年間四～五回の展覧会でテーマ別に公開している。
図書を中心とする文庫は、彌之助の恩師であり、明治を代表する歴史学者、重野安繹（成齋）（一八二七―一九一〇）、次いで諸橋轍次（一八八三―一九八二）を文庫長に迎え、はじめは駿河台の岩崎家邸内、後に高輪邸（現在の開東閣）の別館に設けられ、継続して書籍の収集が行なわれた。

諸橋轍次は大修館『大漢和辞典』全一三巻（一九六〇年刊）の編者として歴史に残る人物だ。大修館が『大漢和辞典』の構想を持ちかけたのが一九二五年、本格的な製作開始は二九年。第一巻完成が四三年。だが四五年、東京大空襲で大修館が燃え、組み上がっていた印刷用の版がすべて溶けた。戦後、校正刷りなどをもとに作業を再開した。しかし、四六年、諸橋は長年の無理がたたって右目を失明。左目も明暗がやっとわかる程度にまで悪化したというなかであの大辞典を完成させたのだから、まさに命がけの大事業であった。

諸橋は新潟県南蒲原郡森町村（現・三条市）出身で、そのためか私の父は「あんな根気のいる仕事をするのは、新潟県人だからだ」と、しばしば話題にした。私の名前「展」を「あつし」と読む読み方は普通の漢和辞典には出ていない。中学校の時、図書館にあった諸橋大漢和で引くと、ちゃんと「あつし」という読みが出ていた。わざわざ諸橋大漢和を引かないとわからない読み方を選んだというわけではなく、昔はもっと小さな辞典にも出ていたそうだが。

話がそれたが、そうした政財界や学界の偉人以外でも、上野毛には成城のように芸能人も住んだ。

一番有名なのは美空ひばりと小林旭の夫婦（後に離婚）。島津貴子さんの家の近くに住んでいたらしい。それから高倉健・江利チエミ夫妻、高島忠夫・寿美（すみ）花代夫妻、淡島千景、ザ・ピーナッツらの昭和の大スターが住んでいた。

◎芸能人（敬称略）

小林旭（映画）・美空ひばり（歌）……世田谷区玉川上野毛町

高島忠夫（映画）・寿美花代（TV）……〃

北原美砂（歌）……〃 （五月荘）

淡島千景（映画）……〃 玉川瀬田町

高倉健（映画）・江利チエミ（歌）……〃

小泉博（TV）……〃

ザ・ピーナッツ（歌）……〃 玉川中町

畠山みどり（歌）……〃 玉川野毛町

◎その他

島津久永・貴子……世田谷区玉川上野毛町

五島昇（財界・東急社長）……〃

坂田栄男（囲碁）……〃

尾崎喜八（詩）……〃

出所：『主婦と生活』1964年2月号「東京のハイソサエティ上野毛」

玉川の耕地整理

さてこうした高級住宅地となった多摩川沿いの崖線上の広大な地域の整備は、一体いつ誰がしたのかというと、一九二三年（大正一二年）に玉川村村長となった豊田正治である。

豊田は、一九一八年設立された田園都市株式会社が、田園調布、洗足、大岡山において一九二一年

第1表　玉川全円耕地整理組合発起人と村行政

大字名	氏名	村長	村会議員	玉川村区長	勧業委員	消防委員	農会評議員	名誉助役	衛生委員	学務委員	土木委員	農会副会長	耕地整理組合長	水利委員	耕地整理組合評議員	農会長
下野毛	原　理蔵			○		○										
尾山	落合　勝吉		○		○	○	○									
等々力	鈴木　庄平			○												
等々力	小池久右ヱ門		○			○		○	○	○						
奥沢	原　新五郎		○													
奥沢	毛利　博一		○	○												
野良田	粕谷　富吉		○	○		○	○			○	○					
等々力	荒井　寿平		○													
上野毛	田中　筑閤		○		○				○	○	○					
等々力	早川　伊助		○									○				
瀬田	西尾亥三郎		○					○			○					
瀬田	長崎　行重		○										○	○		
瀬田	渡邊　慶道														○	
用賀	金子為太郎	○	○													○
用賀	片山熊太郎															
用賀	飯田　茂證		○	○	○											
諏訪河原	小黒　鎗七															

発起人「履歴書」（1924年、『第四号官庁関係 雑書』）および「組合役員氏名一覧」（前掲『郷土開発』pp.77〜83）より作成。

出所：高嶋修一「戦間期都市近郊における土地整理と地域社会──東京・玉川全円耕地整理事業を事例として」（『歴史と経済』2003年45巻4号）

までに土地を四八万坪も買収し、新しい郊外住宅地開発事業を進めていることに危機感を持った。このままでは、玉川村もどんどん買収されていってしまう。そこで豊田は「農民の利益を確保するためには、営利会社による農地のなし崩し的宅地化を排除し、それに遜色のない計画的住宅地づくりを農民自らの手によって行うことが必要である」と主張し（『世田谷近・現代史』）、一九二六年、「玉川全円耕地整理組合」が創設された。上の表のように、上野毛、尾山、等々力、奥沢、瀬田、用賀などの有力者が名を連ねたが、事業の推進には反対勢力も非常に多かった。

なぜなら豊田の計画は「純朴な農村にとってはあまりに革新的で破天荒な」計画だったからである。東西に貫通する幅二二mの道路。九品仏浄真寺のまわりの水田を池に変えて境内を中心に「護龍公園」、

玉川地区の耕地整理ビフォー（上）アフター（下）
出所：世田谷区『世田谷区まちなみ形成史』1992

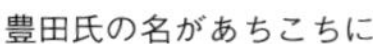
豊田氏の名があちこちに

等々力不動尊を中心にした「等々力不動公園」、身延山別院を中心とする「玉川公園」、それらの公園を結ぶパークウェイ。幹線道路には村営電車を敷設。このように単なる耕地整理ではなく、「ニュータウン計画」であった。豊田は「村長をやるからには何か大きなことをやりたい」と考えていたらしい（越沢）。そのため、村長は頭がおかしいとすら言われ、暴力団が来て、村長を殺してしまえと斬りつけ、豊田は耳に傷を負ったほどであった。しかし、豊田が村長として再選された頃から事態は収まり始め、一九四一年には神主の立ち会いにより耕地整理推進派と反対派の和解のための手打ち式が行われた。一切の事業が完了したのは一九四四年末のことであった。

　地元有力者による耕地整理があったとはいえ、玉川村一帯を高級住宅地化したのは目黒蒲田電鉄、田園都市株式会社、東横電鉄といった鉄道会社の力が大きいだろう。田園都市株式会社は一九二七、八年から開発を着工、三一年から販売を始めた。二九年には大井町線が大井町―二子玉川間で開通。奥沢、雪が

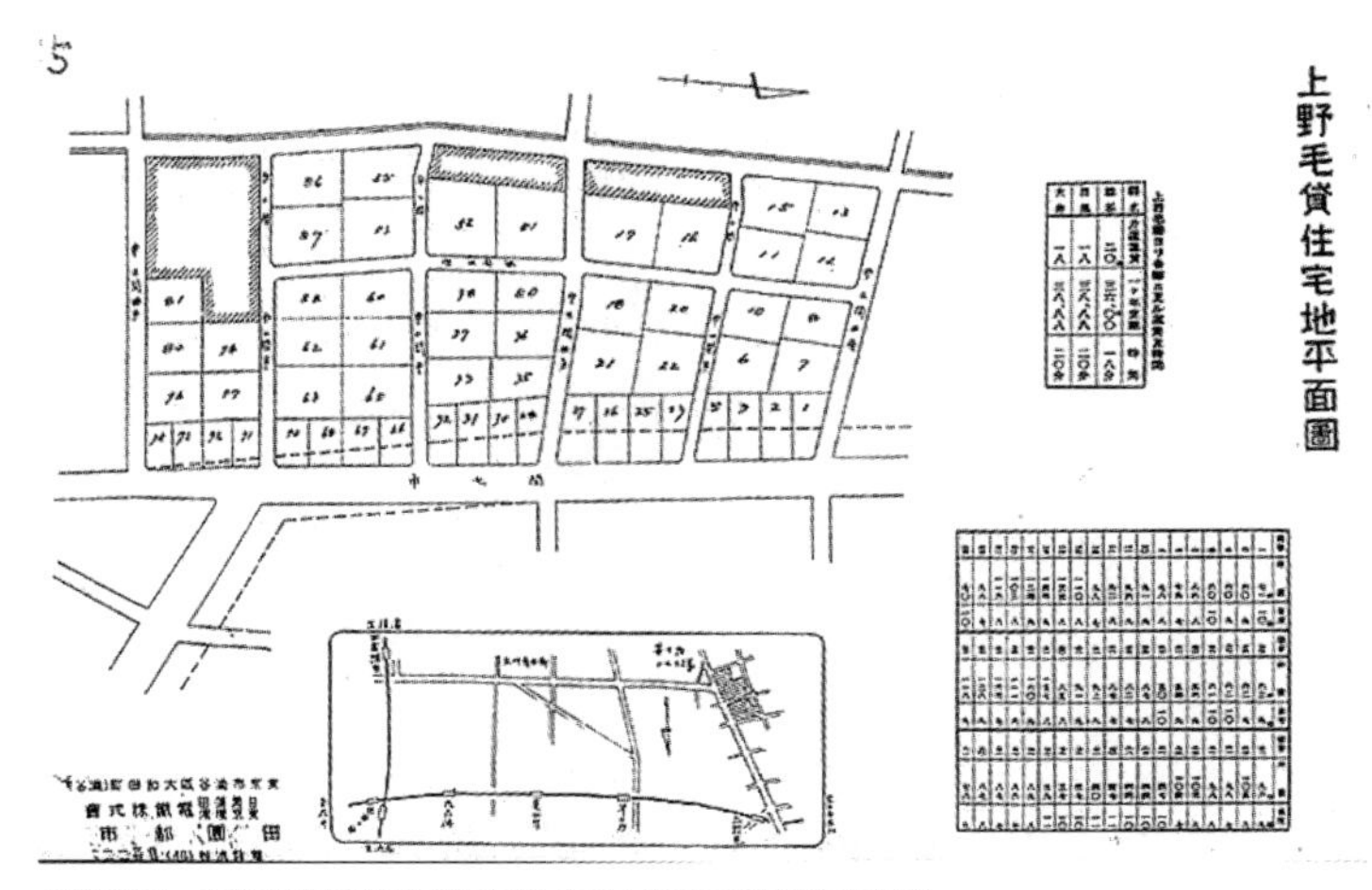

目黒蒲田・東京横浜電鉄株式会社による上野毛の貸住宅地開発
出所：福島富士子「生活関連施設整備からみた戦前期東京郊外の私鉄による沿線住宅地開発の研究:東京横浜電鉄を例として」1998

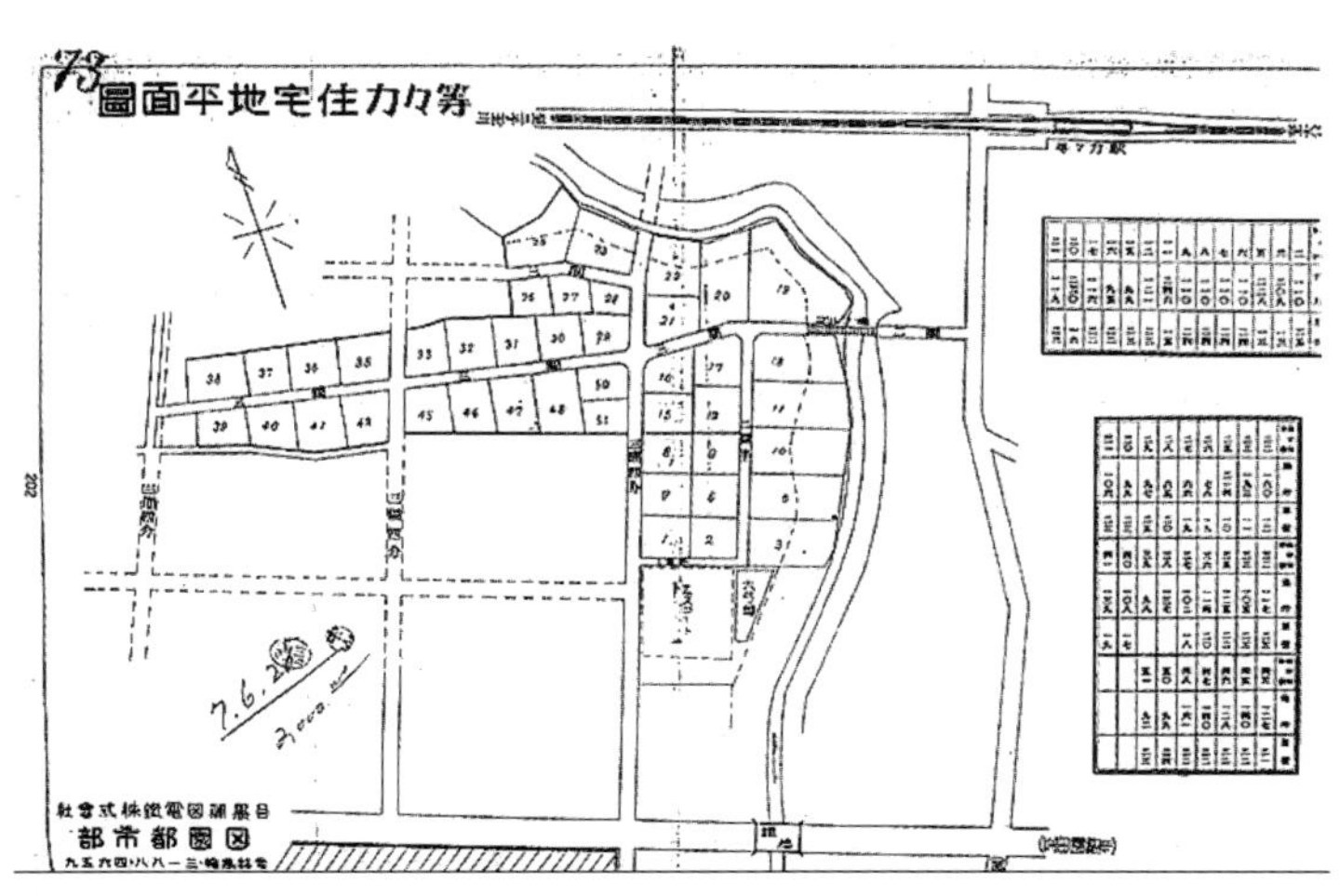

目黒蒲田電鉄による等々力での住宅地開発
出所：福島富士子「生活関連施設整備からみた戦前期東京郊外の私鉄による沿線住宅地開発の研究:東京横浜電鉄を例として」1998

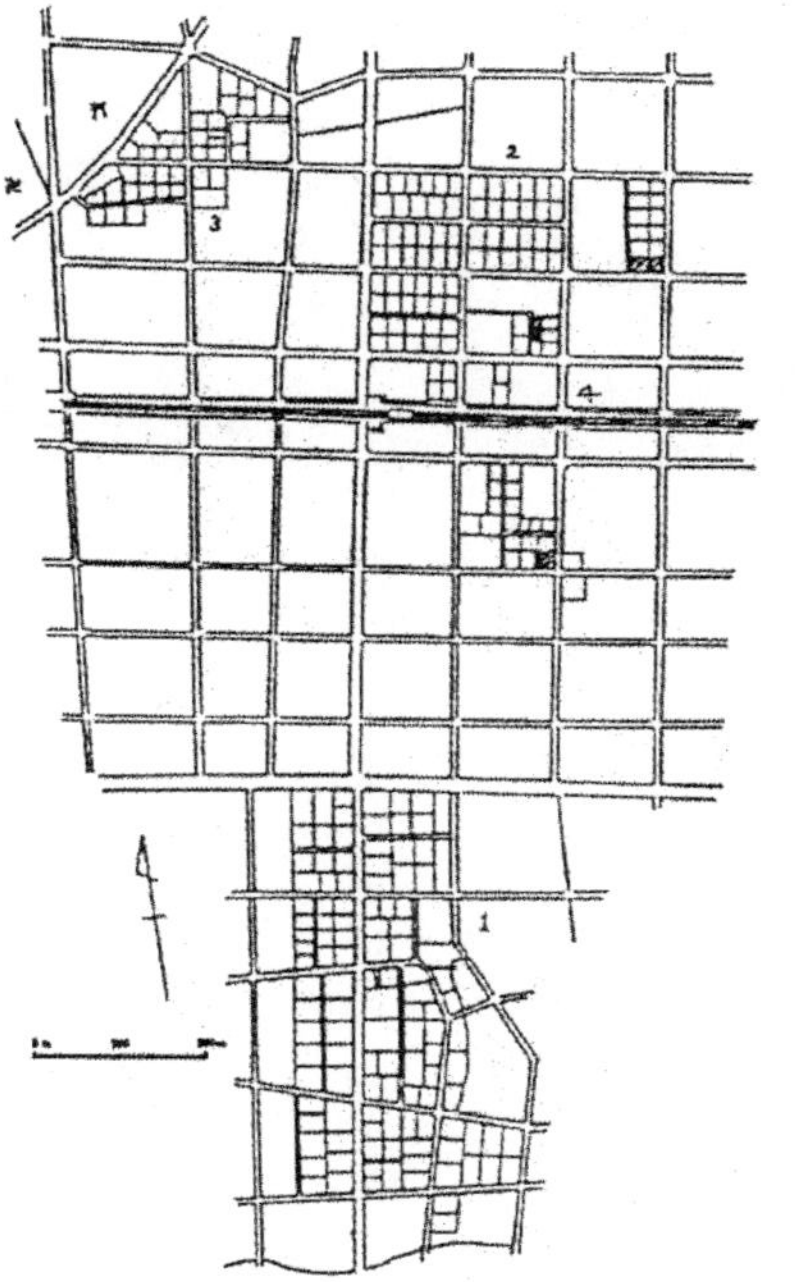

谷、大岡山、九品仏、尾山台、等々力、上野毛の各駅周辺、および風致地区や玉川全円耕地整理の区域とははずれるが、現在の目黒線の久が原、鵜の木などで借地を含めた土地経営を盛んに行った。そのうちのいくつかの図面を七八、九頁に転載しておく。

尾山台駅周辺の住宅地開発。下の開発は多摩川に下る南斜面で、東京都市大学の手前である。
出所：福島富士子「生活関連施設整備からみた戦前期東京郊外の私鉄による沿線住宅地開発の研究:東京横浜電鉄を例として」1998

等々力ジートルンク

私が等々力渓谷に初めて行ったのは、もう四〇年以上前だ。東京にこんな所があるのかと驚いた。行ったのは真夏だが、昼なお暗く、涼しい。アゲハチョウやオニヤンマが飛び、東京にいるとは思えない。避暑地のようだった。

この等々力渓谷に沿って西側の、世田谷区中町一丁目に、戦前「等々力ジートルンク」という住宅

ヴァイセンホーフ・ジートルンク
（ドイツ、シュトゥットガルト）

地がつくられた。等々力駅から南に行き、成城石井の横を曲がりゴルフ橋という橋を渡り、左折して環状八号線の近くまで行くとジートルンク跡地である。

ジートルンクとはドイツ語で戸建て住宅が複数建ち並んだものを言う。等々力ジートルンクを計画したのは、建築家蔵田周忠（くらたちかただ）。一九二七年にシュトゥットガルトで開催されたヴァイセンホーフ・ジートルンク展に影響を受けたものだった。同展はドイツ工作連盟が主催し、ミース・ファン・デル・ローエが中心となって、ル・コルビュジエらの建築家が参加し、近代的な白い外観の住宅二十数棟を設計、建設、展示、販売したイベントである。この住宅展が一九三九年から四〇年に開催されたニューヨーク万博のコンセプトづくりの段階にも影響を与えた（拙著『「家族」と「幸福」の戦後史』）。

蔵田は一九二二年の「平和記念東京博覧会」の「文化村」にも技術員として参加していた（注）。二八年には同潤会代官山アパートに引っ越し、バウハウスやドイツ工作連盟に影響された機能主義デザインの実験を行うほどだったが、三〇年か三一年にドイツ留学し、ベルリン西南のツェーレンドルフにあるブルーノ・タウト設計のジートルンクに友人とともに住み、ドイツおよび欧州の住宅の新潮流を視察してまわった。特にヴァイセンホーフ・ジートルンクが、多数の建築家の協力により成功を収めていることに感心し、日本でもぜひこのような住宅展を実現したいと思ったようである（森仁史「等々力ジートルンク」）。

蔵田は最初、東京横浜電鉄の協力を得て、建築家の久米権九郎とともに計画を推進した。蔵田が武蔵工業専門学校（現・東京都市大学）に勤務しており、同校が東急資本との関係を深めていたこと、東急の総帥五島慶太の妻の弟が久米だったことから、蔵田と久米が計画の中心者になったらしい（同前）。

全三十一戸の住宅の設計は、蔵田、久米のほか、吉田鉄郎、岡村蚊象（山口文象）、ブルーノ・タウト、山脇巖、山田守、谷口吉郎、佐藤武夫、市浦健、土浦亀城、前川國男、斎藤寅郎、松本政雄、堀口捨己、土浦信というそうそうたるメンバー。雑誌「国際建築」一九三五年三月号に計画が発表された。そこには「大都市の郊外発展と共に数を増す住宅の大群に対して、一定の技術的統一ある新住居区の計画的実現を希望する建築家が協力して、地区の計画から各戸の建築、並に設備の全般に亘って、新時代に適応する模範を示したいという意気込みを以て、今回我国最初の統一あるジートルンクが設計されようとしている」と書かれていた（同前）。

三月号だから二月に発行されたものと思われるが、その直後の三月に図面と模型の展覧会を開催して、住宅購入の予約を開始し、秋には住宅建設を完了し、同時に住宅展を開催、住宅展終了後に分譲

北方より View from the north

等々力住宅全景　　蔵田周忠設計
DWELLING-HOUSES AT TODOROKI IN TOKYO
ARCH. C. KUBATA

等々力ゴルフ場に近い谷澤川に沿ふ風致地區の綠樹帶を東南にもつ地域。こゝに元來は各戶住宅の聚區として清新なるジードルンクの建設が計劃されたのであるが、計劃そのものゝ不完全と聚區構成組織上の不備となほ一般に此種計劃に對する理解の不足等によつて、全計劃の實現に至らず。こゝに四戶の完成を見た。全體に新住宅地區として形式上にも大同的な統一を目ざしたものであるが。この四戶は同一建築家の手になる一群となり、計劃の型ばかりの姿を示したものとして各戶の成果を逐次報告するものである。

南方より View from the south

配置圖 Block plan 1：900

等々力ジートルンクの概要
出所：蔵田周忠「等々力住宅区の一部」国際建築協会、1936

1946年の等々力ジートルンク。中央の渓谷の左側。出所：国土地理院データベース

上から金子邸、斎藤邸、三輪邸、古仁邸

古仁邸玄関

古仁邸全景図
出所：蔵田周忠「等々力住宅区の一部」国際建築協会、1936

現在のジートルンク跡地とその周辺。
左下は谷尻誠設計のマンション

するという計画だったらしい。等々力渓谷を見下ろす丘の上にモダンな白い家が三十棟並ぶ計画がもし実現していれば、ぜひ見たかったものである。

ところが、計画はすぐに頓挫した。市浦、土浦、谷口は途中で手を引いてしまったのだ。そのへんの事情はよくわからないが、感情的なもつれもあったらしい（同前）。結果、蔵田が個人的につながりのある施主を募り、金子邸、斎藤邸、三輪邸、古仁邸の四戸だけが竣工した。すべてが木造乾式構造による「白い立方体の住宅」である。採光、通風、換気に留意し、台所の設計も使いやすさを重視した。三輪邸の三輪夫人は「こんな便利な台所は、よく婦人雑誌などでも言われているが（中略）実際に使用してみて、はじめてその真価がわかって有難い」と言っている（『世田谷の住居』）。

上野毛にもジートルンク的な家並がある

等々力ジートルンクは既になくなっているが、今もジートルンクがここにあったのだなあと思わせる家並が残っている。白い家が多いし、ジートルンクの跡地には建築家谷尻誠の設計したマンションがある。

（注）「文化村」とは、一九二〇年代に流行った郊外住宅地の別称。一九二二年の平和記念東京博覧会に「文化村」という住宅展示場ができたのがきっかけで、堤康次郎が目白文化村をつくったのが最初であり、洋風住宅が建ち並ぶ新興住宅地をしばしば文化村と呼んだのである。

〔参考文献〕

『世田谷　近・現代史』世田谷区、一九七六
世田谷区街並形成史研究会『世田谷区まちなみ形成史』世田谷区都市整備部、一九九二
越沢明『東京都市計画物語』日本経済評論社、一九九一／ちくま学芸文庫、二〇〇一
高嶋修一「戦間期都市近郊における土地整理と地域社会——東京・玉川全円耕地整理事業を事例として——」（『歴史と経済』二〇〇三年四五巻四号）
森仁史「等々力ジートルンク」（角野博編『近代日本の郊外住宅地』鹿島出版会、二〇〇〇、所収）
大川三雄「生き続ける建築11回蔵田周忠」INAX REPORT No.177
世田谷区住宅史研究会（山口廣、酒井憲一、重枝豊、内田青蔵、藤谷陽悦）『世田谷の住居——その歴史とアメニティ　調査研究報告書』世田谷区建築部、一九九一
福島富士子「生活関連施設整備からみた戦前期東京郊外の私鉄による沿線住宅地開発の研究：東京横浜電鉄を例として」一九九八

8 石神井公園

美しい森と水の町

100メートルプールがあった

石神井は江戸時代から名刹（めいさつ）や清らかな水を求めて人々が訪れる地域だった。真夏日には無数の蟬（せみ）の声が三宝寺池の森中に響く。実際、ここは蟬の種類が多いそうで、かつては蟬類博物館があった。大正昭和期の昆虫学の権威・加藤正世（まさよ）博士が、石神井公園に隣接した自宅に加藤昆蟲研究所と併設して開設したものである。

植物学者・牧野富太郎博士も一九二六年から大泉に居を構え、五七年に生涯を終えるまで、自邸の庭を「我が植物園」として大切にした。現在は練馬区立牧野記念庭園として一般公開されている（東大泉六—三四—四）。庭園には約三〇〇種類の草木類が植栽され、なかにはスエコザサやセンダイヤザクラ、ヘラノキといった珍しい植物も数多くあり、学問的にも貴重なものだという。

この付近は一九一五年、武蔵野鉄道（現・西武池袋線）が池袋—飯能間に開通すると、沿線住民や行楽客が増えた。石神井公園には二つの池があり、東半分が石神井池、西側が三宝寺池である。

三宝寺池は武蔵野台地の先端に湧く天然の池である。三宝寺池から出る水は石神井川に流れ込むが、川の本当の源流は小金井公園だという。

石神井池は三宝寺池から石神井川への流れをせき止める形で一九三四年（昭和九）に人工的につくられたボート池である。一九三〇年に石神井風致地区として指定され、自然環境を生かす形で町が整備された。池の周辺は古代からの遺跡が多く、中世の豊島氏城趾があったことでも知られる。豊島氏は豊島郡、豊島区の元となった一族である。

池のまわりの丘陵地は坂が急であり、坂の上からは三方寺池をのぞき込むように見ることになり、とても二三区内とは思えない風景で、どこかの避暑地に来たような気分になる。

三宝寺池には現在、カキツバタなどを移植した水辺観察園という一帯があるが、ここには戦前、池の水を利用した一〇〇mプールがあった。東京府営で、オリンピックをめざす選手たちのために一九一八年に「府立第四公衆遊泳場」として開場した。だがこのプールは、側面は板囲い、底は土のままだったので、泳ぐとすぐに泥水になった。そこで、二四年に底もコンクリートに改修され、オリンピック選手や学生の合宿訓練などが行われた。三二年のロサンゼルスオリンピックで、日本は水泳五種目で優勝している。

当時は東京各地にレクリエーションを目的としてプール設営が進められていたらしく、一九二一年には井の頭恩賜公園（三鷹市・武蔵野市）にも井の頭池を利用したプールがつくられている。

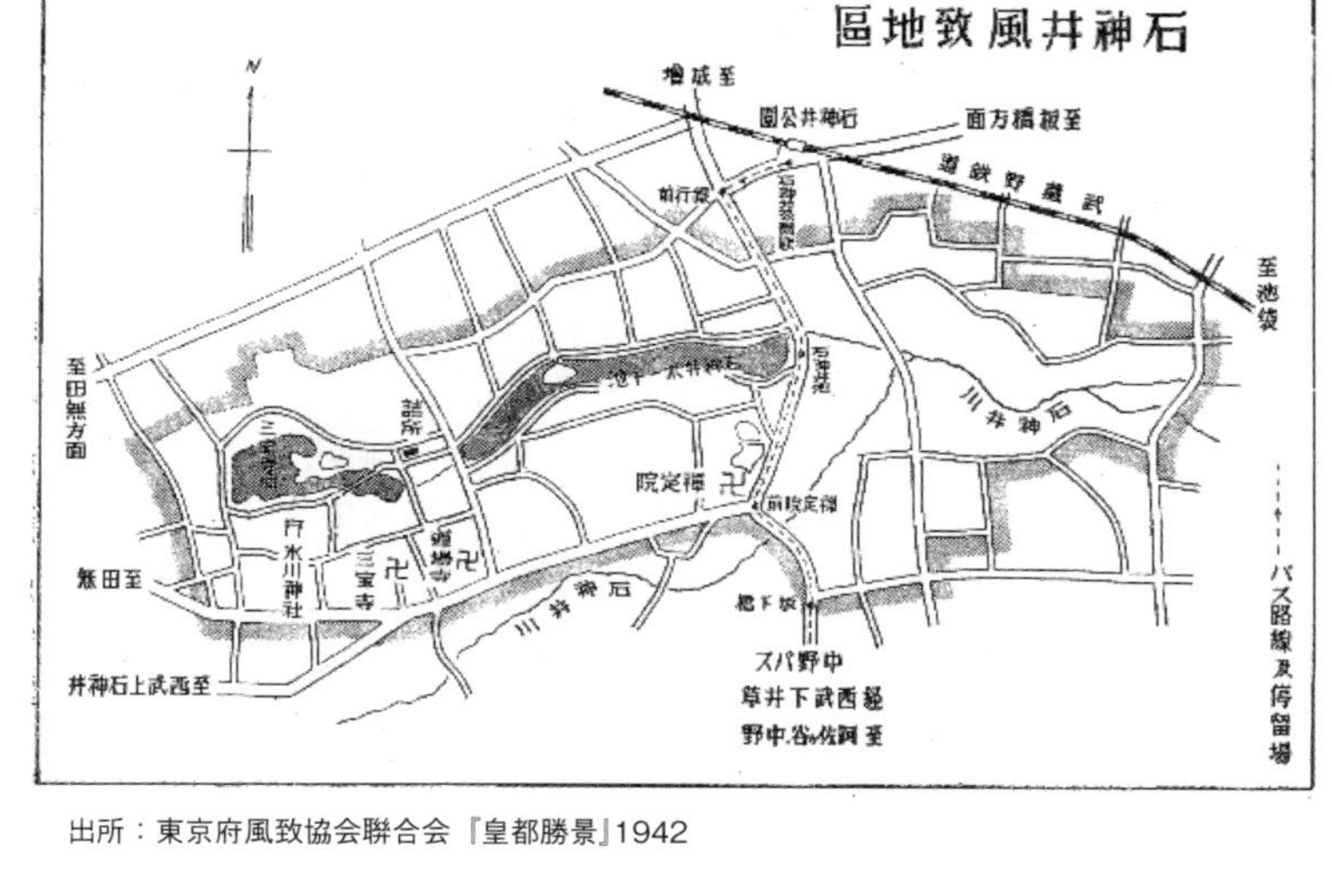

出所：東京府風致協会聯合会『皇都勝景』1942

文学者たち

石神井公園ふるさと文化館分室では「志と仲間たちと――文士たちの石神井、美術家たちの練馬」という展示が二〇一五年に開催された。石神井池近くに住んだ小説家・檀一雄を中心とする文士村、そして練馬駅周辺にできたアトリエ村に光を当てた貴重な展示である。

檀は、結婚した一九四二年から石神井に住み、その後陸軍報道班員として中国へ渡った後、再婚し、四七年に石神井に戻り、三宝寺池畔の石神井ホテルに投宿した。そこで書いたのが代表作のひとつ、闘病する先妻との生活を描いた『リツ子・その愛』『リツ子・その死』だった。その後、檀は石神井池周辺に家を買い、流行作家となる。

石神井ホテルとは、一九一八年頃に、当初は料

斜めに移っている長方形がプール。その右の屋根が豊島館と石神井ホテル

亭「豊島館」として開業した旅館である。木造二階建てで、三宝寺池のすぐ南側の、石神井城址隣に建っていた。一九二三年には、なぜかわからないが、日本共産党臨時党大会が開かれている。七五年頃に取り壊された。

檀が石神井の地に関心を持ったのは、一九三七年に太宰治らと三宝寺池を散策したときのことが楽しく記憶に残っていたからだという。三三年に太宰と知り合った檀は、彼らの友人を集めて「青春五月党」という団体を結成し、交流を深めていた。

戦後の昭和二〇～三〇年代に石神井ホテルに住んでいた人物としては、洋画家・南風原朝光（はえばるちょうこう）、美術評論家・四宮潤一夫妻、美術家・今井滋らがいた。

坂口安吾は一九五一年、檀の家に逗留。五味康祐は五二年に下石神井へ引っ越してきた（のちに大泉に転居）。そのほか、庄野潤三、草野心平らが一九五〇年前後に石神井周辺に転居してきている。

この時代は「石神井ルネッサンス」だったと言われる。石神井に引っ越した作家たちがしばしば文学賞を受賞をしたからだ。檀は直木賞、五味は芥川賞を松本清張とともに受賞した。清張は練馬区関町に住み、やがて石神井の住人となった。眞鍋呉夫も芥川賞候補となり、九三年に読売文学賞、二〇一〇年蛇笏（だこつ）賞を受賞した。庄野潤三は「プールサイド小景」で芥川賞受賞。このプールは、石神井池プールを彷彿とさせるそうだ。

一九五二年には、檀、五味、南風原、日本画家・丸木位里（いり）、理論物理学者・武谷三男らが発起人となり石神井談話会が結成された。会長はおらず事務局だけを置き、それぞれが講師になって話をしたり、いろいろな活動をしたりという自由な団体だった。

五四年のあるとき、武谷が「水素爆弾の話」という題で話しているのは、ビキニ環礁水爆実験のあった年だからだろう。同じ年、建築家遠藤雄二らが「新しい住居の工夫」を話しているのも、いかにも復興から近代化に向かう時代を感じさせる。

談話会の設立趣旨的なものと思われる「わたくしたちのねがい」には「わたくしたちは石神井がいつまでも美しい森と水の町であるようにのぞみます／わたくしたちは石神井を平和で文化的な町にするようつとめます」などとある。ここにも戦前からの郊外文化と戦後的な理念が感じられよう。

若き芸術家たちの練馬アトリエ村

文士たちが石神井に集まったのは主に戦後だが、大正・昭和戦前期の東京郊外には、文士村や、芸術家たちが集住したアトリエ村が数多く誕生した。石神井地区ではないが、練馬区にアトリエ村がで

豊島館

き始めたのは一九三四年（昭和九）頃かららしく、豊島区に長崎アトリエ村ができた流れが、さらに西側の練馬区に波及したらしい。

場所は、現在の西武池袋線南側の豊玉北四丁目と五丁目。四丁目の二〇軒ほどが中新井アトリエ村、五丁目の数軒が練馬アトリエ村と呼ばれた。練馬アトリエ村には彫刻家の佐藤忠良（ちゅうりょう）、舟越保武らが住んだ。二人をはじめ、東京美術学校（現東京藝術大学）の学生や卒業生が多かった（二人はともに三九年卒業）。

アトリエからの連想で言うと、下石神井には絵本画家・いわさきちひろの「ちひろ美術館・東京」もある。練馬区にはそのほかに、童話関係者は、いぬいとみこ、大木雄二、角野栄子、久保喬（たかし）、神宮輝夫、立原えりか、藤田圭雄（たまお）、松谷みよ子らがいた。絵本作家では赤坂三好（みよし）、谷真介、井口文秀（ぶんしゅう）、いとうひろし、鈴木寿雄（としお）、馬場のぼる、茂田井武らが練馬の住人だった。

アトリエを村跡を訪ねて、練馬駅を降りて歩いてみた。残念ながら名残はない。江古田（練馬区旭丘）に日本大学藝術学部（日藝）があることもアトリエ村に少しは影響したかもしれないなと想像した。日藝は、一九二一年（大正一〇）に神田三崎町で誕生したが、三九年に移転したというから、何

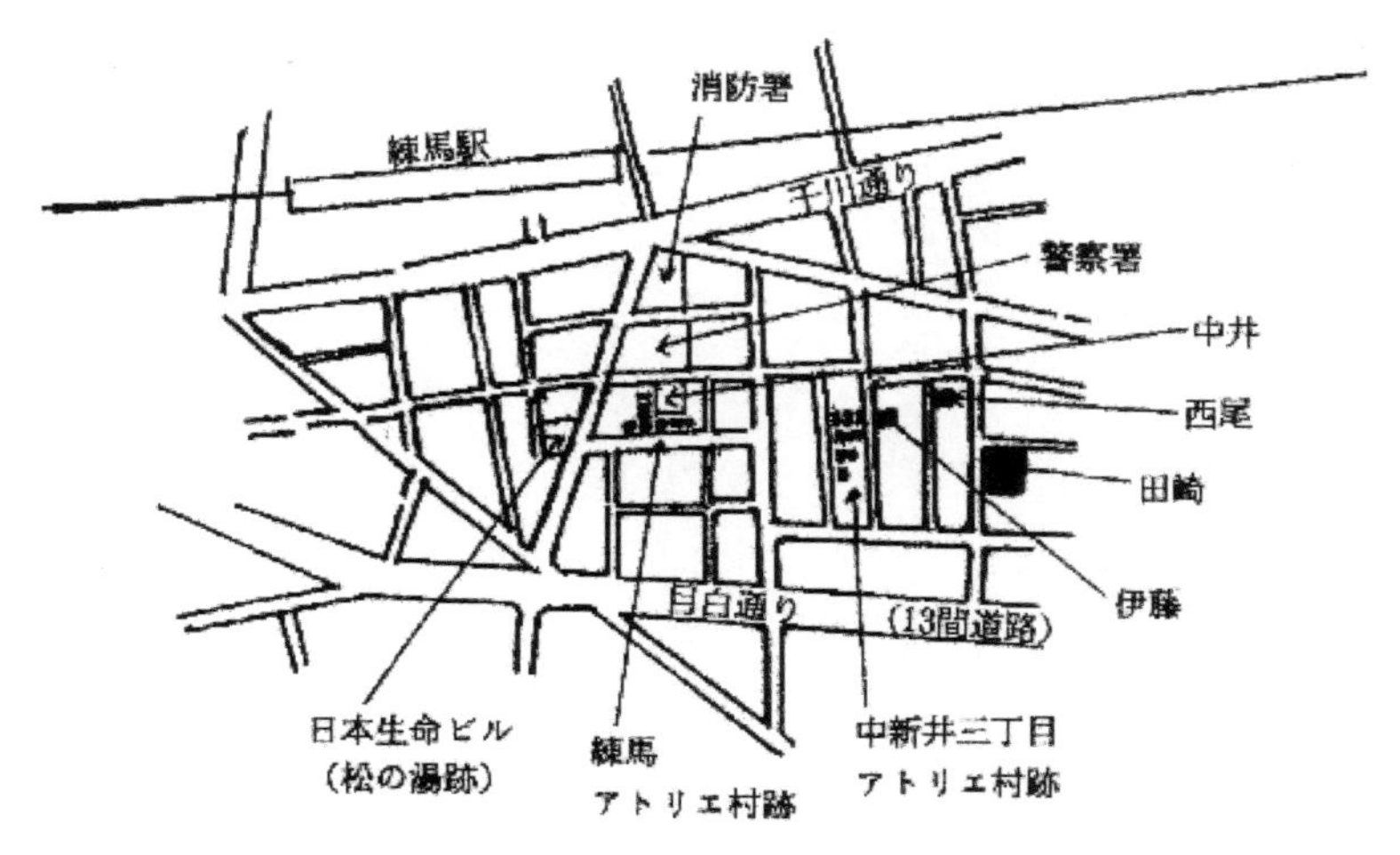

練馬駅近くにあったアトリエ村
出所：中井嘉文『練馬にもあったアトリエ村』2010

らかのつながりはあってもおかしくない。

そこで江古田に移動してみた。今の日藝の校舎はモダンなビルだが、その北側の練馬区小竹町には三四年にできた同潤会江古田分譲住宅地がある（練馬アトリエ村ができた頃）。そのうちの佐々木邸が近年、国の登録有形文化財に認定されており、その外観を眺めながら周辺を歩くと、郊外文化が花開き始めた頃を偲ぶことができる。

日藝から同潤会のあたりは少し丘陵地になっているが、北に向かって下っていくと石神井川にたどりつくのである。同潤会分譲住宅地は現在の豊玉上四丁目にもあった。同時期には、豊島園の西側の向山に城南文化村、桜台二丁目には砲兵（ほうへい）工廠（こうしょう）住宅ができていた。砲兵工廠住宅は、板橋区加賀砲兵工廠への便がよいため、多くの軍人のほか、サラリーマンや大学教員などが多く住んだ。

「将官住宅」と称される高床式の住宅が多く建ち並んでいたという。

帰りに、江古田駅前のバー「江古田コンパ」に寄る。コンパというのは規模の大きなバーであり、マンモスバーとも呼ばれたようだ。一九六〇年代末に登場した業態で、普通のバーより値段が安く大衆的。団塊世代がお酒を飲む時代になっていたからだろう。私の学生時代には三鷹などにもあった記憶がある。

江古田コンパのカクテルは今も一杯五〇〇円から。歴代の日藝学生たちが通ったこの店では、映画「海猿」の羽住英一郎監督（やはり日藝出身）も、二年ほどバーテンダーとして働いていたという。客によるオリジナルカクテルのコンテストも行う。練馬は今も、芸術家の卵たちの街なのである。

〔参考文献〕

石神井公園ふるさと文化館「志と仲間たちと　文士たちの石神井、美術家たちの練馬」
石神井公園ふるさと文化館「特別展鉄道の開通と小さな旅西武・東上沿線の観光」
石神井公園ふるさと文化館「ねりまと鉄道武蔵野鉄道開通一〇〇年」
石神井公園ふるさと文化館「生誕一〇〇年：檀一雄展——練馬を愛した作家・詩人」

9 大泉学園

――学園都市からマンガの町へ

聖心女学院が来るはずだった？

練馬区大泉の古い地図（『帝都地形図』一九二三年）を見ていたら驚いた。なんと「聖心女子学院敷地」と書いてある！　大泉学園駅の北側、西武鉄道が開発した大泉学園都市の南側である。

あの聖心が大泉？　聞いたことのない話だ。

学院に問い合わせると、「大正時代の地図ということで、当時はまだ学校法人ではなく宗教法人である」「たぶん何かしらの寄進を受けてもらった土地なのかも……」「いずれにしても学校法人以前のデータは保管しておらず、わかるものが現在いない」ということであった。

それにしても『帝都地形図』に書かれているのだから、地図作製者が噂で勝手に書くはずはない。何らかの公表がされていたはずだ。

一九二三年ということは関東大震災のあった年だが、それ以前からキリスト教の宗教団体が施設をつくるために東京郊外、特に緑豊かな西郊に土地を求めたことはあったらしい。もちろん大学など学校も西郊に土地を求めた。そういう流れの中で一橋大学の誘致もされていた大泉学園に、地主か不動産開発業者が「聖心に土地を用意するから、是非とも来てくれ」と働きかけたのであろう。

だが、大体キリスト教系の大学というのはなぜか東京の西南部にある。例外は池袋の立教くらいで、その他、聖心も青学も明治学院なども都心から見て西南部である。横浜が近いことも一因かもしれないが、そうなのだ。

対して仏教系は、都心から見て北側にある。東洋大、大正大、淑徳大、武蔵野大、文教大などである。一番南は駒澤大だろうか。

だから、というわけではないだろうが、聖心の大泉進出はなかった。また箱根土地は大泉学園への一橋大学の誘致も失敗し、そのかわり一橋は同じ箱根土地が開発した谷保村に移転。結局大泉学園は、学園とは名ばかりで何の学校も進出しなかった。

このあたりは大泉風致地区図を見てもわかるように川が蛇行している。これが白子川であり、この川周辺の風景こそが大泉が風致地区に指定された一要素であると言って過言ではない。そして白子川の右側に聖心女子学院敷地と書かれている。一九四五年の『帝都地形図』ではすでに住宅地化している。

敷地は今は住宅地であり、土地が一〇〇坪近い大きめの敷地である。聖心の誘致に失敗し、地主か開発業者が住宅地にしたのであろう。せっかくなのでそれなりにちゃんとした住宅地にしたようであ

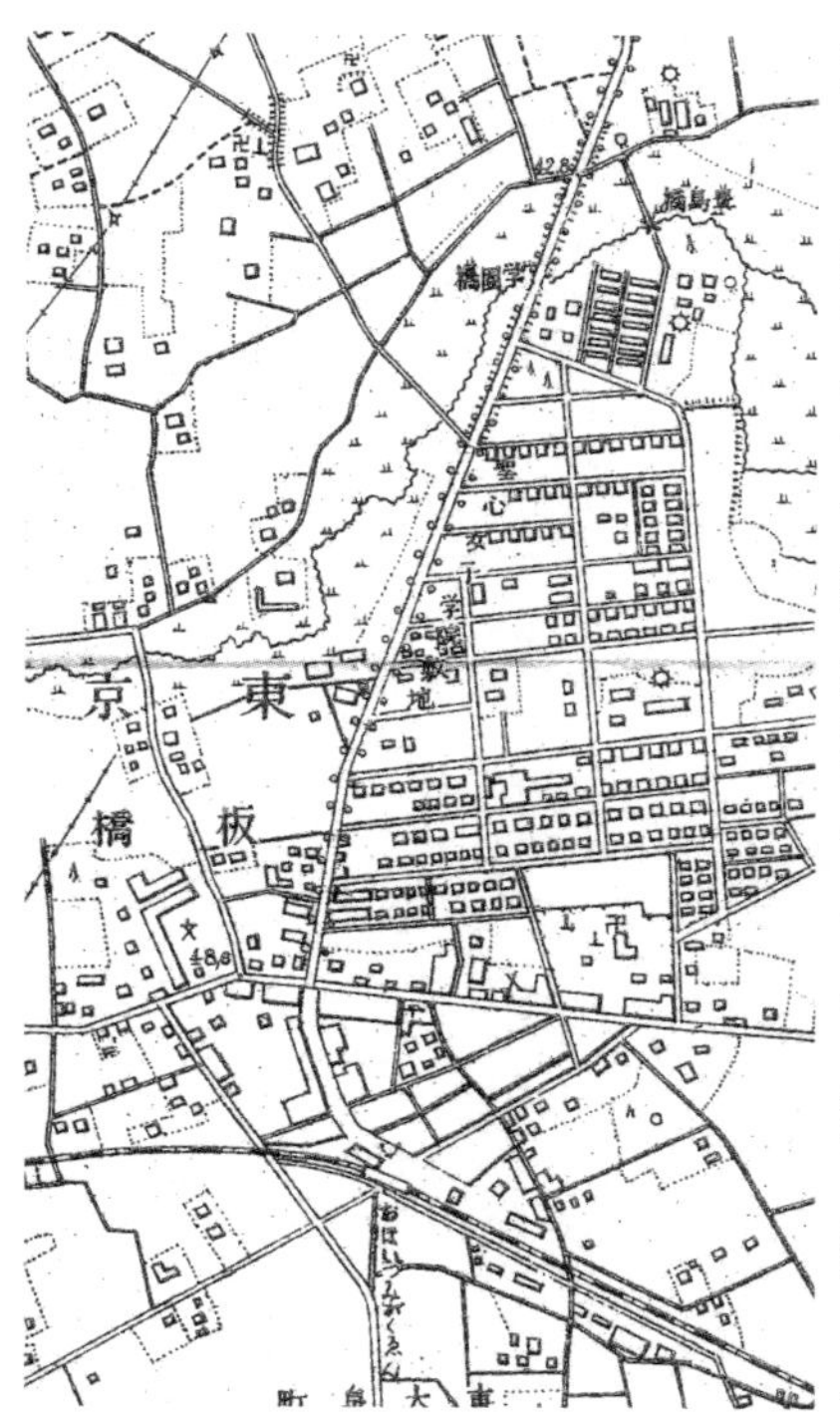

聖心予定地が住宅地化した
出所：『帝都地形図』1945

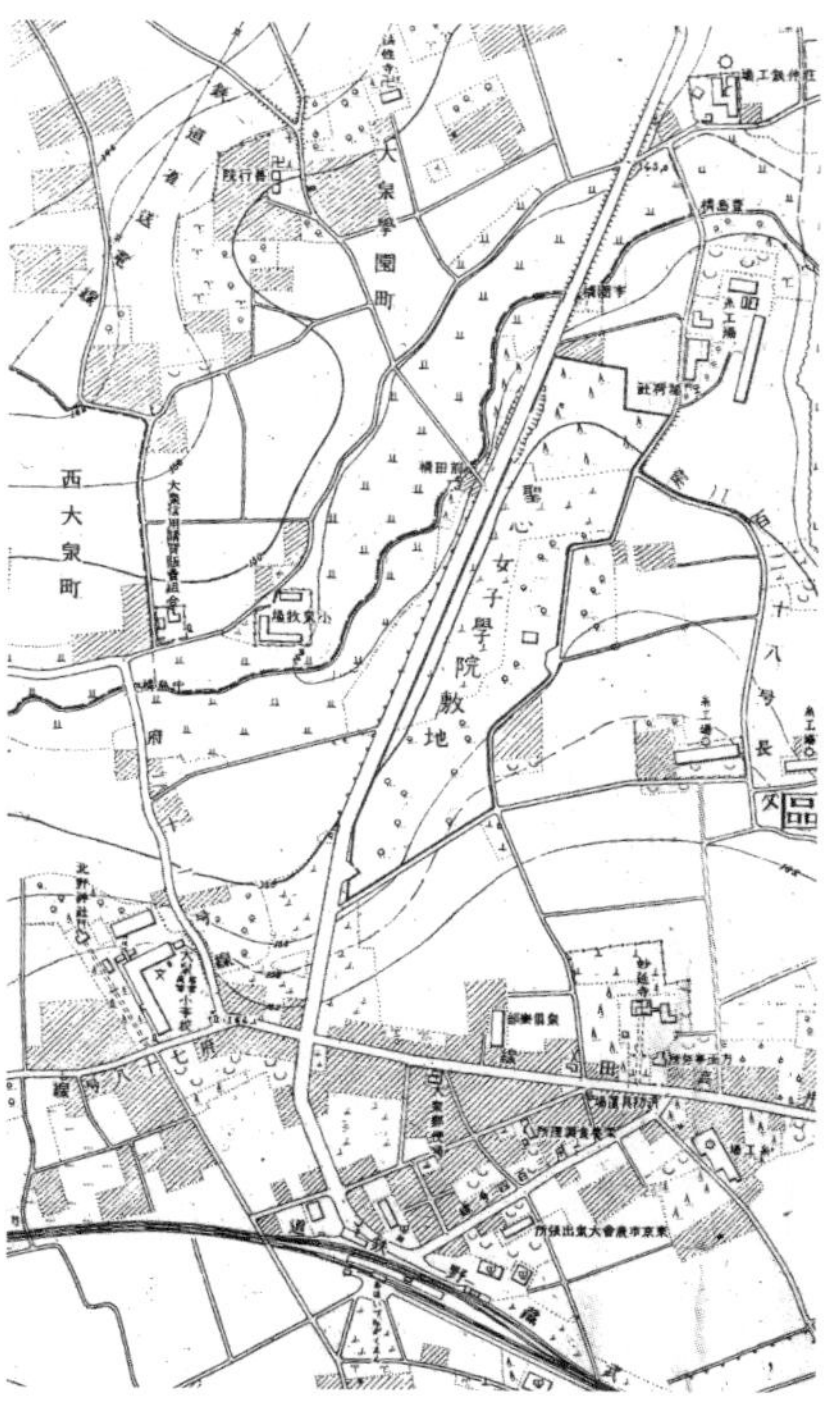

真ん中に聖心女子学院敷地の文字が見える。箱根土地による大泉学園は左上。
出所：『帝都地形図』1923

聖心女学院敷地は良好な住宅地になっていた

る。この開発をいつ誰がしたのかは私はまだ調査していない。

大泉が風致地区指定される

大泉が風致地区指定されたのは一九三三年である。下図で見ると大泉学園町だけでなく、そこから東側に向けてかなり広い地域が指定されている。東半分の地域の真ん中に白子川という文字が見えるが、この流域はかなり高低差があり、川に向かった崖に林がある様子はまさに武蔵野という感じがする。

『皇都勝景』でも大泉は「武蔵野情緒の横溢していることは都下風致地区中唯一の所であろう」（唯一は随一の間違いか）。「西南部が高く漸次東南に向って低降して白子川に従って地形は変化し、西部は沃野遙かに展開して其内に雑

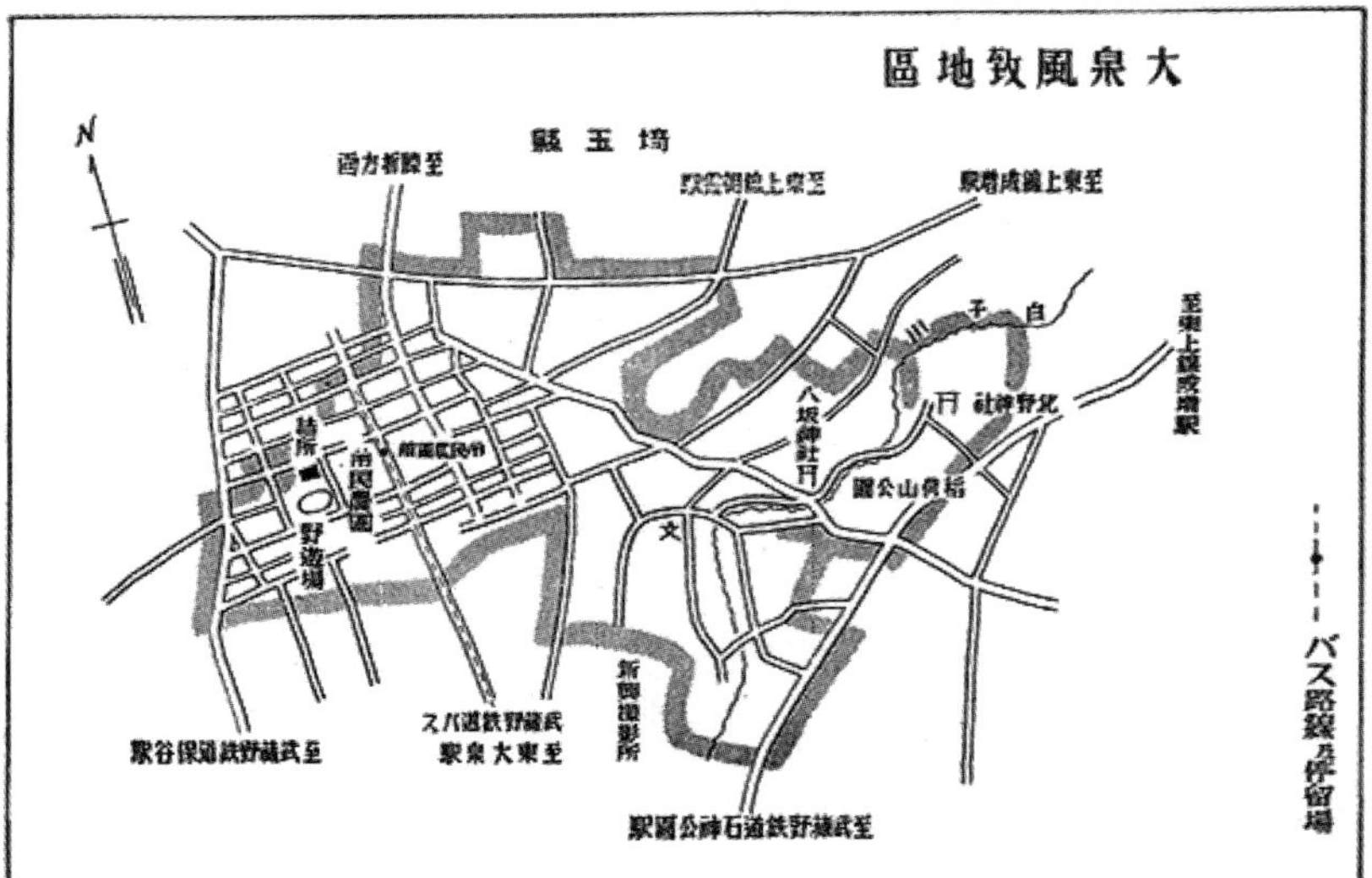

大泉風致地区。地図の真ん中下あたりに白子川が縦に流れているが、その右側が聖心女子学院敷地と書かれていた場所だ。その右上が稲荷山公園。　出所：東京府風致協会聯合会『皇都勝景』1942

木林と薄原とが交わり、遙かに富士箱根、さては秩父の連峰」を望むと書かれている。また「大泉野遊場と市民農園があ」り「校外教練、ピクニック等には好適な場所である」とも書いており、都心から近い割にはかなり広々とした場所であったことがわかる。

白子川流域

また「湧泉の渓谷に松樹、楓樹とを植栽された稲荷山公園と、白子川沿いに曲折する逍遥路をハイキングしながら、石器・土器を探ねながら歩くのも興味深いものであろう」とあることからも、たんなる平野ではなく、高原の渓谷のような雰囲気もあったことが想像される。等々力渓谷ほどかどうかはわからないが、それに近かったのではなかろうか。今行ってみても、公園として整備されたあたりを中心として、なかなか素晴らしい風景が広がっている。

大学誘致に失敗し住宅地としての発展は戦後から

箱根土地株式会社は大泉学園都市の開発を一九二四年から始め、三三〇万㎡（一万坪）の広大な土地を買収し、道路、上下水道、電灯を敷設、大泉学園駅を建設し武蔵野鉄道に寄付した（その後武蔵野鉄道が西武池袋線となる）。

箱根土地㈱は一九二二年に住宅地・目白文化村を分譲したが、「学園都市」という名は「文化村」と同様の一種の宣伝文句であったようだ。大泉はその学園都市の最初の開発事例だった。

今でも大学の誘致は地域振興にとって大きな意味を持つ。たとえば葛飾区の金町駅周辺も戦前は三菱の工場地帯として栄えたが、オイルショック後は衰退。しかし東京理科大学の進出により一気に街が新しくなった。

大泉学園都市では、一区画三〇〇坪の広さの良好かつ文化的な住宅地をめざし、一軒ずつ異なるデザインの洋館のモデル住宅を三〇軒建てたという。しかし一橋大学が大泉ではなく谷保に移転す

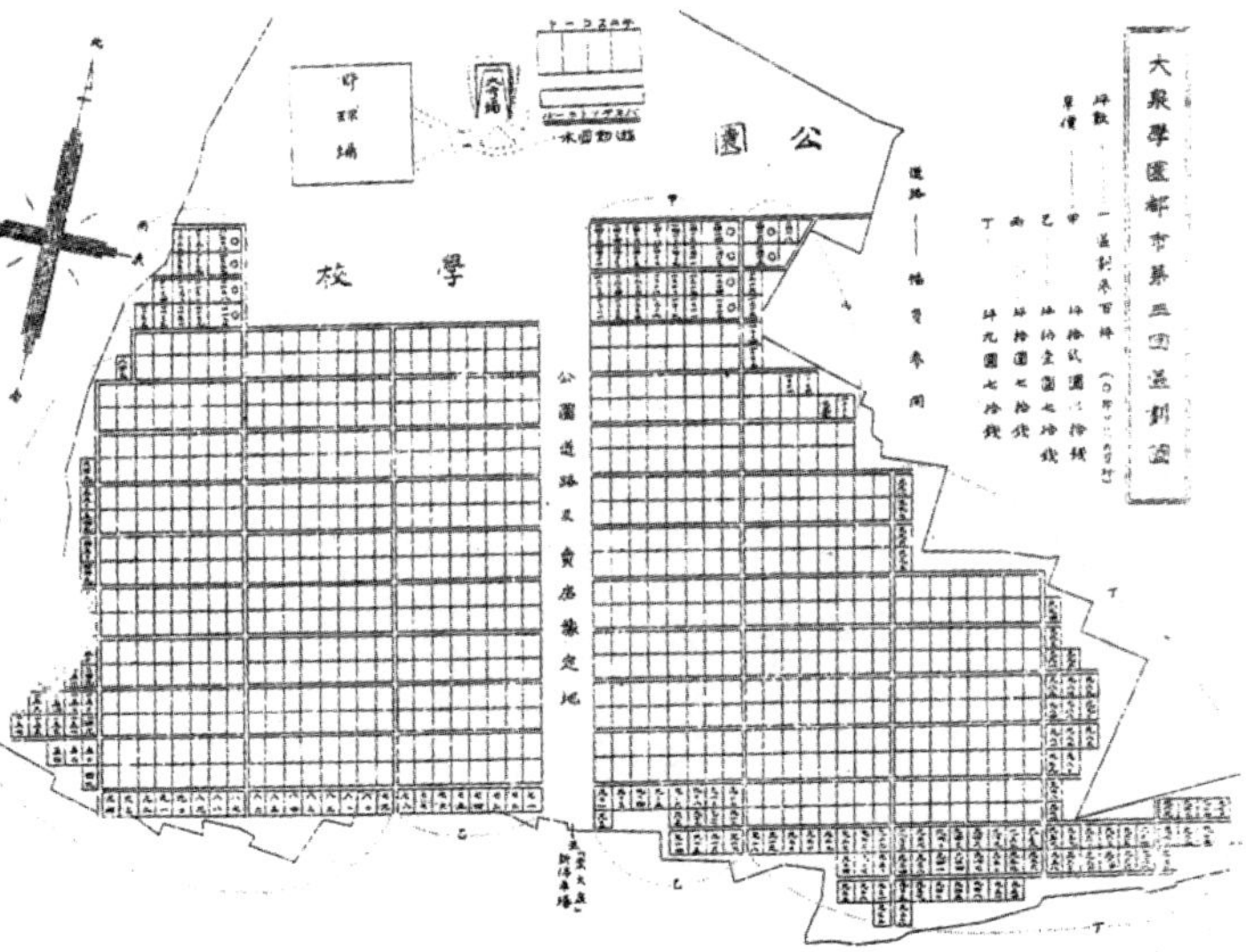

1925年の大泉学園都市土地案内。一橋大学予定地に向かって大通りが延びている。
出所：プリンスホテル所蔵

大泉学園のメインストリート。ただの田舎道である。
出所：東京府風致協会聯合会『皇都勝景』1942

現在の大泉学園の住宅地

大泉学園駅。国立駅舎と似たヨーロッパ風
出所：東京府風致協会聯合会『皇都勝景』1942

永福町の業者が大泉でも開発（読売新聞1938年4月16日）

ることになった影響もあり、販売状況は良くなく、戦時中は半分が畑になった。昭和三〇年代になると、再び住宅地として人気を増していった。また面白いことに永福町の不動産業者が一九三八年に大泉学園に住宅地を分譲している。風致地区を狙った業者がいたのだろう。

「アニメのまち宣言」をしている練馬区

話は変わるが、大泉には漫画家が多い。大泉だけでなく練馬区全体に漫画家が数多く住んでいる、あるいは仕事場を構えていることは周知の通りである。アニメ関連企業数日本随一だそうだ。

豊島区の西武池袋線沿線南長崎駅近くには、手塚治虫をはじめ、藤子不二雄、赤塚不二夫といった漫画家が住んでいた「トキワ荘」があったが（「23章 椎名町」参照）、大泉には、女性漫画家版のトキワ荘ともいえる「大泉サロン（一九七〇～七三年）」というものがあったという。

竹宮恵子と萩尾望都が同居していたアパートであり、ここへ「二四年組」と呼ばれた女性漫画家達が集まった。練馬区南大泉・小関のバス停留所から歩いて一、二分ぐらいのところにあったそうだが、すでに解体され正確な場所はわからないという。

大泉は学園都市にはなれなかったが、マンガ都市になった。そのほうが現代的な意味でますます人気の町になる可能性があるかもしれない。

練馬区・大泉と漫画の関係　出所：https://www.jk-tokyo.tv/zatsugaku/230/

【大泉サロンに関わった漫画作家】

竹宮惠子、萩尾望都、青池保子、大島弓子、木原敏江、樹村みのり、ささやななえ、坂田靖子、佐藤史生、山岸凉子、山田ミネコ、花郁悠紀子、水樹和佳、樹村みのり、伊藤愛子、たらさわみち、増山法恵、など。

【練馬区にゆかりのある漫画作家】

手塚治虫、石ノ森章太郎、松本零士、ちばてつや、高橋留美子、モンキーパンチ、高橋留美子、いがらしゆみこ、ちばあきお、あだち充、弘兼憲史、柴門ふみ、あずまきよひこ、吾妻ひでお、山上たつひこ、馬場のぼる、白土三平、前川かずお、吉沢やすみ、小畑健、など。

【練馬を舞台にした作品・練馬が登場する作品】

ドラえもん、ど根性ガエル、課長島耕作、タッチ、みゆき、H2、クロスゲーム、ナイン、うる星やつら、めぞん一刻、らんま½、ダーティペア、がきデカ、究極超人あ～る、鉄腕バーディー、ツヨシしっかりしなさい、BARレモン・ハート、練馬大根ブラザース、のだめカンタービレ、よつばと！、臨死！！江古田ちゃん、クレヨンしんちゃん、デジモンアドベンチャー、ねりまより愛をこめて、ハヤテのごとく！、こちら葛飾区亀有公園前派出所、など。

〔参考文献〕

松井晴子「箱根土地の大泉・小平・国立の郊外住宅地開発」（山口廣編『郊外住宅地の系譜』鹿島出版会）
練馬区土木部公園緑地課『みどりと水の練馬』一九八九

III

教育・キリスト教の郊外住宅地

10 成城学園
思った通りにできなかったから自由な雰囲気が生まれた

自由で軽やかな文化的香り

成城はなぜ東京を代表する高級住宅地と呼ばれるようになったのか。私はやはり、三船敏郎、石原裕次郎、加山雄三という戦後日本映画界を代表する三大人気スターが住んでいたからだと思う。大岡昇平が住んでいたから、とも言いたいところだが、一部の文学好きにとってはそうかもしれないが、おそらく一般人にとっては映画スターであろう。調布の日活や、砧(きぬた)の東映の撮影所に近いこともあり、黒澤明、滝沢修、森繁久彌、京マチ子、大原麗子等々も住んだ。

もちろん文学・芸術・学術関係者の多さも目を引く。大岡のほかにも野上弥生子(やえこ)。戦後は大江健三郎。画家・横尾忠則。音楽では指揮者・小澤征爾、作曲家・芥川也寸志、チェリスト・堤剛、ヴァイオリニスト・海野義男等々。音楽評論家の吉田秀和も成城学園の出身だ。

二〇二四年に亡くなった小澤征爾は成城学園中学、高校の出身で、桐朋学園短大を卒業後、ヨーロッパに武者修行に行き、一九五九年、いきなりブザンソン国際指揮者コンクールで優勝したスター。

成城らしい風景

大江健三郎は、生まれは小澤と同じ一九三五年（昭和一〇年）。一九五七年、五月祭賞受賞作「奇妙な仕事」が『東京大学新聞』に掲載、『毎日新聞』で平野謙に激賞されたのを契機として同年『文學界』に「死者の奢（おご）り」を発表し、学生作家として鮮烈なデビューをした。

井上ひさしは一九三四年生まれだが（裕次郎も三四年生まれだ！）、小澤と大江こそが自分の同世代の二大スターだったと、どこかに書いていた。二大スターが、成城学園出身、あるいは成城に住んでいるということが、成城のブランドイメージを高めていったと言える。調べてみると横尾忠則は三六年生まれだ。こんな有名人たちがこんなに同世代だなんて。

少しこじつければ、彼らが兵隊に行くには遅すぎた世代であり、それだけに戦後の平和主義や個人の

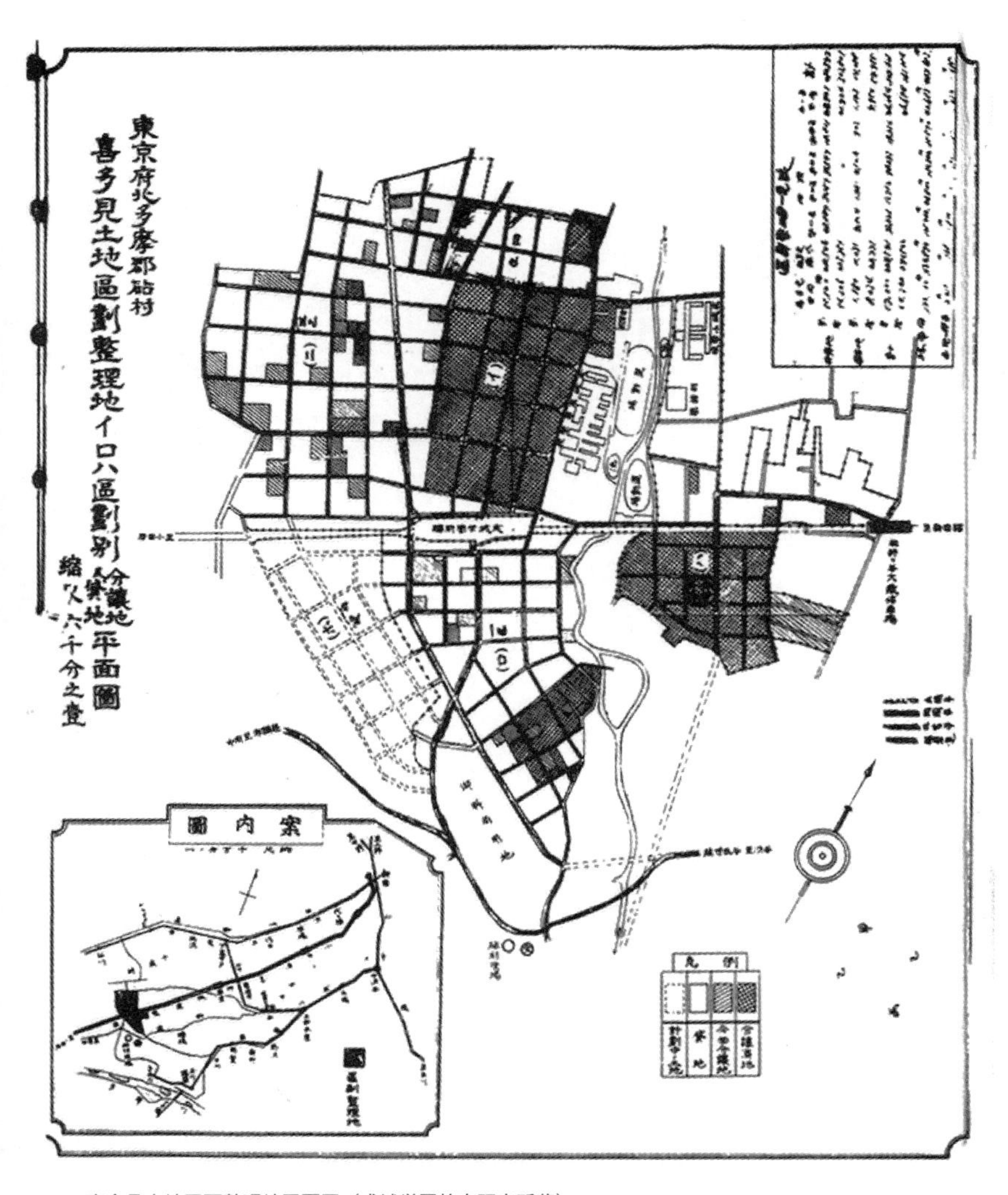

喜多見土地区画整理地平面図（成城学園教育研究所蔵）

自由を謳歌する精神を持ちやすかった。小説や映画や音楽という表現と結びつきやすかった。それが成城という、一私立学校がつくりだした自由な雰囲気の街と親和性を持ったとは言えないだろうか。

その世代以外では丹下健三。戦後日本の建築界における巨人である。柳田國男は戦前からの学者だが、今でもずっと読み続けられている。

同じような高級住宅地の田園調布の住人と言えば長嶋茂雄と石原慎太郎がすぐに思い浮かぶが、その他には、やはり会社経営者、一流企業役員などが多いのではないだろうか。もっと言えば体制に近い。長嶋だって（そういえば三六年生まれだが）読売巨人軍だから田園調布が似合うのであって、大毎オリオンズだったら、田園調布に住んだかどうか。もちろん多摩川グランドに走っていけるという地の利もあるが、やはり読売巨人軍というスポーツ界の中心にいたスターだからこそ、田園調布だったのじゃないか。

それに比べると、裕次郎はスターとはいえ不良役だし、横尾忠則はアングラだったし、大江は権力とはかなり遠いところにいる小説家だ。小澤征爾だって音楽アカデミーの中心にいるとは言い難い。そういう自由を求める精神と、成城は親和性が高い。

だから、たとえば、もし東大が学園都市をつくっても、成城のようにはならないだろう。実際本郷は東大の学園都市と言っても差し支えないが、裕次郎や小澤征爾や横尾忠則や大江健三郎は住みそうもない。成城は、もっと軽いし、さわやかで、自由で、おだやかな空気の流れる街である。

素人っぽい図画工作的開発

成城は、意外なことに、いや、むしろこれまで述べてきたことから言えば必然的に、こんな町をつくろうという都市計画があってできた町ではないという。まず成城学園という学校をつくることが目的であり、その資金を得るために土地を売って住宅地をつくってきたのである。だから、開発の主体は成城学園後援会地所部であり、不動産会社でもデベロッパーでもない。

そんなわけで、こうして本を書くために資料をあさっても、田園調布の開発史についての論文は、あらゆる住宅地の中でも抜きん出て多いのだが、成城についての資料は、あくまで成城学園という学校についてのものがほとんどであって、成城の街づくりについての論文は少ない（これは自由学園も同じだ）。

最もまとまっている酒井憲一の「成城・玉川学園住宅地」（『郊外住宅地の系譜』所収）によると、箱根土地株式会社による国立や小平における学園町開発が「玄人的開発」であるのに対して成城の開発は「素人っぽい図画工作的開発」であり、「都市計画的考えにまでは至っていない」という。

学校としての成城学園の歴史は、一九一七年（大正六）、日本教育界の重鎮、澤柳政太郎（さわやなぎまさたろう）が日本の初等教育改造を志し実験的教育の場として牛込（現在の新宿区）につくった成城小学校から始まる。もともと陸軍軍人養成と中国人留学生のために創設されたが、そこを澤柳が引き継いだものだ。澤柳

世田谷区指定有形文化財　旧山田家住宅

は、東京帝国大学卒業後、文部省、旧制仙台二高校長、文部次官、貴族院議員、東北大学総長、京都大学総長を歴任した文学博士という超エリートだ。

成城小学校が最上級生の卒業を迎える一九二二年、「教育の一貫」を願う父母の要求に応え、当時の主事、小原國芳（のちの玉川学園創立者）が尽力し成城第二中学校を開設した。小原は京都大学哲学科を一九一八年に卒業し、広島高等師範学校附属小学校理事となったが、澤柳の懇願により一九年に成城小学校主事に就任した。

一九二三年、関東大震災が起こると、小原は校舎を現在の成城に移転。同時に中学校卒業生の受け皿として高等科を新設し、理想の一貫教育を展開するには、郊外に広いキャンパスが必要だという考えもあった。その用地探しのために東京府下で三万坪以上まとまっている土地を調べ、知人のアドバイスを得て、小田急線沿線の現在の地、仙川と野川に挟まれた台地を選んだ（同）。二五年には現在の地に移転し、成城幼稚園も開設した。

朝日住宅展覧会

酒井によれば、郊外住宅地としての成城の名を世に知らしめたイベントが、朝日新聞社による「朝日住宅展覧会」だった。これは一九二九年に成城で開催されたもので、朝日新聞社が新しい住宅設計案を二月から募集した。四月には募集を締め切り、応募作品五百案から十六作品を選び、その設計案を掲載した『朝日住宅図案集』を七月に刊行。十月には入賞した十六の作品を実際に成城にモデルハウスとして竹中工務店が施工し、内装は三越、松屋、松坂屋が担当した。そして十月二十五日から一ヶ月間展覧会を開き、分譲し、モデルハウスを購入した者は、そのままそこに住んだのだった。施工された住宅は、翌一九三〇年三月に『朝日住宅写真集』として再び刊行されている。

展覧会には五万人が来場し、大きな話題を呼んだ。場所は、現在の成城学園駅北口を出てすぐ左に進み、三〜四〇〇メートル進んだあたりである。

朝日新聞社がなぜ成城を選んだか。前述の写真集で「朝日住宅は何故に成城学園前を選んだか」が書かれている。それによると、「郊外に住宅を構へるにあたって、第一に考慮すべきことは衛生上の問題である。附近に工場はないか、貧民窟はないか。風上に練兵場や、塵埃(じんあい)の立つような地面はないか、水道はあるか無いか、無ければ井戸の水質と水量と深度はいかに」また「日光の入るところに医者は入らないという通り、保健の第一は日光である。ことに冬の日光は暖房費を節約する」「第二は交通である。電車の便があっても、余り線路に近くては震動と騒音が安眠を妨げる」「次には道路である、家の前まで自動車が横付けになることは、今日では絶対的条件といってもよい」「多くの人は

実際に成城に建てられて居住された朝日住宅３例
出所：『朝日住宅写真集』朝日新聞社、1930

成城学園前駅北口の西側にあった朝日住宅展覧会場の６区画。駅前から右のほうに柳田國男邸がある　資料：喜多見土地区画整理組合事務所・成城学園後援会事務所・成城学園後援会地所部事務所「砧成城学園住宅整理地平面図」発行年不詳だが展覧会場と書かれているので1929年だろう。 出所：『私たちの成城物語』

毎日自動車を必要としないであらうが、自動車を要する場合が必ず起って来ることをあらかじめ考慮しておく必要がある」また「車道としての道路の外に歩道としての道路を考えることは一層必要である」「その他郊外住宅地の標常として数へることは限りなくあるが、朝日住宅地の選定は第一に土地が高燥であつて、前記の衛生交通条件を完全に具備した上、多摩川畔に位し眺望のよいことで、櫻井大佐が研究の上にこの地を東京の郊外理想的の地と折紙をつけ、自らここに住むことになつた事は何よりな証明である」としている（漢字仮名づかいなどは現代風に改めた）。

櫻井大佐とは、朝日住宅の三号棟に住むことになった櫻井忠温（ただよし）のことである。櫻井は日露戦争に出征。旅順攻囲戦で体に八発の弾丸と無数の刀傷を受け、右手首を吹き飛ばされる重傷を負ったが、余りの重傷に死体と間違われ、火葬場に運ばれる途中で生きていることを確認されたという逸話の持ち主。療養中に執筆した実戦記録『肉弾』を刊行、戦記文学の先駆けとして大ベストセラーとなった。一九二四年（大正一三）からは陸軍省新聞班長を務めている。彼は『朝日住宅写真集』にこう書いている。

先ず東京郊外でどこが一番健康地かということを考えました。それで、ある専門家について研究すると、東京付近の風向は一年に平均して、西南の風が多いのだそうで、ほこりと悪ガスを東京の東北に吹きつけるから、その方面は健康地だとはいえないということです。

東京は西に広がる

こうした文章を読むと、近代化の過程における衛生思想、健康思想の普及が、東京の西と東の「格差」を拡大したと考えることもできそうである。江戸時代は隅田川の東側にも武士は住んだし、森鷗外だって北千住に住んで、人力車で半蔵門まで通勤していたという。文化人や上流階級だから西側の高台に住むとは限らなかった。それが次第に、できるなら健康のため、衛生上の理由で西郊に住みたいと思うようになった。明治以降のコレラやスペイン風邪などの流行もそうした傾向に拍車をかけた。

また、下町も江戸時代までは日本橋、京橋、神田、浅草あたりに集中しており、隅田川を越えれば基本的には、葦の生い茂る湿地帯、あるいは田園地帯が広がっていた。それが明治以降、人口が増え、産業が拡大すると、隅田川を越えて工場地帯が広がった。中流階級が住むには適さないと思われるようになったのである。

しかし、朝日新聞社が住宅地をつくるにあたって、高燥で健康的というだけなら、他にも適地があったと思われる。田園調布付近でも、山王でもよかったであろう。酒井は、民俗学者の柳田國男が当時朝日新聞の論説委員か顧問かをしており、一九二六年（昭和二）から成城に住んでいたので成城を薦めたのではないかと推測している。

そもそも朝日新聞社は、住宅博覧会以前から郊外に強い関心があったと思わせる記事もある。関東

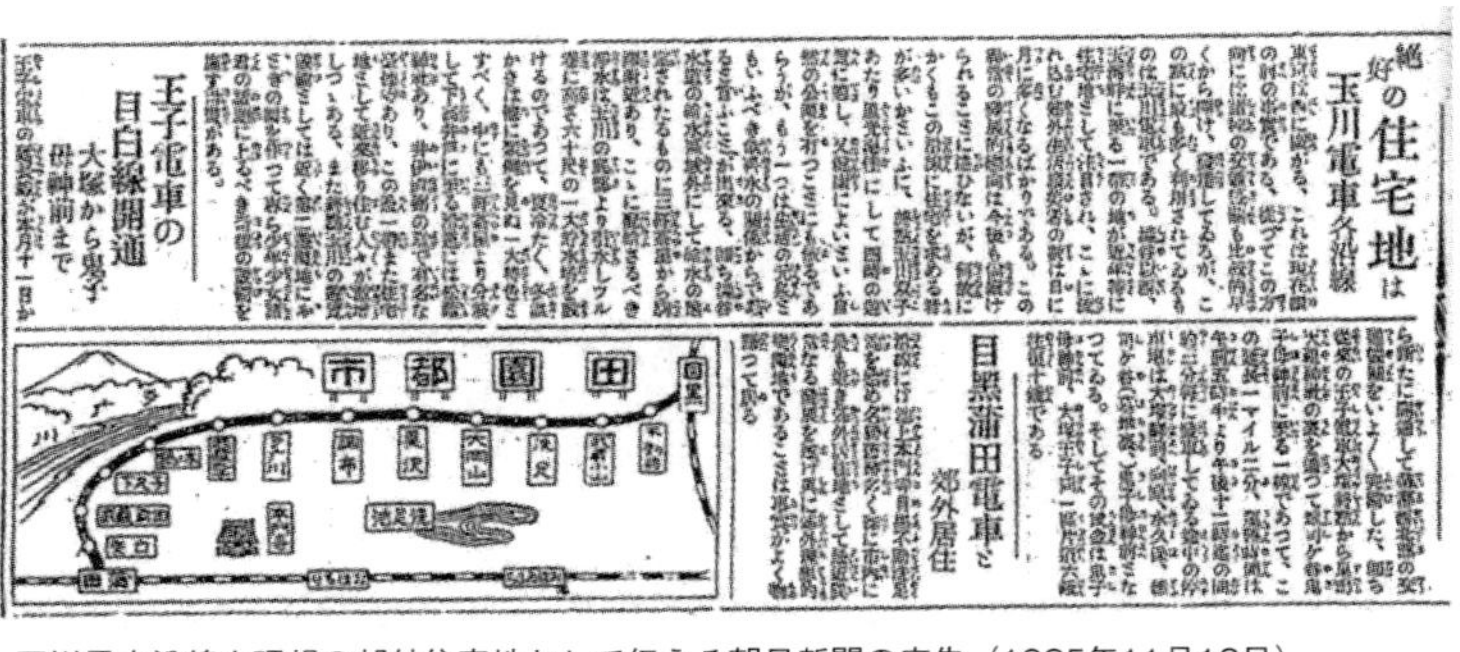

玉川電車沿線を理想の郊外住宅地として伝える朝日新聞の広告（1925年11月13日）

大震災の二年後の一九二五年十一月十三日に「絶好の住宅地は玉川電車各沿線」という見出しで記事型の広告を載せているのだ。

東京は西に広がる、これは現在眼の前の事実である。従ってこの方向には諸種の交通機関も比較的早くから開け、発達しているが、この点に最も多く利用されているものは玉川電車である。渋谷以西、多摩川畔に至る一帯の地が近年特に住宅地として注目され、ここに流れ込む郊外生活讃美者の数は日に月に多くなるばかりである。この異常の発展的傾向は今後も続けられることに違いないが、何故にかくもこの沿線に住宅を求める者が多いかというに、終点二子玉川あたり風光絶佳にして四季の遊覧に適し、また健康によいという自然の公園をもつことにもよるのであろうが、もう一つは生活の源泉ともいうべき飲料水の関係からであると言うことが出来る。即ち渋谷水道の給水区域外にして給水の予定されたるものに三軒茶屋から駒沢付近あり、ここに配給さるべき浄水は多摩川の底部より引水し、弦巻に高さ六十尺の一大貯水塔を設けるのであって、夏冷たく、冬温かきは他に類例を見ぬ一大特色とすべく、中にも三軒茶屋より分岐して下高井戸に至る沿道には松陰神社あり、井伊直弼の墓で有名な豪徳寺あり、この辺一帯また住宅地として近来移り住む人々が激増しつつある。また終点玉川の遊覧設備としては近く第二遊園地に、おとぎの園を作って専ら少年少女諸君の話題に上るべき奇抜の設備を施す計画がある。

その広告のすぐ下段には「目黒蒲田電車と郊外居住」という見出しで「沿線には池上本門寺目黒不動洗足池を始め名勝旧跡多く殊に市内に最も近き郊外居住地として最近異常なる発展を遂げ真に郊外理想的楽園地であることは事実がよく物語って居る」と書いている。

生活の改善

ではなぜ朝日新聞社がそもそも住宅展覧会を開催しようと思ったか。大正から昭和初期にかけては、デベロッパーが郊外住宅地において住宅博覧会を盛んに開催していた。関西の箕面(みのお)有馬鉄道が一九一三年に企画した「家庭博覧会」が最も初期のものであるが、住宅博覧会が盛んになるのは田園都市の必要性が叫ばれた一九二二年以降のことであり、昭和期に入ると博覧会という手法は郊外住宅地販売の常套手段になったという(藤谷、二〇一一)。一九二二年に田園都市の必要性が叫ばれたのは、上野公園、不忍池のほとりで開催された「平和記念東京博覧会『文化村』」においてであり、会場には十四棟の小住宅が展示され、イス座の導入と家族本位の住宅の必要性が訴えられたという（同）。朝日住宅博覧会もこうした流れの中で開催されたものである。

『朝日住宅図案集』の「序」にはこう書かれている。

「生活の改善と一口にいっても、これを衣食住に分けて見ると」「住宅の改善に至ってはどんなに早くても二、三十年を要する」。「文化生活は先づ生活の根拠地である住宅に発」するはずなのに、実際は「衣と食とが急速なテンポを以て近代化しているのに対して」、住宅は遅れており、「依然徳川時代の遺風」を残している。「しかしながら、この不便と不調和は長く国民――ことに都会人――の堪え得るところではない。厳冬の候、室内温度春の如きオフィス・ビルディングに事務を執る大多数の文化市民は、自らの住宅に帰って、これも徳川時代の遺物である火鉢をかかへて寒さに震えているのである」。

火鉢を徳川時代の遺風と呼ぶのは、まあ、新聞らしいというか、大げさな表現だが、それはともかく、要するに言いたいことは今の世の中と変わらない。ブランド物の洋服を着て、食べ物は飽食の時代だというのに、家はウサギ小屋ですきま風が吹いているほどだから、どうにかしたいというのである。

さらにまた「在来の日本住宅は我国に芽生えた建築であり、永く我等の風俗習慣になじみ、その風土気候に適合するよう発達して来たものである」。とはいえ「純日本住宅の生活も不便が多い」。そこで朝日新聞社としては、「昭和新時代の新様式を見出さんと」した。入選作の図案を「大正大震災前後に流行したいわゆる文化住宅に比すると、全く面目を一新し、現代生活の表現として渾然たる調和を示し、昭和の一形式を創造したものといへることは主催者の満足するところである」と勇ましい。

こうした和洋折衷志向は、先述した東京平和記念博覧会「文化村」への反省ではなかったかと藤谷は書いている（前掲論文）。「文化村」は「建築学会が生活改善同盟会の考えを取り入れて始めた住宅博覧会であり」、同会が「主体となって推し進めていた椅子式生活を中心とした「家族本位の住宅」だった。しかし「洋式になると従来の家具は皆無駄になる」「せせこましい。我々の経済生活とはまだ距離がある」といった批判があったという。そういう行きすぎた洋風化住宅を文化住宅と名乗ることへの反省が朝日住宅にはあったようなのである。

毒舌でならしたジャーナリスト大宅壮一も、一九二九年、文化住宅を批判した文章を書いている。「東京の郊外を歩くと、いたるところに、型にはめてつくったような和洋折衷の半バラックが並んでいる。（中略）その多くは、和洋折衷というよりも、三室ばかりの日本家屋に、赤がわらの四畳半もしくは六畳くらいの『洋室』をつぎ足したもので、外から見れば洋服を着てげたをはいたような感じである」（大宅壮一「サラリーマンの生活と思想」／大竹、二〇一二）。私は洋服を着て下駄をはいたような昔の住宅デザインが好きなのだが、たしかに当時はずいぶんおかしなデザインに見えたとしても不思議ではない。こういう背景から、形骸化した文化住宅ではない、新しい住宅が必要であると朝日新聞社は考えたようである。

和風住宅の良い所

審査員の一人、建築士・堀越三郎も「和風住宅の良い所」という一文を寄せている。「所謂文化住宅というものが、簡易生活とか、能率増進とか言う実用一点張りのものの様に誤解され易い為めに、趣味とか、安息とか言う精神的の方面に欠けて居ると批難を受ける場合が多い様です」「文化住宅がややもすれば欧風謳歌に陥り易い誤りを正したい」「和風住宅の良い点を挙げて見たい」「洋服を着て洋館の中で仕事をすることは便利で文化的ですが、文化生活とは洋装をして洋館に住むものと思うのは早計です。仕事をする、働く、作業をするということは生活の一部に過ぎません。住宅は人の全生活を包容するのですから、仕事をすることに適するものばかりを採用したのでは、決して住み良い家にはなりません」。つまり、仕事は能率的に行う必要があるから洋風でいいが、家で休むときは和風のほうがくつろげると言いたいのである。堀越は寝室を例に取り、ベッドのデメリットを指摘している。

ベッドは「人数がきまって融通がきかない」「片付けられない」「床から高くなって居るため天井を少し高くする必要が起こる」「床面とベッドの上とを二重に掃除しなければならない」「蚊帳(かや)を釣るの

に困る。ベッドのしたの蚊を追い出すのに困る」「衛生上から見てもベッドの藁布団は畳と大差ない」「身体の重い部分が垂れ下がるため身体の休息に悪い」「枕元に物を置くのに不自由である」。なかなか笑える。私も布団派だが、枕元どころか、布団のまわり中に、本とか鉛筆とか、照明器具とかCDプレイヤーとか、焼酎とか水とか、手ぬぐいとかかゆみ止め軟膏とか、いろいろな物を置いて寝る。これじゃあベッドには置ききれない。

そんなことはともかく、このいささか滑稽な一文に象徴されるように、朝日住宅は、単なる洋風住宅ではなく、それを日本的な暮らしに適合させた、新しい住宅を模索していたのである。朝日新聞社の社会部部長・鈴木文四郎も「一般の日本人のサラリーマン階級には、和式六七分に洋式三四分位の折衷が適しているのではないでしょうか」と書いている。

ただし、実際の朝日住宅はすべてが和洋折衷というわけではなく、住宅のデザインは多彩であり、鉄筋コンクリート造も建築されていた。中でも目を引くのは七号館。建築家・土浦亀城（八一頁、一四一頁参照）の妻、土浦信子による設計であり、コルビュジェ風の白い四角い住宅である。土浦夫妻の自邸も白い四角い住宅で、一九三五年に白金に建てられているから、その原型と言ってもよいのかも知れない（二〇二四年に東京・青山に移築された）。

ちなみに、土浦信子は吉野作造の長女として、一九〇〇年本郷に生まれた。東京女子高等師範学校附属女学校とアテネ・フランセで学び、二二年に土浦亀城と結婚。翌年亀城とともに渡米し、フランク・ロイド・ライトのもとで建築を学んだ。ライトの日本美術コレクションの整理なども手伝い、帰国後は、日本初の女性建築家として昭和初期の日本の住宅改良に貢献したという人物である。

このように単に和洋折衷だけではなく、合理的なモダニズム住宅が日本に初登場したのが朝日住宅博覧会であったと言えるようである（藤谷）。

開発は思った通りに行かなかったが、それが良かった

成城についての研究を調べていたら、なかなか画期的な論文を発見した。今までにない視点の論文である。それは成城学園教育研究所研究員の荒垣恒明による「東京から郊外をめざす」である。本章の冒頭もそうであるように、数ある戦前の郊外住宅地の中でも成城を語るときは、まさにここに郊外の明るい理想が実現したという気持ちになる。郊外移転を主導した小原をちょっと神格化してしまう。

だが荒垣は「郊外へ出るということは都会に住む便利さを捨てるということである」。当時「成城町が開発された北多摩郡砧村など」は都心から見れば「はるか彼方の郊外であった」し、郊外には「ムラ社会が広がっていたのである。郊外地域はそこをめざす人々にとって、決して『約束の地』ではなかった」というのである。

「成城学園が牛込からの移転を望んだ」のも最初から郊外に理想があったというよりは牛込の学園

が「総合学園建設の舞台としては、校地があまりにも手狭だったためであ」り、「父兄の間からは高等学校設置の要望も挙がり始め」、一九二三年に「全父兄によって後援会が組織され」たが、これは「我が子たちを進学させる高等学校と高等女学校を設立するため学園を支援する」ためであり、「この動きを一気に具体化させたのが関東大震災」だという。

小原は震災前に外遊する計画を持っていた。ところが震災が起こってそれが頓挫し、その代わりに郊外移転に力を入れたというのだ。移転候補地は最初から今の成城のある場所ではなく、当初は交通の便が良い（牛込からも近い）中央線沿線の中野が候補だったし、国分寺もかなり有力だった。その他、青山常盤町御料地、上高井戸村、代々木の大山（第15章参照）、松沢村・烏山村、小金井が候補にあがっていた。青山の御料地は宮内省侍医頭・入澤達吉夫人を介して交渉した。

「学園関係者が移転先に望んでいたのは、高台に所在すること、用地の一括買収が可能な大地主が存在していること」の二点だった。この二点をクリアする土地で、小田急線の開通が見込まれることから、砧村喜多見の高台への移転が決まったのだった。小田急沿線への移転には、小原が尊敬する教師・本間俊平のアドバイスがあった。本間は大きな東京地図を広げて、「君、十マイル郊外へ出たまえ。西南だ。東北本線は寒い感じがする。千葉方面は本所深川を通るから品が落ちる。東海道線はもう横浜まで家がつまっている。これからはきっと新宿あたりから小田原に向かって新しい線ができる。安く買い占めろ」と言った（玉川学園ホームページ）。父兄からも小田急の工事開始の情報が入り、小田急から提供された予定地図によって沿線を調査し、喜多見の土地に狙いを付けた。

小田急線が実際に開通したのは一九二七年であったが、学園はすでに二四年に「新校地における起工式」をしており、二五年四月には成城第二中学校が移転し、成城玉川小学校が併設された。小田急線の開通までは京王線烏山駅が最寄り駅となり、小学生も徒歩で通学した。京王線は二両編成のチンチン電車だった。そのため教職員の中にも喜多見へ全面移転を嫌がる傾向があった。喜多見移転は「小原の『独走』だとする意識は、学園内に存在していたのではないだろうか」。それは「学園にとって」「ひとつの賭けであった」と荒垣は書く。

赤い屋根の家

用地買収は、鈴木家の当主二〇代久弥という大地主が学園に用地を一括提供したことでスムーズに行われた。鈴木家は多摩川を挟んで対岸にある神奈川県長尾村の地主であり、幕末に紅花・穀物の売買などで財を成し、江戸京橋新肴町(しんさかな)に長岡屋という店を開くなど、手広く商売をしていた旧家である。一九代当主の久弥は川崎地域での自由民権運動の中心人物として活躍し、地域発展のため教育の普及にも努め、自宅に「鈴木学舎」という私学も創設している。二〇代久弥は一九代の養子である。

成城学園のキャンパス

一九代も地域発展に深い関心を持ち、特に一八九五年（明治二八）に出願された武相中央鉄道には積極的に関与したが、この計画は頓挫した。だから学園の移転と小田急線開通の動きは、鈴木久弥にとっては夢の再現であったに違いないと荒垣は言う。

土地は下草刈や萱刈などに利用されていただけであり年間六〇円程度の上がりしかなかったが、これを学園は坪八～一〇円で買った。また学園が予定している住宅地二万五〇〇〇坪に対して、購入を希望する人々の総坪数は五万五〇〇〇坪にふくらんだ。しかし販売価格は坪一二～一八円と仕入れ値とあまり差がない。中央線沿線の中野の坪単価（六〇～一〇〇円）に比して格安であることを売りにして、とにかく早く売ろうとした。だが小田急線開通直後の価格は坪三〇円に上がっていたので、学園側の商売はあまりうまいとは言えなかった。

このように「素人っぽい」開発であったが、それがかえって「今日に続く学園都市の基礎を築くことにつながった」と荒垣は言う。「学園に資金の余裕がなかったため、買収できた宅地の面積は限られたものになったが、それは無謀な計画拡大を防ぎ、結果としてコンパクトな町作りにつながった。成城という町の適度な広さは、町

野川に向かう崖の邸宅。豊かな自然が成城の魅力だ

立派な邸宅

の雰囲気に一体感をもたらしているし」、「街路樹やまっすぐで幅の広い道は、町の特徴として周辺地域との差別化に役立っている」。「宅地の価格設定の失敗は、後々の学園の財政状況に深刻な影響をもたらしたが、結果として安価な住宅地というイメージを生み」、「砧の地に人を呼び寄せることに成功した。その結果、開発からあまり間を置かずに『学園都市』としての体裁が整った」というのである。

成城の思い出

禍福はあざなえる縄のごとし。独断専行と甘い読みと資金不足が重なって、むしろ自由でのんきな町ができた。分譲当初から成城に住んだ方々の随筆を読むと、そんな気がする。

『私たちの成城物語』の著者中江泰子氏は本郷近くの大和郷（やまとむら）から成城に引っ越してきた。虚弱体質

で人見知りも激しい泰子さんを心配して、ご両親は同じ大和郷に住む親戚の紹介で、成城で理想の幼児教育を目指して始められた「こどもの家」幼稚園に通うことになった。やはり大和郷にもう一軒親戚が住んでおり、こちらは牛込で成城が開校して以来澤柳の教育方針に心酔して子どもたちを通学させていた。泰子さんも、大和郷からは一時間半もかかって母親と通学した。成城にはまだ家は少なく生徒は東京市内から通学する者ばかりだった。そして一年後、成城の知人の家を借りて泰子さん一家は成城に引っ越し、しばらくして土地を買い家を新築した。設計は佐藤秀三（佐藤工務店創業者）。道路からはるか奥深く大樹に囲まれて建つ、黒い瓦葺きの重厚なイギリス風木造二階建て。延べ床面積は一一八坪あった。ガスはなく、大きな電熱のレンジとオーブンが設置されていた。

もう一人の著者井上美子氏は、小学校五年のときから目白台から通学した。つねに微熱が出て、ご両親はどこかによい学校はないかと探したのだ。両親はクリスチャンだったので、教会の青年部の小学校教師のグループが、小原の話を聞いて大感激し、成城に入るとよいと進言したのがきっかけだという。成城ではクラスは男子二〇人、女子八人。豊かな自然の中に木造校舎、グラウンドになるところはまだ田んぼで、野川の水もきれいだった。空気は澄み、日差しは強く、林や丘など走り回れる場所はいくらでもある。乗馬もするし、多摩川べりにテントを張って野外授業もあった。動物学の授業は天気が良ければ必ず屋外だった。井上氏もみるみる元気になった。

こういうエピソードを読むと、一〇〇年前の都心は、たとえ駒込や目白であっても、空気が悪かっろう。

たのだろうと思われる。戦後の高度経済成長で煤煙、排気ガスが増える前から、東京には「空がなかった」のだろう。だから大人は別荘を郊外に建て、あるいは子どもたちを郊外の学校に入れたのであろう。

三船敏郎の大活躍

成城についてはもう一冊『山の手「成城」の社会史』という本があり、これが様々なエピソードが書かれていて面白い。特にびっくりしたのは、何と言っても三船敏郎の豪快な行動だ。

一九五八年、この年の夏は台風が頻発し、雨ばかり降っていた。三船は黒澤明監督の「隠し砦の三悪人」の撮影をしていたが、雨でスケジュールが大幅に遅れていた。九月二六日、台風二二号が襲う。撮影中止となった三船が、ロケ地の御殿場からマイカーを飛ばして成城に帰り、晩酌をしてくつろいでいると、成城警察から電話が来た。「大雨で仙川が溢れ、二〇世帯が浸水、四世帯一八人が孤立したから、三船さんの所有するモーターボートで救出したい、車でボートを運んできてくれ」と言うのだ。三船は「よしきた!」とボートを車の屋根に載せて現場に向かい、自分でボートを操縦し、見事一八人を救出した。実は成城に近い千歳船橋在住だった俳優・森繁久彌も、烏山川の氾濫で被災した人たちを自分のボートで救出したという。スターは本当にスターだったのだ。

三船については、こういうエピソードもある。三船の長男が成城学園の初等学校に通っていたとき、学校の運動会の日が母の日でもあった。すると三船はセスナをみずから操縦し、調布飛行場を飛び立つと、成城学園のグラウンド上空に飛来、セスナから赤いカーネーションの花を撒いたというのである。本当に大スターだ。

土地分割の様子

最後に成城の土地分割の状況を見る。今朝洞重美「東京郊外における高級住宅地の変容――田園調布、成城の場合」によると、成城では開発当初四九五㎡(一五〇坪)以上の区画が四一九区画あり全区画の八五・二%であった。これに対して三三〇㎡(一〇〇坪)以下の区画は一三区画で二・九%にすぎなかった。

これが一九七七年には四九五㎡以上の宅地数は六二三区画で三一・九%、三三〇㎡未満の宅地数が八四六区画で四三・三%にも達しており、後述する田園調布よりも細分化が激しかったらしい。

また上薗栄衣美「東京における高級住宅地の形成と変容――田園調布、成城、常盤台を事例に」はゼンリン発行の二〇〇五年の住宅地図に基づき敷地区画と土地利用を入力し、二〇〇五年のデータと一九九五年と一九八五年のデータを比較することで、一〇年間隔で土地の細分化などの状況を明らかにしているので、バブル時代の変化がわかる。今でも成城の土地は普通の住宅地よりも広々としているが、開発当初と二〇〇五年を比べると六区画が三三区画にまさに細分化している区画もあり、驚く。

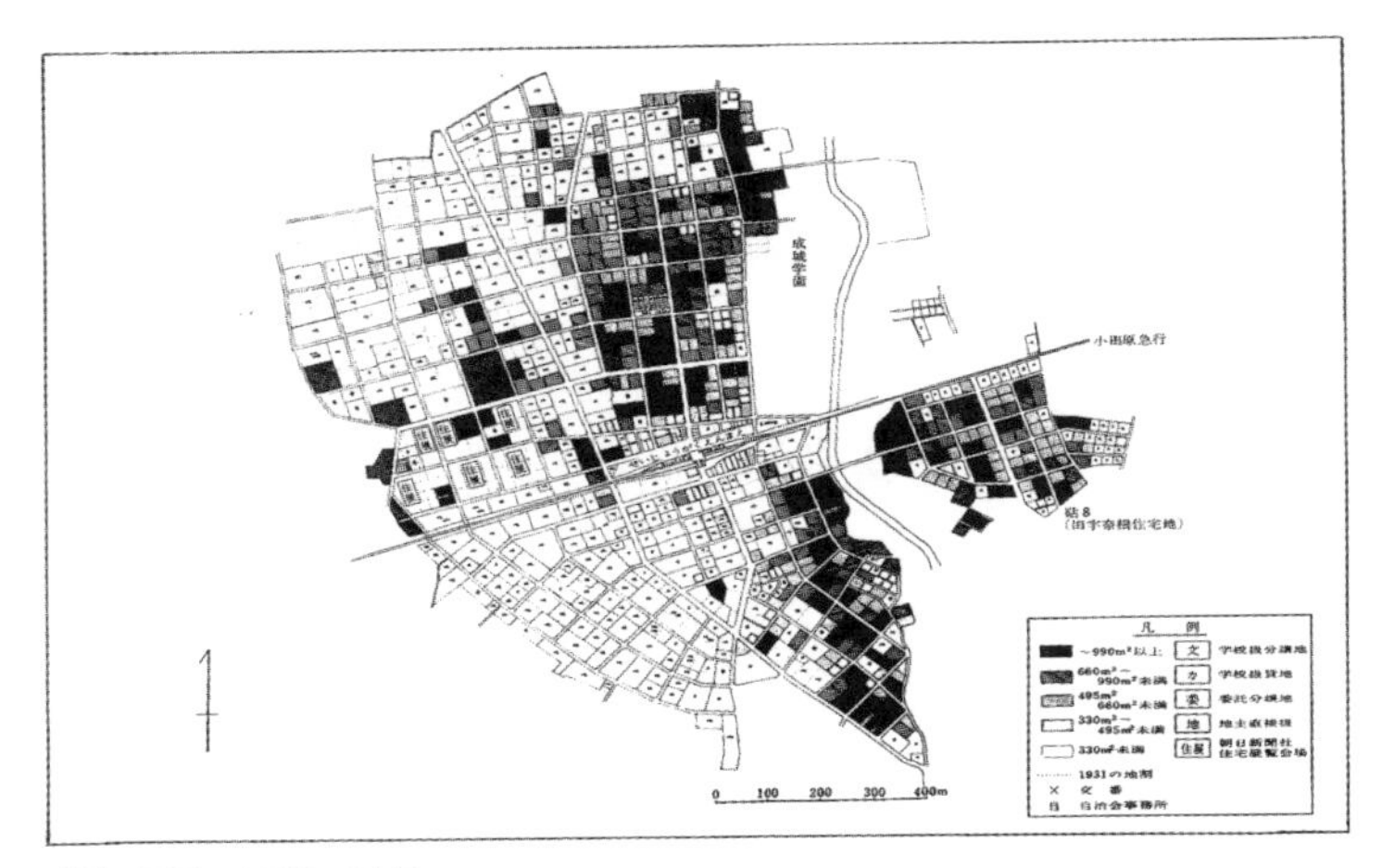

成城の区画　1925－31年

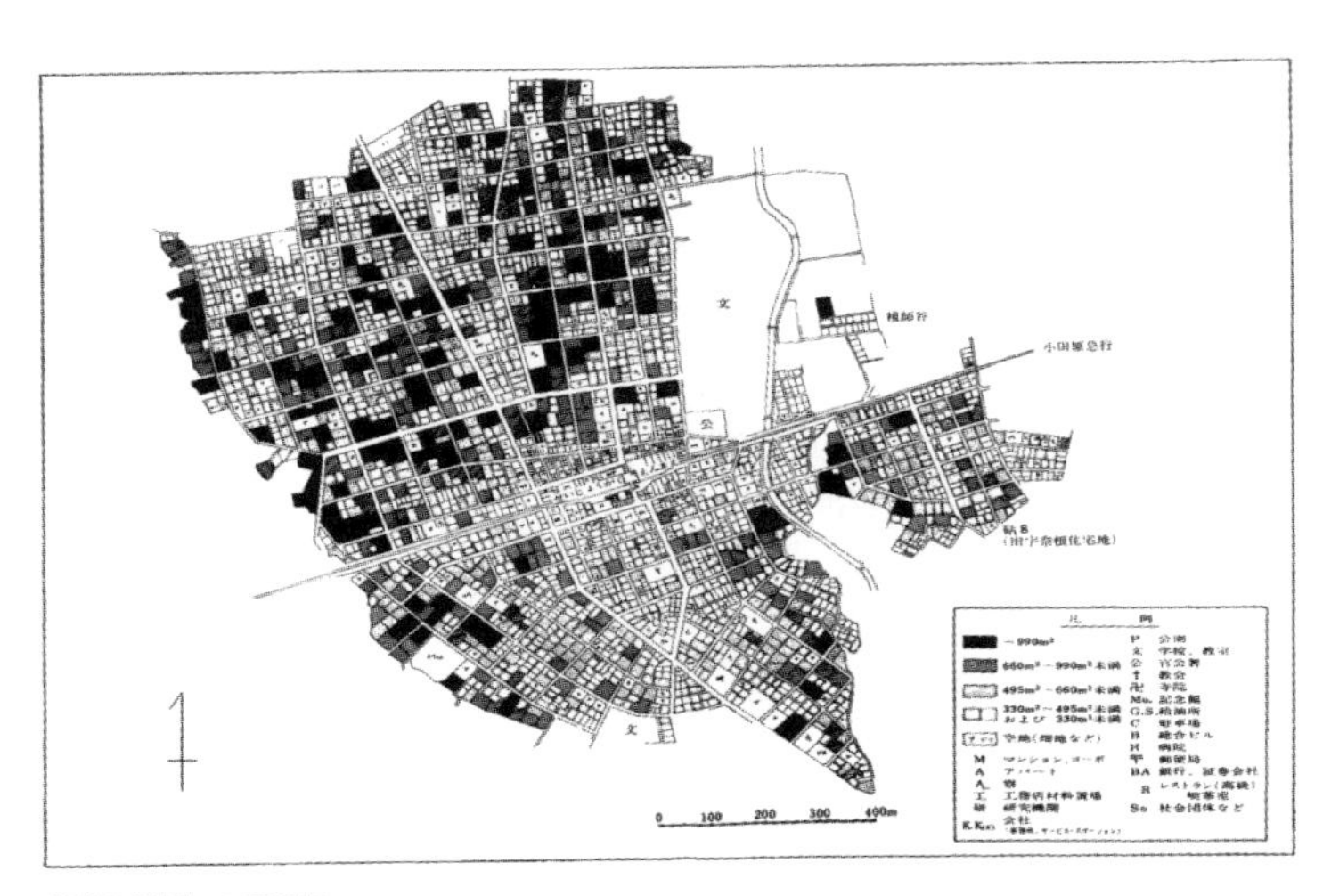

成城の区画　1977年

出所：今朝洞重美「東京郊外における高級住宅地の変容――田園調布、成城の場合」2005

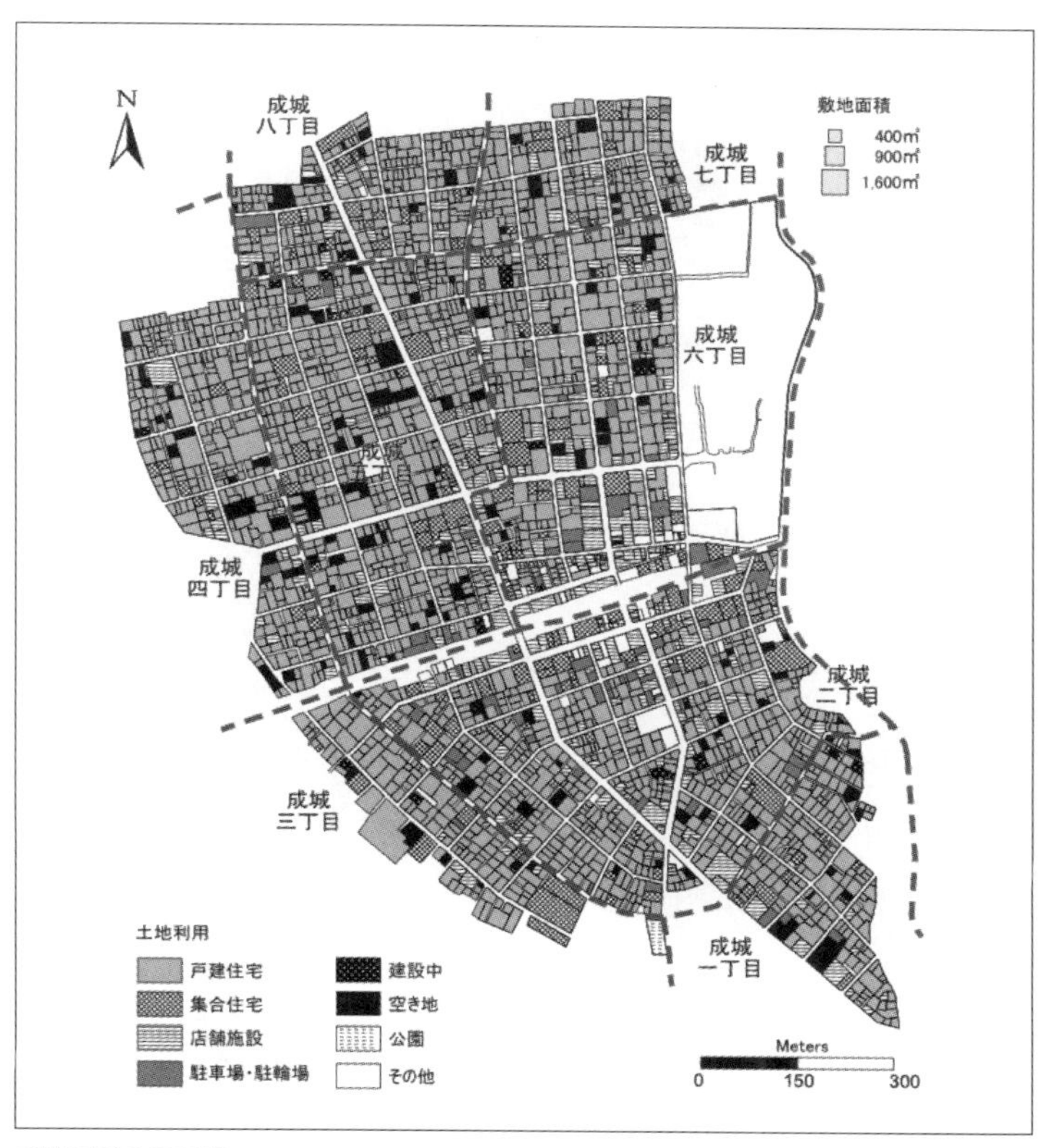

成城の区画 2005年

出所：上薗栄衣美「東京における高級住宅地の形成と変容——田園調布、成城、常盤台を事例に」2008

成城５丁目の住宅地密度変化の例（1947, 61, 74, 89, 2002年）
出所：小幡一隆・大月敏雄・安武敦子「戸建住宅地における長期居住にともなう土地と建物の変容に関する研究――成城住宅地における初期の分譲形態とその後の変容を通して」

元々が六世帯で一世帯当たり三三〇坪あったとすれば今は一世帯当たり六〇坪弱ということか。

小幡一隆・大月敏雄・安武敦子「戸建住宅地における長期居住にともなう土地と建物の変容に関する研究――成城住宅地における初期の分譲形態とその後の変容を通して」でも、成城五丁目は一八四七（昭和二二）年から二〇〇〇（平成一二）年にかけて図のように密度が増加していることが

1938年から2000年までの長期居住者が198件あった。出所：小幡一隆・大月敏雄・安武敦子「戸建住宅地における長期居住にともなう土地と建物の変容に関する研究――成城住宅地における初期の分譲形態とその後の変容を通して」

1987年の成城　　2003年の成城

出所：鰺坂徹他「成城地区における近代住宅と街並みの保存再生に関する研究」

よくわかる。

　また、成城では戦前から自治会が発達し、自治会報（一九三三年）、居住者名簿（一九三八年）、居住者地図（一九四〇年）などが現在まで残っており、また成城学園には分譲当時の宅地割地図や契約書の一部も残っていて、同論文は、これらの資料と居住者への聞き取りから、住宅地の開発や長期居住者について考察している。一九三八年居住者名簿と二〇〇〇年の住宅地図を比較すると、三八年から二〇〇〇年までの長期居住者は一九八件であったという。それが他の住宅地と比べて多いのか少ないのかはわからないが、二〇二四年の現段階ではさらに一世代が過ぎるので、かなり減っているのかもしれない。

　また鰺坂（あじさか）徹他「成城地区における近代住宅と街並みの保存再生に関する研究」によれば一九八二

年から一九八五にかけて行われた世田谷区教育委員会の調査で、世田谷区内に一七五四棟の近代住宅が確認されたが二〇〇〇年のせたがや街並保存再生の会の調査では四八三棟の残存が確認されたのみであり、成城地域は一四五棟のうち四〇棟が残存しただけであった。鯵坂らは再調査を行い、近代住宅が二〇〇三年にさらにまた減少していることを調べている。

こうした変遷を経てはいるが、それでも一般的な住宅地と比べれば成城は田園郊外らしい「愉快」な雰囲気を今も残しており、こういう街こそが住みたい街ナンバーワンになるべきではないかと思わせる。

〔参考文献〕

酒井憲一「成城・玉川学園住宅地」(『郊外住宅地の系譜』鹿島出版会、一九八七)
「朝日住宅図案集」朝日新聞社、一九二九
『朝日住宅写真集』朝日新聞社、一九三〇
藤谷陽悦「成城学園前住宅地と『朝日住宅博覧会』」(内田青蔵編「住宅建築文献集成一七巻」柏書房、二〇一一)
大竹嘉彦「郊外住宅地の理想──田園調布と成城を中心に」(『都市から郊外へ一九三〇年代の東京』世田谷文学館、二〇一二)
荒垣恒明「東京から郊外をめざす──「成城」から読み直す開発の歴史」(和光大学総合文化研究所年報『東西南北 二〇一二』)

今朝洞重美「東京郊外における高級住宅地の変容——田園調布、成城の場合——」(『駒澤大學文學部研究紀要』vol.37 一九七九)
上薗栄衣美「東京における高級住宅地の形成と変容——田園調布、成城、常盤台を事例に——」(『お茶の水地理』vol.48 二〇〇八)
鯵坂徹・松田宏・土谷耕介・小幡一隆「成城地区における近代住宅と街並みの保存再生に関する研究」(『住総研研究年報』No.30 二〇〇三)
小幡一隆・大月敏雄・安武敦子「戸建住宅地における長期居住にともなう土地と建物の変容に関する研究——成城住宅地における初期の分譲形態とその後の変容を通して」(『日本建築学会計画系論文集』第五九三号、二〇〇五)
新倉尊仁『山の手「成城」の社会史　都市・ミドルクラス・文化』青弓社、二〇二〇
中江泰子・井上美子『私たちの成城物語』河出書房新社、一九九六

11 東久留米・学園町

教育の理想がつくった田園住宅地

教育の場は神のつくりたまいし田園に

学園町は雑誌『婦人之友』を一九〇三年に創刊した羽仁吉一・もと子夫妻が一九二五年に開発した町である。『婦人之友』（改題前は『家庭之友』、その前身として『家庭女学講義』があった）は、もと子のキリスト教に基づく理想主義的な思想を展開する雑誌であり、夫妻が女性の自由と権利の拡大と新しい生き方を提案するためにつくったものであった。

夫妻は、単に雑誌による女性の啓蒙だけでは飽きたらず、自分たちの理想の教育を実践する場所として一九二一年に学校を創設した。それが自由学園である。

現在も西池袋にある自由学園明日館のある場所が発祥の地。一九一三年、夫妻は二〇〇〇坪の土地を借り、四〇坪ほどの住宅兼仕事場をつくった。残りの土地にはテニスコートをつくり、一九一六年からは『婦人之友』の後に一九一四年に創刊した『子供の友』や『新少女』の読者の子供たちを集めて運動会を開催したりした。

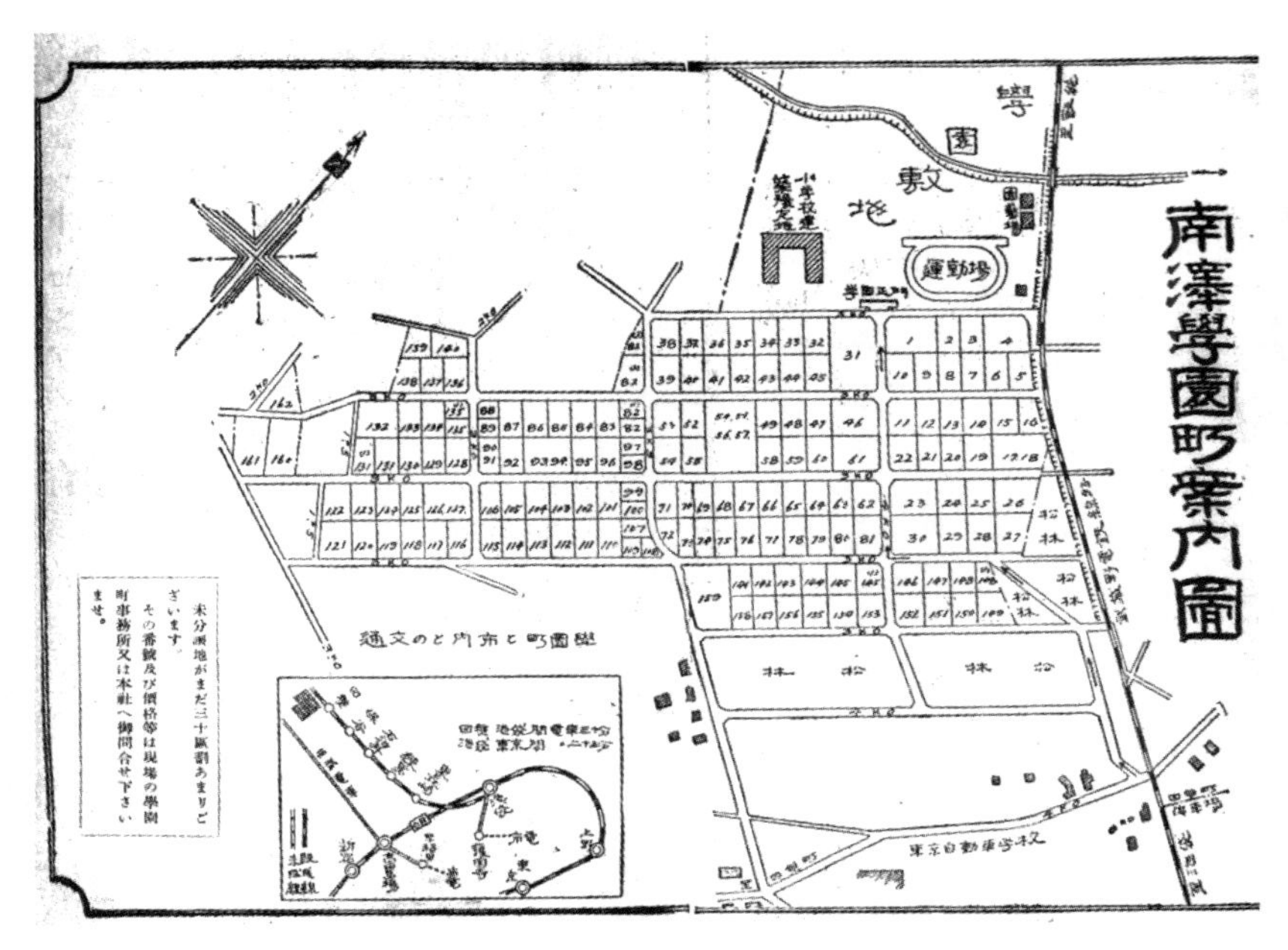

開発当初の学園町。住宅分譲地は158区画ある。 出所：『婦人之友』1926年11月号

一九二一年には自らの理想の教育を実践する場として自由学園を創設。校舎の設計をフランク・ロイド・ライトに依頼した。ライトの弟子である遠藤新ともと子が、ある教会で知り合ったのがきっかけである。もと子は遠藤に設計を依頼したのだが、遠藤はライトを紹介し、ライトは夫妻の教育理念に共鳴して、設計を引き受けたのだという。こうして一九二一年四月には教室一部屋が完成し、入学式が開かれた。

自由学園は評判を呼び、二四年からは屋外学習の場として、農場や運動場にふさわしい場所を郊外に探し始めた。夫妻は「教育の場は神のつくりたまいし田園に限ると前々からかたく信じていた」からであった。また当時の趣旨書によれば、郊外での土地取得は池袋の校舎を従来通り学校生活の拠点としながらも、天然の美しい武蔵野を学園の教場に加えるという、学校の拡張を目指すものだった（玄田・村上）。

そして『婦人之友』一九二五年八月号に「自由学園を中心とする新しい町　東京郊外に住宅地を欲しいと思っておいでになる方々へ」という住宅地案内が掲載された。

また三六年以降に発行されたと思われる住宅地案内でも、南澤学園町（がくえんまち）は、自由学園の「卒業生並びに学園関係者によって全然新しいプランの下に計画され開拓された質素で健全な教育的住宅地です」とされ、「今住んでおられる方々も、これから住もうとなされる方々も、質素で健全な思想や生活や趣味に共鳴せられる方々ばかりであります」とし、「友愛と協力とは自然にこの町を支配する何よりも強い精神であります。町全体の雰囲気は実にお子さんたちの教育のために得がたい理想的環境といっても過言ではあるまいと信じます」あるいは「ここには一つの商業施設もありません、いつまでも閑静でいつまでもなごやかな住宅地であることが南澤の理想であります」と書かれるなど、教育のための理想的環境が学園内部だけでなく、学園町全体によって創出されることを示している（玄田・村上。字体・仮名遣いなどは現代風に改めた）。

こうして自由学園は、武蔵野鉄道（元・西武鉄道）の斡旋によって現在の学園町と校地にあたるおよそ一〇万坪（学園用地二万五千坪、住宅分譲地七万五千坪）を北多摩郡久留米村南澤に購入する。

ちょうどひばりヶ丘駅（当初は「田無町駅」）も開設されていた。

自由学園による住宅地開発は成城学園や玉川学園と同じ仕組みである。まず土地を学園自身が住宅地として開発分譲し、その利益を学園の整備に当てるのである。そのため住宅地のほうも自由学園の教育理念にふさわしいものになるように設計される。何でもいいというわけにはいかない。区画は最低二五〇坪であり、住宅は遠藤新らの設計。ひろびろとした田園郊外がつくられたのだ。当初の名称は「南澤学園町」という。

1947年の南澤の学園町。自然の林を活かして造成された。158区画あるようには見えないが、1世帯が何区画も買ったケースがあるのだろう。家もすべて建っているように見えないので土地だけ買ってまだ家を建てていない人がいたのか。
出所：国土地理院データベース

四期にわたって行われた分譲の第一期は学園の南側に隣接する場所で一九二五年に完売。第二期は西側で二六年。第三期は南西側で二七年。第四期は最も南側（駅に近い場所）で三六年に分譲が完了した。土地は元々田畑ではなく、

学園町の風景

林だったので、それを切らずに、立木の数に応じて立木代を徴収していたという。立木の風景が町の特色であるという認識が当初からあったらしい（玄田・村上）。

最初の購入者七四名のうち、官吏・政治家が一二名、医師八名、学者・教育者八名、軍人五名など。また、博士という肩書きが一〇名、東大卒が一二名、慶応卒が四名、青山学院、同志社、九州大学卒が各二名、三井物産社員が四名だったという（内田）。高学歴であり、かつ自由学園の理想に共鳴した人が多かったことが推察される。

最初に住宅を建てたのは青山学院大学教授であり、その娘が自由学園の小学校で最初の入学生の一人となった。三〇年に完成した小学校の設計はもちろん遠藤新である。

一九二七年の第三期分譲のころから住宅が増え始

めた。遠藤新の設計した住宅も増えて、彼の住宅は地域の景観構成要素の一つとなった（玄田・村上）。二九年には羽仁夫妻も遠藤新設計の新居を構えた。その家は自由学園内に現存している。遠藤新設計の邸宅は他にも多数あり、もと子の長女の婿であるカリスマ的な歴史学者・羽仁五郎邸も遠藤の作品だった。新の息子の楽(らく)らの設計した家も多く、他に建築家の土浦亀城が設計した邸宅もあったという。

さらに面白いのは、遠藤新設計の田中邸では、一時期、羽仁夫妻も含む近所の数家族が共同炊事をしていたというのである。これにより一女性当たりの家事労働が軽減され、女性の社会進出が促進されるという目的であったらしい。さすが羽仁五郎。共同炊事は当時のヨーロッパの共同住宅でもしばしば見られたものなので、そこから輸入された考え方ではないかと思われる。

中流の暮らしと女性の活躍

『婦人之友』一九二六年一一月号には二四年の一〇月に学園町近くに引っ越してきた大学教授夫人の随筆が掲載されている。引っ越したときは五、六軒しか家がなく、池袋から保谷までは一時間から一時間半の間隔で、電車と汽車が両方走っていた。夫は明治大学の法学者。お子さんは豊島師範附属小学校と日本女子大附属小学校に通学していた。だがその後鉄道もすべて電車になり、三〇分おきに走るようになり、二年後は三〇軒ほどの家が建ったという。駅近くにも店が一、二軒しかなかったが、

フランク・ロイド・ライト様式を取り入れた家

次第に増えた。

庭には畑を作り、大根、菜っ葉、トマト、ミョウガ、芋、ナス、キュウリ、インゲン、ゴボウ、ウド、八つ頭、スイカなどを育て、ニワトリも飼った。庭には池を作り、コイを泳がせ、女中さんたちは学園町ができる前の南澤まで栗を拾いに行った。自由学園の教育のように自然と共にある暮らしぶりだ。

また三〇軒の家では消費組合のようなものをつくり、商店と交渉して商品を注文し、組合事務所に届けてもらった。それまでは東京から来た人だからといって高い物を売りつけられる不安があったが、消費組合ができてからは安心して買えるようになったという。米は米屋で買うと値段が高かったので、原産地から直接組合員の家に送られてくるようにした。

先の一九三六年頃の住宅地案内でも「郊外の町といえば小さい商売屋が騒々しく立ち並ぶのが新開地風景ですが、

南澤ではその代わりに、自由学園消費組合によって日用品はすべて廉価に、手早く合理的に供給されております」と書かれているが、随筆の女性は「南澤の学園町にはさぞよい消費組合がお出きになることだろうと羨ましく存じて居ります」とあるので、少なくとも保谷と南澤の二つの消費組合があったらしい。

また、こうした組合の活動を見て、商店のほうでも刺激を受けてベーキングパウダーやサラダオイルといった、当時の保谷では珍しい物も店に揃えるようになったという。また、魚屋は一軒しかなかったので、池袋に出かけることが多い女性がまとめて買って来て、事務所の物置を「魚市場」にした。お菓子屋はあったが、味が田舎風で気に入らなかったので、「東京の方々にはこういうのでなくては向かない」と言って、材料の砂糖や食紅を変えさせたこともあるという。

また石油ストーブでは不経済だと、石炭ストーブを導入し、煙突を取り付けると、始終お湯が沸いているし、お菓子も焼けるし、ストーブの上には二つも三つも鍋が置けるので便利だし、料理を冷まさないようにお皿ごとオーブンに入れておけば急な来客時にもあわてない。「不便なところに住んで、知らず識らずのうちにいろいろな工夫をすることを覚えたのはうれしうございます」、石炭ストーブなど思い切って決断をして「愉快な生活がどんどん生まれてきたことは深い感謝でございます」と夫人は書いている。

実に一〇〇年前の中流家庭の主婦の力を感じる随筆だ。私も、私の母方の祖母を思い出す。バイオリンを弾く音楽教師だったが、結婚後は、家事はもちろん、畑仕事も外での仕事もこなした。裁縫はもちろん、布団の打ち直しも自分でして、人に教えるほどであった。現在は、外で仕事をする女性が増えてそれは結構なことだが、コンビニ弁当とファストフードとレンジでチンのものしか食べない昨今の女性たちが本当に自立しているのかはちょっと考えたほうがいいと思う。昔の女性が家庭に閉じ込められたという言説は半分くらいは嘘である。そもそも家事のほとんどが手仕事だったのだから家庭の中にいたのであり、閉じ込められたと思うかは人次第であろう。当時の家の仕事は、大変でもあり、やりがいもあり、自由も達成感も自己実現もある仕事だったのだと思う。

自由学園の思想がしみ出したような住宅地

今、学園町に行くと、遠藤新らの設計した家が残っているのかどうかは専門家でないとわかりそうもない。ほとんどの家はすでに建て替えられ、あるいは敷地が分割されている。

それでも建て替えられたと思しき多くの家ですら、遠藤新やライトへのオマージュを感じさせるデザインになっているものもあり、四角いプレハブ住宅は非常に少ないし、かといってニューイングランド風もあれば南欧風もあるという混乱した住宅地にもなっていない。敷地分割が進んだとはいえ、庭が広い家もまだ残っている。

また自由学園は、芸術教育や自然教育に力を入れており、中学生は最初に自分の座るイスをつくるし、畑で野菜をつくったり、養豚をしてその肉を食べたりもする。女子は自分で自分の服をつくる授業もある。そのためだろうが、学園町には、自宅で絵画、音楽の教室を開く家も多いし、庭にたくさんの草花を植えた家も多い。自由学園出身者がそのまま住んでいるケースも多いらしく、そのことが街並み、家並みを守ることにつながっているのだろう。

「守る」というと閉鎖的に聞こえるかも知れないが、そんなことはない。石垣やブロックで敷地を囲む家が少なく、庭を潰して道路からすぐの所に家の壁があるような例も少ない。そのため、豊かな庭が歩いていても楽しめるのだ。そのへんが、どことなくおっとりした雰囲気で、自由学園の雰囲気がそのまま街にしみ出しているようだ。

〔参考文献〕
内田青蔵「ひばりヶ丘南澤学園町／田無」（片木篤、角野幸博、藤谷陽悦 編『近代日本の郊外住宅地』鹿島出版会、二〇〇〇）
玄田悠大・村上民「婦人之友社所蔵　南沢学園町分譲関係資料の整理と分析――南沢学園町（分譲期）の地域形成とその特徴」（「生活大学研究」Vol.9　二〇二四）

12 成蹊学園

吉祥寺に学園町ができるまで

美濃部達吉・亮吉の家があった

私のような地方出身者だと、地方にいるときは成蹊学園と成城学園の区別ができなかった。だが成城学園は小澤征爾の出身校だし、成城の街には三船敏郎、石原裕次郎、大江健三郎、大岡昇平、横尾忠則、武満徹らの芸能、文学、美術の有名人が住んでいる（いた）ことを知ると、はっきりとしたイメージが形成されていく。学園の名前と地名が一致していることも、土地イメージをはっきり持たせる。

対して成蹊学園は三菱がつくった学校であり、安倍元首相の出身校ということで、政治経済のイメージが強く、成城と比べると文化的な印象は弱い。住みたい街のいつも上位にいる吉祥寺の北町にあるが、成蹊学園町という名前はないので、そのぶん印象も弱い。

成城の住宅地は、成城学園が学校をつくるための資金源として住宅地を開発したことは知っていても、成蹊学園のまわりに三菱が住宅地を開発したことは、私は最近まで知らなかった。

成蹊学園キャンパス

知らない一因は、やはり成城と比べて有名人が住んでいなかったことである。だが、経済学者で元東京都知事の美濃部亮吉が住んでいた（父親の、あの「天皇機関説」の美濃部達吉の家があった）、と最近初めて知り、なるほどかなりの住宅地だったのだと気づいた（一五三頁の地図2参照）。

中村春二の自由教育への情熱

成蹊学園の創立者は中村春二（はるじ）。一八七七（明治一〇）年三月、神田猿楽町に生まれた。父の秋香は宮内省御歌所寄人（おうたどころよりうど）を務める歌人だった。一八九一年、高等師範学校附属学校尋常中学科に入学した中村春二は、生涯の親友となる今村繁三（銀行家）と岩崎小弥太（こやた）（実業家）に出会う。

三菱の後継者であった岩崎は今村とケンブリッジ大学に留学し、中村への手紙でこう書いている。

「英国の学校教育は、個性を尊重し、自由なる雰囲気により行はれている。これに反し、日本の学生が教科書の詰め込み主義に毒され、自主的精神を喪失し居る現状に比するに、誠に羨ましき限り」

このような英国の教育に触れるうち、今村と岩崎は日本にもそうした教育機関が必要であると痛感するに至ったという。

中村は、東京帝国大学に進学し、在学中から曹洞宗第一中学林（現在の世田谷学園）で講師を務めた。当時の画一的教育や教育機会不均等に疑問を持った中村は、今村・岩崎両氏の支援のもと、一九〇六年（明治三九）、本郷西片町に学生塾を開設（翌年「成蹊園」と命名）、塾生と家族同様に寝起きし、自らが思い描く理想の教育を目指した。その後、駒込富士前町に移転（現在の本駒込。富士神社のあたりか）、園芸もおこなった。

やがて中村は全寮制の私立学校を起こしたいと考え、父から相続した私財を投じ、岩崎・今村両氏の賛助も得て、一九一二年、当時はまだ自然豊かな郊外だった池袋の元・メトロポリタンホテルの場所に成蹊実務学校を移転・創立した。池袋周辺には他にも、宗教大学（現・大正大学）、学習院、豊島師範学校といった学校が続々と開校・移転していた。さらに中村は、一九一四年（大正三）以降、成蹊中学校、成蹊小学校、成蹊実業専門学校、成蹊女学校を創設した。さらに一九一八年頃から成蹊学園は閑静な土地を求めて、学園全体の移転を検討し始めた。そして一九年、今村が豊里合資会社から土地を入手し、一九二四年に校舎を池袋から吉祥寺へ移転した。しかし吉祥寺移転の二四年、残念

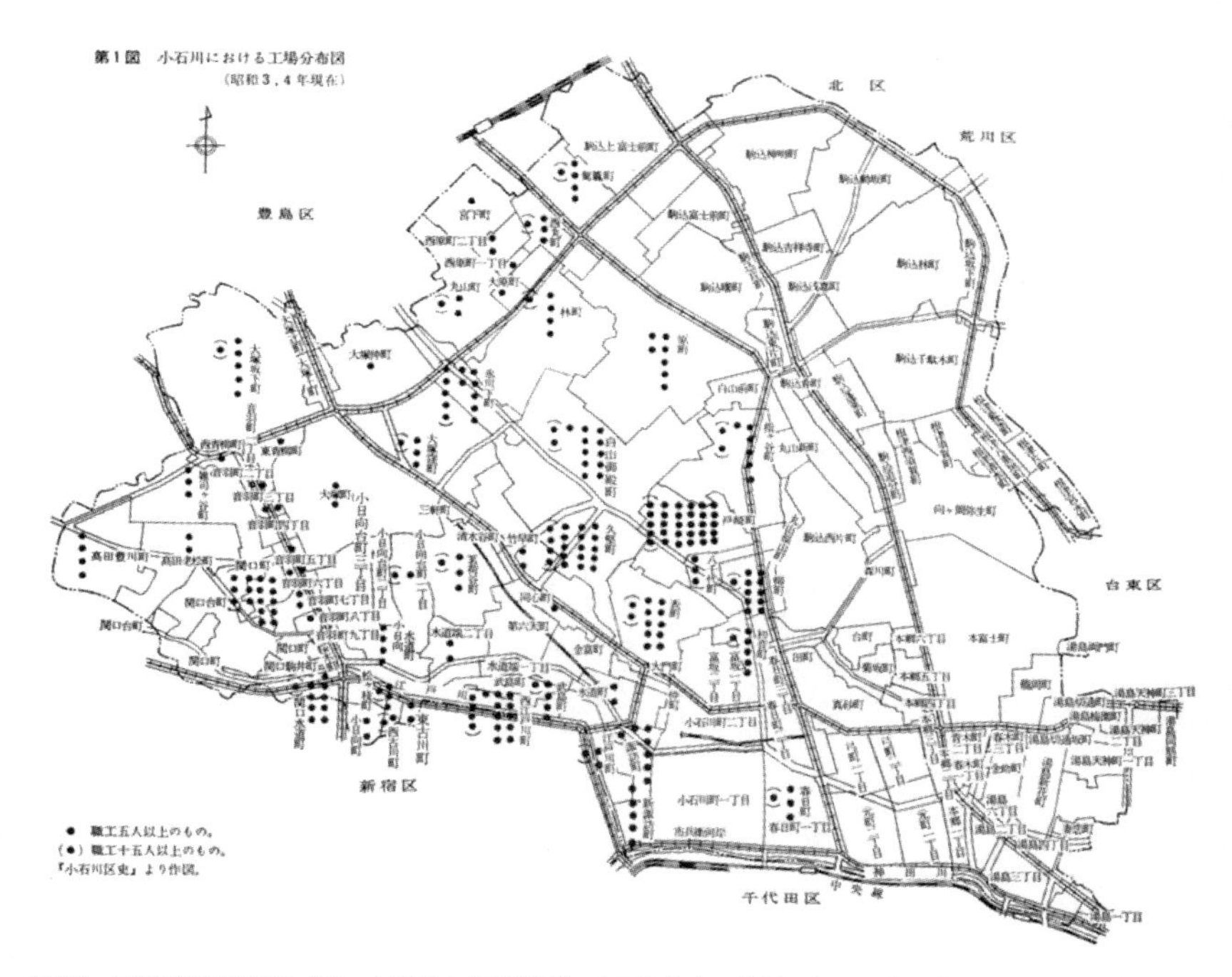

1928～29年頃の文京区（旧・本郷区と小石川区）の工場分布。成蹊のあった駒込富士前町はいちばん上のほう。　出所『文京区史第四巻』1981年

なことに中村は死去した。享年四六歳だった。

池袋への移転の理由には、駒込ではごみごみしていて教育にふさわしくないということもあった。駒込がごみごみしていたと聞くと今では不思議だが、もともとは野菜市場の町であり、花街もあり、西側の小石川の川沿いは工場や貧民街が増えていたから、空気も風紀も悪かったのかもしれない。本郷区の人口は一八九二年から一九〇七年の間に、五万九千人から一五万三千人に激増していた。小石川区も三万九千人から九万四千人である。また小石川区の死亡率は一九〇七年に東京市一五区内で

最高だったし、二六年には本郷区が最高だったのである（『文京区史第四巻』）。成城学園や豊島園の章でも書いたように駒込の大和郷から引っ越した住民もいるのは、関東大震災の影響の他にも、こうした生活環境の悪化があったのだろう。

成蹊の住宅地ができるまで

都市計画史・建築史家の玄田悠大（ゆうた）によると、成蹊学園の入手した土地はもともとは地主が「キリスト教大学」のために土地をまとめたものだという。その裏付けとして、一九一〇年（明治四三）一〇月四日に武蔵野村吉祥寺の地主三二名が「豊里合資会社無限責任社員阿波（あわ）松之助」宛で作成した土地売買に関する領収証があるという。

豊里合資会社は、一九〇一年五月一三日に設立された合資会社和倉屋が前身であり、様々な商売をしたらしい。そして吉祥寺の土地を購入した一九一〇年前後に豊里合資会社の組織が大きく変わっており、吉祥寺の土地購入に関する事業が阿波にとって重要な意味を持っていたと考えられるという。

阿波松之助は大阪の実業家で、キリスト教系学校出身であった。彼は社会福祉事業団体・博愛社を支援し、自身の土地を博愛社の移転先として提供したこともある。また、浪華（なにわ）女学校というミッションスクールの校主経験もあった。だから阿波はキリスト教系の大学に土地を売ろうとしていたらしいのである。

また阿波は、一九一四年（大正三）に「明治神宮経営地論」と題する書面を阪谷東京市長に当てて送っており、そこには明治神宮の設置場所の条件として帝都の西北であることや広大であること、地勢が東京より高いこと等を挙げており、彼が吉祥寺の土地を明治神宮に適した場所と想定したとも考えたくなると玄田氏は言う。だが当初の目的であったキリスト教大学は誘致できず、巣鴨病院、国士舘大学、東京女子大学等の設立・移転の話もあったが、契約には至らず、かわりに成蹊学園が土地を入手したのである。

一九二二年から学園の西部、北部、北東部に住宅地、北西部には別荘地が分譲されたが、その後多くは学園用地となった（一五二頁、地図1）。

学園西部の住宅地は五日市街道の北側である（一五三頁、地図2）。五〇〇坪を基本として宅地が分譲された。冒頭に書いた美濃部親子の家もその一角にあった。

保存される日本最古のアメリカ製ツーバイフォー住宅

住宅遺産トラストホームページ（https://hhtrust.jp/hh/hamake.html）によると、成蹊大学キャンパス周辺に三菱商事は職員住宅として、アメリカから購入したツーバイフォーのプレハブ住宅を五棟、赤煉瓦住宅を五棟建設した。現存するのはプレハブ住宅一棟だけで、戦前期におけるツーバイフォー建築の導入史において、きわめて貴重な建物であるという。

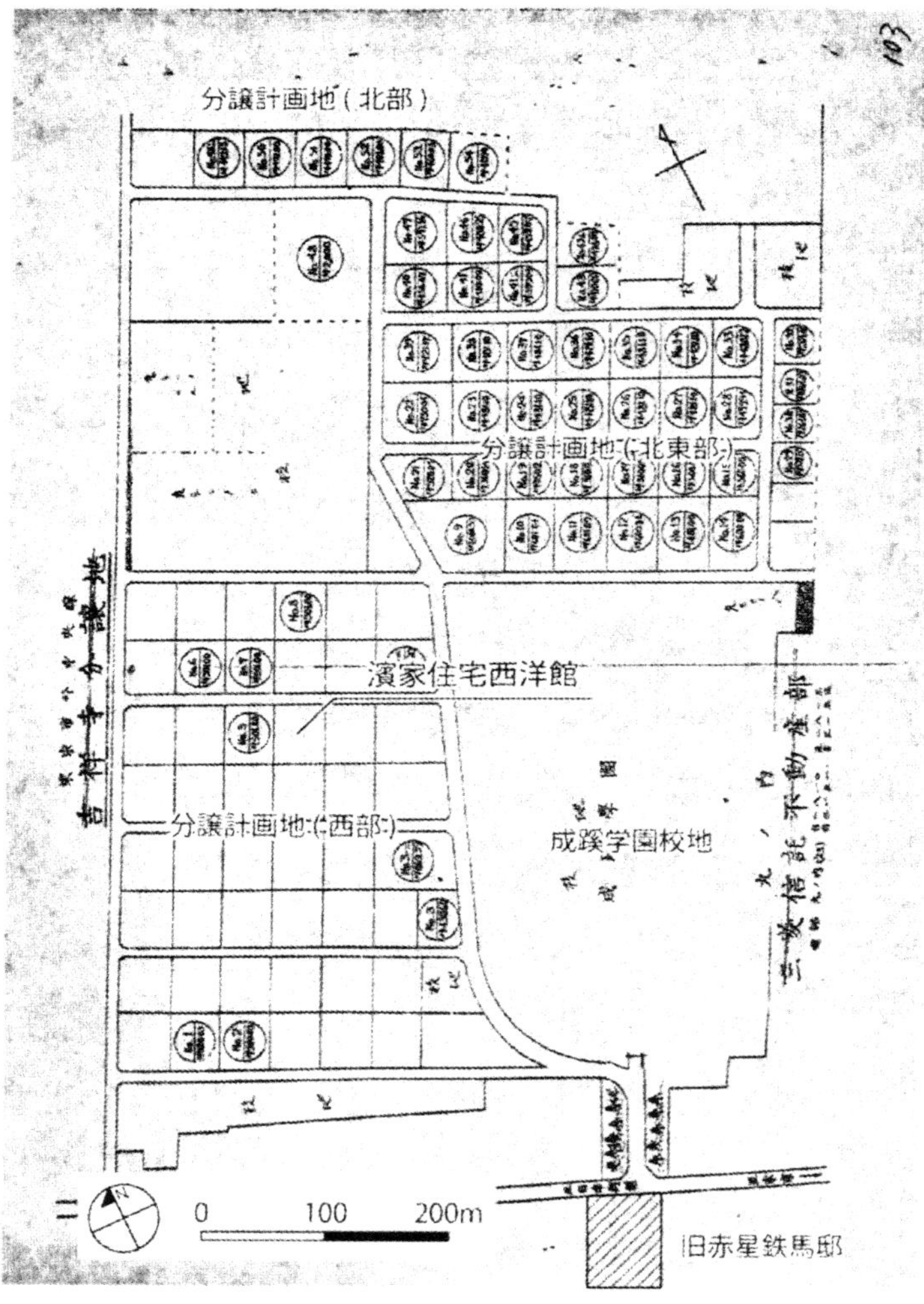

地図１　吉祥寺分譲地平面図　資料：東京府学務課「校地変更認可申請」（1939年）より玄田悠大氏が作成。左端の五日市街道から成蹊学園に到るが、その左側（西側）や上側（北側）に住宅地が分譲された。左斜め上（北西側）は別荘地だった。右下に旧赤星鉄馬邸。

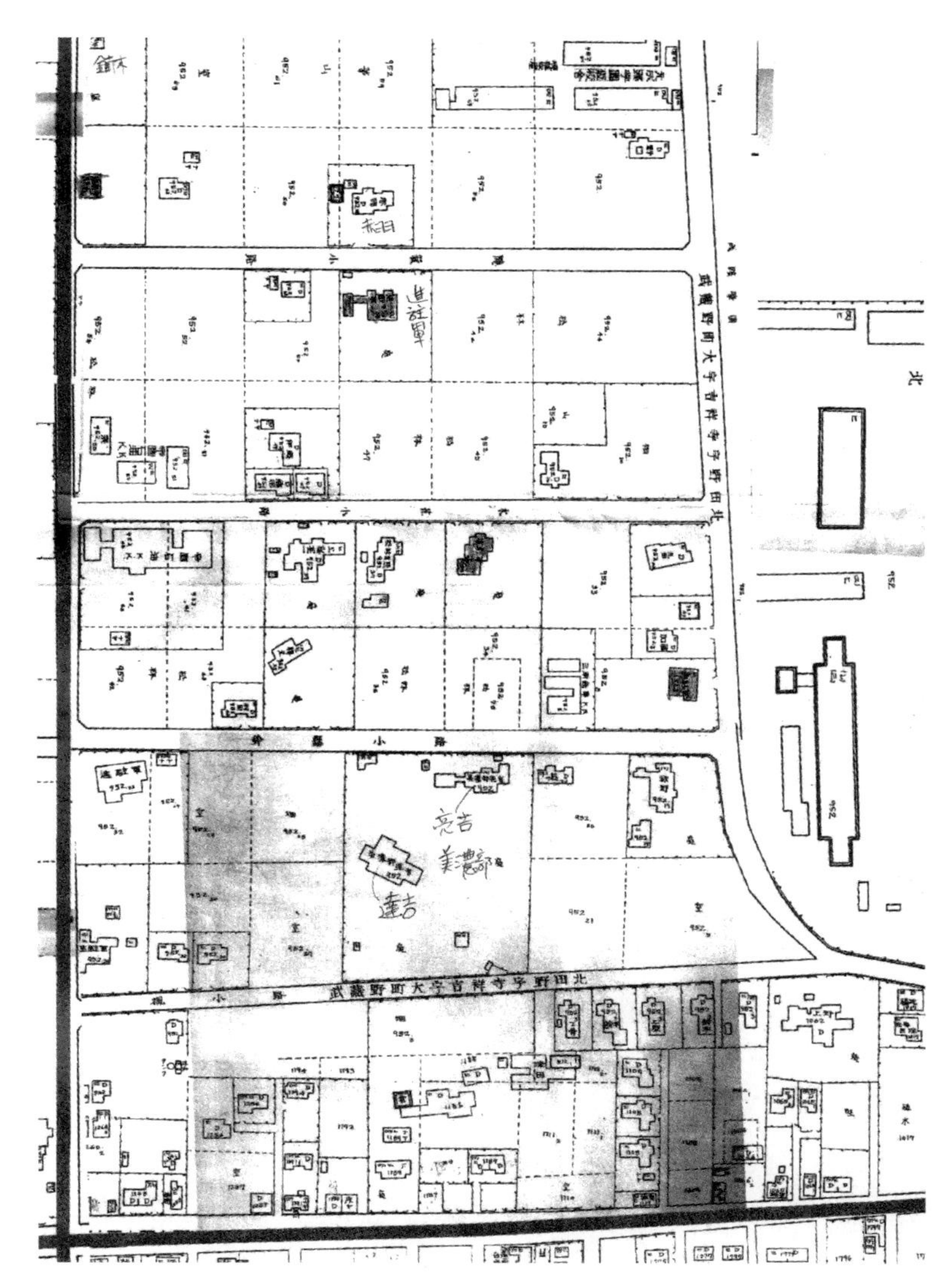

地図２　下の大きな敷地が美濃部邸。成蹊の住宅地は当初すべて約500坪（1650㎡）以上だったのがその後分割されていったが、この地図の美濃部邸は500坪のままのようだ。図の上が北。横の太い線が五日市街道、縦の太い線が扶桑通り。出所「火災保険地図」1936年作成、1949年修正

また、まだ確固とした裏付けはないが〈ROCHESTER〉は三菱商事が輸入だけでなく施工までを一貫して請け負うデベロッパーとして機能していた可能性もあるという。そもそも〈ROCHESTER〉の建っている成蹊学園の西に広がる現在の住宅地の一帯は、三菱グループによって住宅開発がなされたという経緯がある。成蹊学園の施設である〈ROCHESTER〉を、学園キャンパスの外に建設し、郊外の広大な住宅地における新しいアメリカ式のライフスタイルを提示するという、ある種の不動産開発デベロッパー的な意識を持って一連のプロジェクトに関わっていたとしても不思議はないというのである。

玄田悠大によれば日本において、一九一〇〜二〇年代は、バンガロー式住宅に代表される米国製の組立住宅が輸入され、流行した時代である。そして先述の三菱商事が輸入した住宅は、ミシガン州ベイシティの組立住宅メーカー・アラジン社（Aladdin Company）が販売元である可能性が高いという。同社は一九〇六年に創業し、一九八一年まで住宅を製造。全米で七万五千戸以上の住宅を販売した会社である。同社カタログでは「ROCHESTERは、シンプルで力強い、まさに米国的なデザインである。保守的なラインは、威厳と個性を表現し、このデザインはその代表的なものである」と書かれ、デザインにおける米国らしさが強調されている。さらに〈ROCHESTER〉の具体的な特徴として、重厚さと力強さを表す正方形の形状、軒先・明かり取り・ポーチの屋根に施された垂木の巻きという芸術的なタッチ、豊かな光をもたらす二枚一組の窓、便利かつ快適で家事の負担も少ないインテリア等を挙げている。また、アラジン社は一九二三年九月から日本向けに小型組立住宅のパンフレットをつくり、輸出を拡大したらしい。当時は関東大震災直後の資材不足のためアメリカから住宅建材を輸入する際に免税措置があったらしく、それにアラジン社が目を付けたのかと思われる。関東大震災への海外から日本への支援金の多くはアメリカから送られたが、これは一九一七年のロシア革命後、ロシアが極東進出を強めることをアメリカが懸念したからではないかと私は推測する。いずれにしても当時は、アメリカの住宅や住宅建材、木材などを日本に売り込むチャンスだったのだろう。

濱家住宅西洋館

さて、この〈ROCHESTER〉のうち先述した現存の一棟は、武蔵野美術大学教授で、美学者・作曲家だった濱(はま)徳太郎氏が所有した(一五二頁、地図1中央左)。同大学の学生寮「有定寮」として使われ、一九五二〜五三年頃から幾度かの増改築を経て、二〇一〇年「濱家(はまけ)住宅西洋館」として登録有形文化財に指定された。二三年には相続の関係で保存が危ぶまれたが、武蔵野市が隣接する公園の拡張として土地を買い、建物を保存することになった。

このように、学生寮「有定寮」から濱家住宅西洋館へと、役割と持ち主を変えつつ現存する〈ROCHESTER〉は、昭和初期の地域に米国文化を伝え、当時の文化伝搬の一端を今に伝える建物である。吉祥寺というあまり古い歴史のない土地に、アメリカ型郊外住宅という近代的な歴史が埋め込まれたのであり、それこそが吉祥寺の住宅地としての歴史のはじまりと言えるであろう。

旧・赤星鉄馬邸

成蹊大学から五日市街道を挟んですぐのところには旧・赤星鉄馬邸がある。これは実業家である赤星鉄馬（一八八二―一九五一）の自邸で、東京女子大学などの設計で知られる建築家アントニン・レーモンド（一八八八―一九七六）が設計した。一九三四年（昭和九）竣工の鉄筋コンクリート造地階付き二階建ての大規模住宅である。昭和九年に竣工した後、昭和一九年に陸軍に接収され、戦後はGHQに接収され一九五六年からはカトリック・ナミュール・ノートルダム修道女会が所有し、修道施設として使われたが、近年シスターのなり手が減ったため閉鎖することとなった。民間への売却を検討していたが、環境の保全を図りたいとの想いが強まり、二〇二一年に武蔵野市が建物の寄贈を受け、市の所有となった。この界隈は公園がないため土地は公園とし、二〇二二年一〇月に国の登録有形文化財（建造物）に登録された。

レーモンドは、帝国ホテルの設計のために来日したフランク・ロイド・ライトの部下として日本に来たが、帝国ホテルに関わった日本人建築家の遠藤新の作品も吉祥寺や西荻窪界隈など中央線沿線に多かったようだ。いまも少し残っている。ライト設計と言われるレストラン・モナミもかつて東中野にあったそうだが、実際は遠藤が設計したと言われている（11章、20章参照）。

武蔵野市というと、吉祥寺が住みたい街としても突出して有名であるが、本来は大正時代から井の頭池や玉川上水の近辺を中心に、郊外の行楽地、別荘地として開発され、一九三二年の井の頭線開通を機に次第に住宅地化した地域である。先述したように、それ以前には歴史上特別な寺社や遺跡はなく、あくまで近代になってから発展した地域である。だからこそ、これまで述べてきた近代的住宅が武蔵野市、吉祥寺の歴史を語るものとして保存・利活用されることには非常に大きな意味がある。

アントニン・レーモンド設計の旧・赤星鉄馬邸

〔参考文献〕

成蹊学園ホームページ
内田青蔵「学園都市に持ち込まれたアメリカ製組立住宅」（『ツーバイフォー』二〇二三年夏号）
玄田悠大「濱家住宅西洋館　説明資料」二〇二三
玄田悠大「成蹊学園取得地（吉祥寺）の開発経緯――成蹊学園取得前〔明治四三年（一九一〇）〜大正八年（一九一九）〕」（『武蔵野市立武蔵野ふるさと歴史館だより』11号　二〇二三）
住宅遺産トラストホームページhttps://hhtrust.jp/hh/hamake.html

13 国立 ―― 学生街と衛星都市としての歴史

狐の肉を食べた

国立駅周辺は近年非常に新しいマンションや商業施設が増えてきた。ＪＲ中央線が高架化し、高架下にも商業が入り、保育園もあり、利便性も高まっている。文教地区として一橋大学、桐朋学園、国立高校などがあり、パチンコ屋、キャバレーなどは出店が禁止されているので、文化的で清潔で高級なイメージがある。そのため都心から遠いわりには地価も高い。大企業の経営者なども実はたくさん住んでいるらしい。

二三区内の住宅地では土地が分割され、プレハブ住宅や三階建てのミニ戸建てなどが増殖しているのと比べると、国立は住宅の土地区画も広い。緑も多く、プレハブ住宅やミニ戸建てもまだ少ないようであり、世田谷・杉並あたりよりも古い豪邸が残っている割合も多いかもしれないとすら思える。

国立は国分寺と立川の間にあるから国立という名前になったのだが、もともとは北多摩郡谷保（やほ）村の「やま」と呼ばれた雑木林・松林であった。これを堤康次郎（つつみやすじろう）の箱根土地株式会社が買って、一九二六

大学近くの住宅

大学通りのスペイン風タウンハウス

年、国立大学町構想を打ち出し、関東大震災後に東京商科大学（現在の一橋大学）を誘致し、田園郊外住宅地として発展したということは周知の事実である。

　谷保村は甲州街道から多摩川にかけての農村地帯であり、街道沿いに商店も並ぶというところであった。国立駅ができたのも一九二六年であり、同年四谷から東京高等音楽学院（現在の国立音楽大学）が移転。二七年からは東京商科大学（現在の一橋大学）の移転も開始した。

　駅ができると駅前に最初の商店として酒屋・荒物屋の「せきや」ができた（今も駅前に関屋ビルがある）。「せきや」は下谷保の「せきや」の出張所という扱いだったという。

　駅前には他に五軒ほどの店と少しの下宿屋があるだけで、駅の乗降客も一日一〇〇人、大学関係と箱根土地関係、あとは工事関係の職人などであり、夕方には人っ子ひとり通らないさびしさだった。

　だから商売もほとんど開店休業に近かった。雑木林には狐や狸やイタチ、野兎がいて、「せきや」は国立で狐や狸と商売するんだ、と谷保村の人々からからかわれた。実際「せきや」の主人は国立に

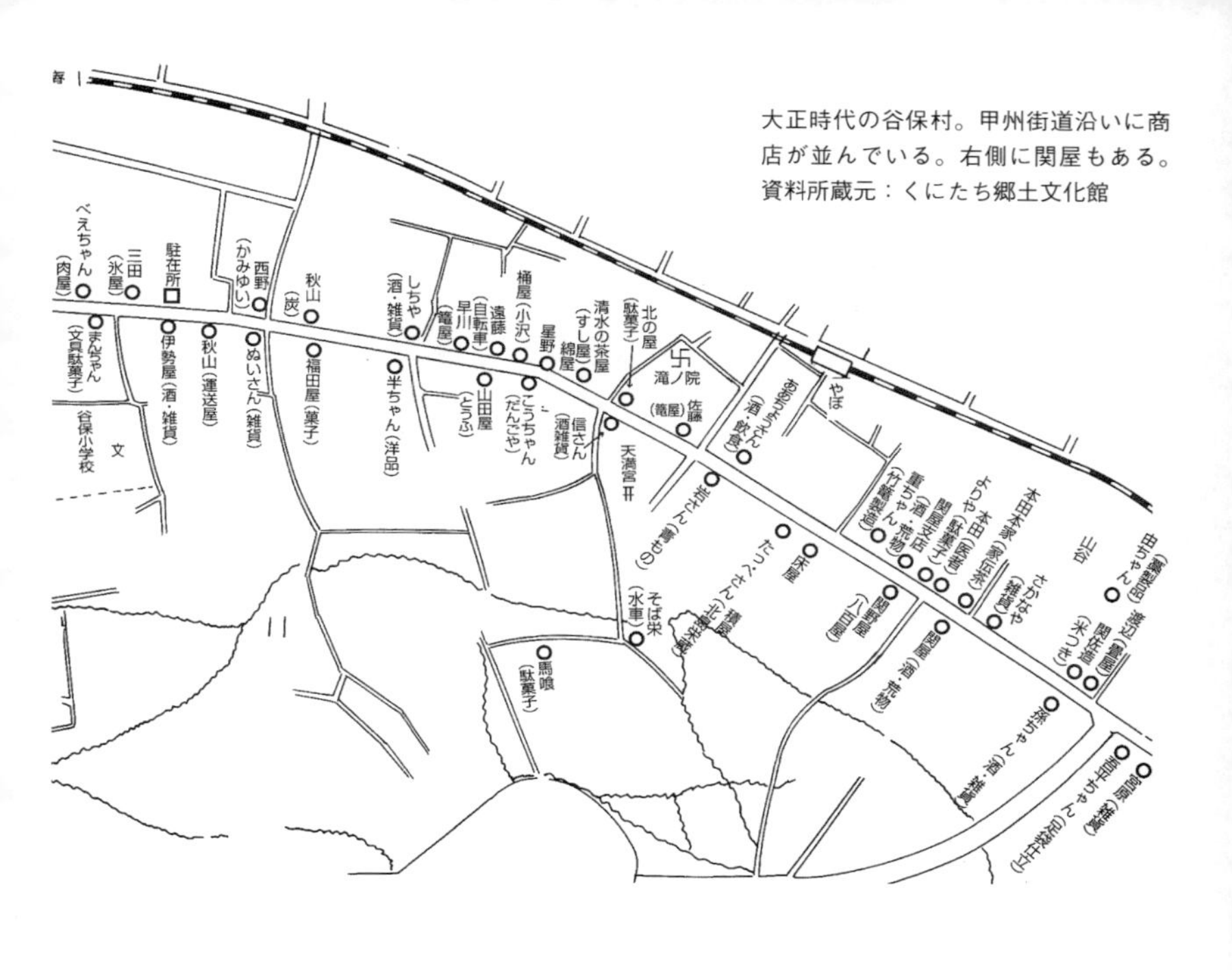

大正時代の谷保村。甲州街道沿いに商店が並んでいる。右側に関屋もある。資料所蔵元：くにたち郷土文化館

移ってから狐の肉を食べたことがあるというから日本昔話である。

　しかし乗降客は一九二七年になると四千人に増えた。府中出身の鈴木居酒屋、東京市出身の志田しるこ（後にそば屋となる）、谷保からは矢沢三郎の豆腐屋、本所からは牡丹園経営者の成家文蔵が出店するなど、国立駅周辺に賑わいが生まれた。

　牡丹園の庭には何百株もの牡丹が植えられ、五月初旬になると園内を見せてくれ、緋毛氈を敷いた縁台が並び、国立の名物となったという。私の在学中にもあったビリヤード場「ミドリ」もこのころできていた。

　一九三〇年になると、東京商科大学の移転が完了し、翌年には下宿・ホテル経営者が九名と増え、喫茶店、洋服裁縫店、菓子

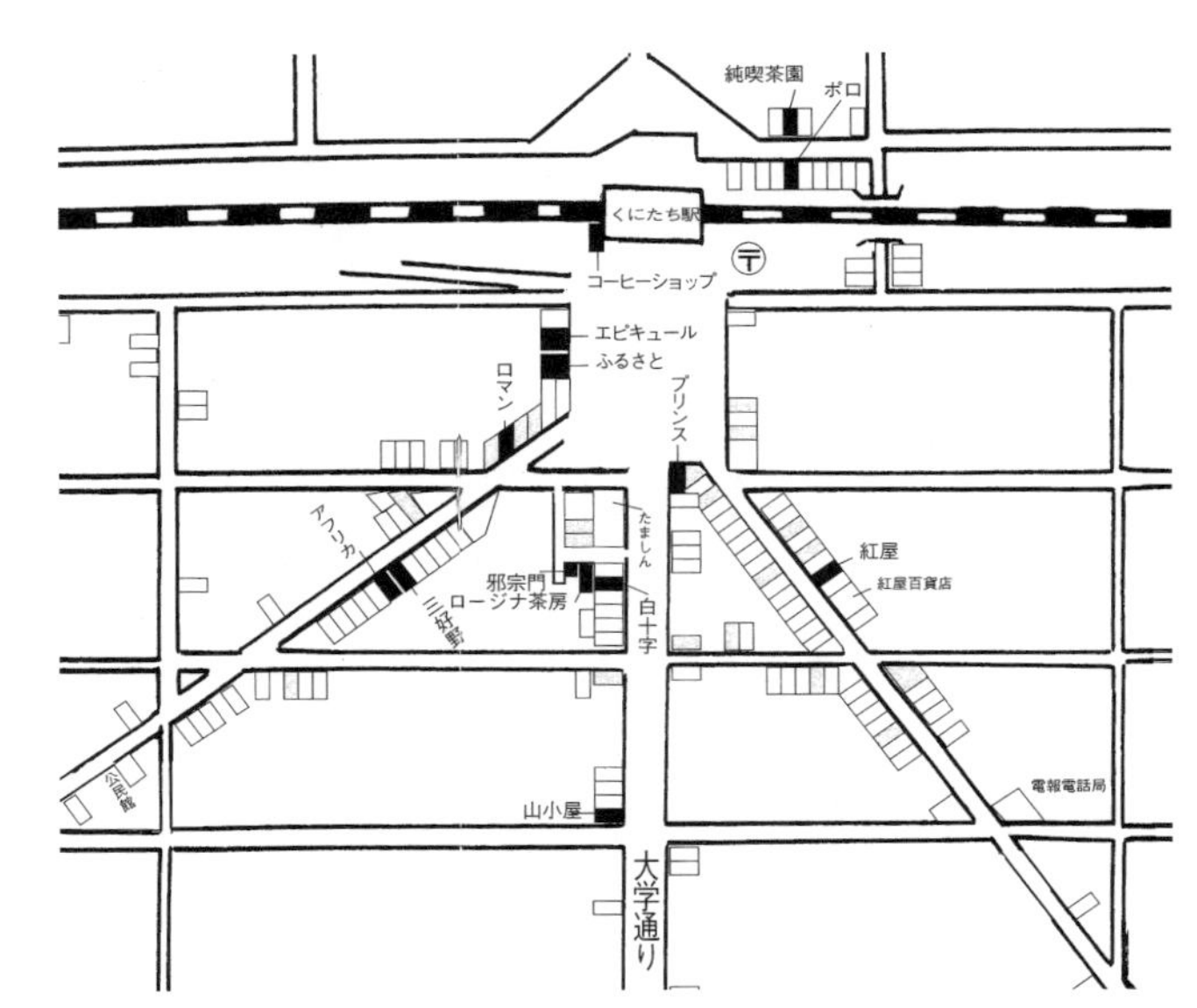

昭和30年代の国立の商店。ロージナなどの有名店ができている。
資料所蔵元：くにたち郷土文化館

店などがそれぞれ複数できていた。三三年末ごろで、一般の住宅は一〇〇戸ほど、その他に商店が四〇戸ほどだったらしい。本格的な住宅地化・市街地化は終戦後のことなのである。

国立の学生街文化の起源は一九五〇年代

戦後の国立町の人口は一九四五年には六〇九九人に過ぎなかったが、五五年には国立駅周辺に人口が増え始め二万二二九〇人となる。六五年には四万一五一九人に急増した。

人口増加に合わせて一九四九年には国立料飲組合が発足。国立で「最も知的な、最も民主的な村びとサロン」と呼ばれた喫茶店「エピキュール」もこのころできた。だが、粗末な木の椅子とテーブル、ひびの入ったダルマストーブのある店で、メニューはコーヒーとトーストとミルクくらいであったという。

四八年にはレストラン「ふるさと」が開店。店主柳田公太郎の妻で従軍看護婦だった京子が従軍先で手に入れたコーヒー豆をひいて出したので喜ばれた。だが物資のない時代なので、レストランとはいえ、すべて闇市で仕入れたものからなる「なんでも屋」だったらしい。

そのほか、大増すし、青嵐、三ツ矢食堂などが戦後の国立に出来た。詳しいことはわからないが、戦災のひどかった二三区内から移転してきた人が多かったのであろう。

一九五一年には谷保村が国立町になり、五二年には東京都によって文教地区に指定される。

今もあるロージナ茶房は一九五四年、ケーキの白十字は五五年、すでに閉店したが国立を代表する店だったジュピターは五五年、邪宗門は五七年にできている。いわゆる国立の有名店は国立町が成立した一九五〇年代にできたのである。

また、国立の町を歩くと、ピアノ教室、絵画教室、ギャラリーなどが住宅地の中にも多い。こうした国立の文化性を高めた要因は「くにおん」の名で親しまれる国立（くにたち）音楽大学の存在が大きい。国立音楽大学の前身・東京高等音楽学院は一九二五年に新宿で開校した。同学院は箱根土地と親密だったらしく、一九二六年、学校の国立移転に際して、箱根土地は五千人を収容する野外音楽堂「国立音楽堂」を建設し、「国立大学町音楽村」として住宅地分譲を開始した。実際に家が多く建つのは一九五〇年代であるが、一九七八年に立川市に校舎を移転するまで「くにおん」が国立に音楽など文化芸術の好きな住民を増やすことに貢献したに違いない。

国立市にある大島土地分譲住宅のひとつ

昭和の住宅王・大島土地の分譲住宅が国立に

一橋大学の西側の一画には、昭和三〇年代に平屋の分譲住宅が建設された。大島土地による住宅である。大島土地は国立に十箇所ほど分譲地をつくったようであり、一橋大の西にあるのは第七・第八分譲地である。

大島土地の社長は大島芳春という。リノベーション業界の中心企業、ブルースタジオの大島芳彦の祖父である。

大島芳春の父の惣太郎は現在の徳島県美馬(みま)市岡山から一八八〇年に北海道・江別に渡った開拓民である。芳春は一八九八年、留萌(るもい)管内の最北の地、天塩(てしお)町で生まれた。小さいときから広い土地を見て育ち、土地が好きで好きでたまらず、少しでも土地を持ちたいと思って、一生懸命百姓をやり、金が入ると土

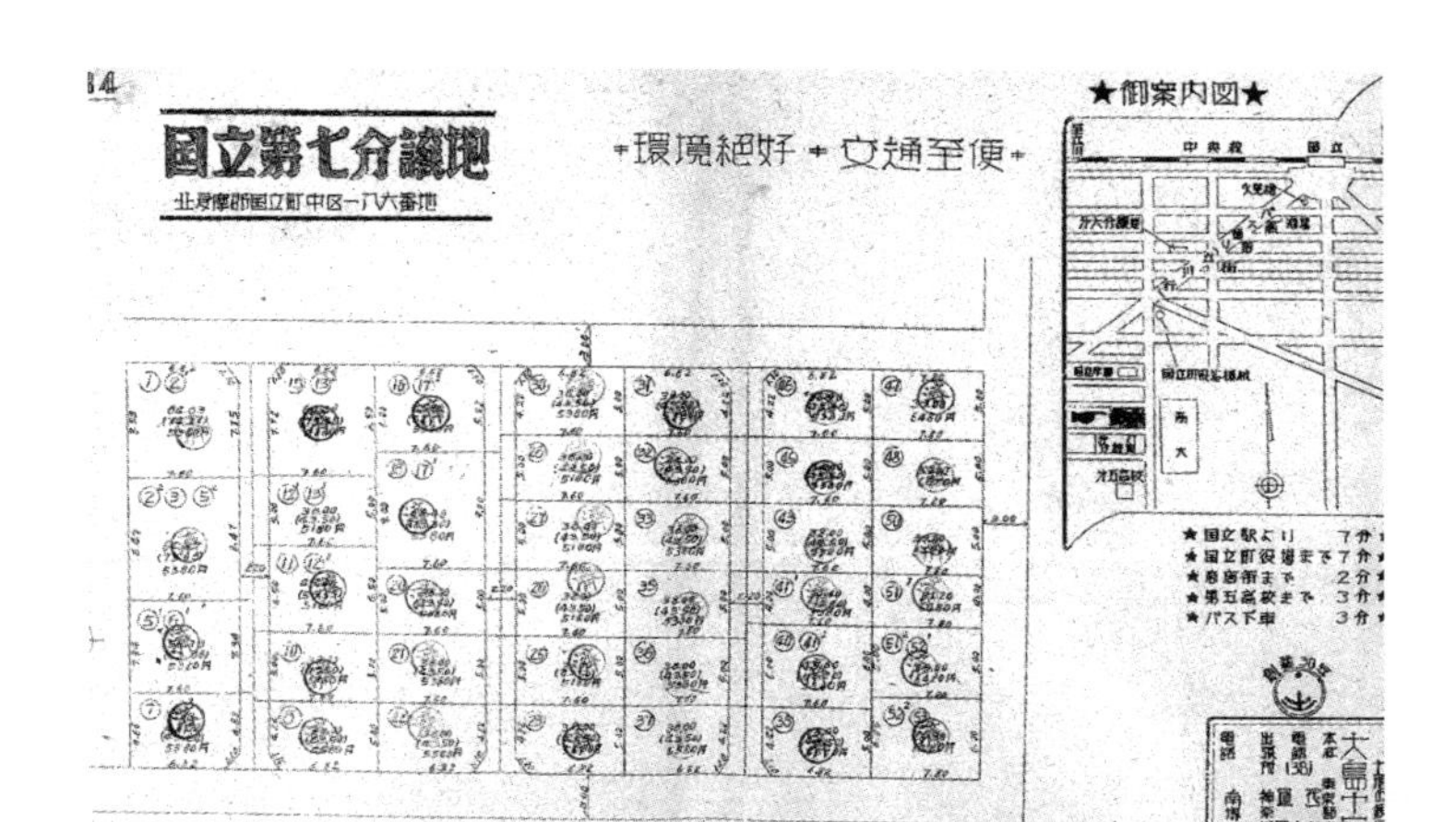

一橋大学の西側にあった大島土地の国立第七分譲地のチラシ

大島芳春氏

地を買ったという（『月刊ボーナス』一九五三年九月号）。

その後大島の家族の多くは南米各地に移民したが、芳春は大正時代初期に上京。世田谷に住み、兄が東京で経営する学費不要の海外殖民学校に通い、南米の大地主を夢見た。しかし学校は牧場経営の勉強をするだけで意味がないので、南米はあきらめ、早稲田の専門学校で事業を学んだ。シベリア出兵に加わった論功（ろんこう）行賞（こうしょう）としてもらった三三〇円のうち三二〇円を貯金し、残り一〇円で広い牧場の片隅を一坪買ったのが、土地との本格的なつながりの始まりだ。一九二五年に星野土地という会社で宅地分譲事業を学んだ後、同年すぐに独立し、本所業平橋（ほんじょなりひらばし）に大島土地を創立（当初は「大島土地部」といった。その後市谷田町に移転）。二八歳の時である。

そして一九五〇年代には、東急など電鉄系を除く民間住宅分譲業者としては最大の会社に大島土地は成長した。最盛期には社員一二〇人を誇り、大島は東京都土地建物分譲商工業協同組合理事長、かつ一九五二年創立の社団法人全日本不動産協会の初代副会長となった。会長は東急の五島慶太であるから、大島の存在の大きさがわかる。

小さな土地を誰でも買えるように

大島の最初の事業は埼玉県の越谷方面。東武伊勢崎線浅草橋─越谷間が開通し、越谷駅ができたことに狙いをつけたものと思われる。越谷駅から一キロほどの雑木林を購入し、住宅分譲地にして売った。東京の下町の商店主などが購入し、一年ほどで売り切った。その後一九二八年ごろまでは越谷から春日部にかけて東武沿線で事業を広げた。

一九三〇年頃から、事業を東京市内に移し、あまり大きな区画だと一般の人たちは買えないので、一区画「十八坪分譲という画期的方法」（大島の言葉）で分譲を進めた。「小口分譲」である。平屋で建築面積六〇㎡（一八坪）、間口三間＝五四〇㎝、奥行六間＝一〇八〇㎝が標準であり、まず滝野川、駒込、板橋、荏原などで分譲が行われた。

「土地へのあこがれというか、執着というか、どんなに狭くてもいい、とにかく自分の土地と名のつく土地を持ってみたいというのが、人間本来の本能にも近い欲望ではないか」「どんな資力の乏しい人にも、自分の住む土地だけは自分でもってもらおうと願ったのです。ところが今までの土地分譲は……お金持ちでなければ手がでない。それではいけないというので、わたしどもで率先して思いきった小口にしたのです」と大島は言う。

実際大島土地が分譲した家はいくらだったか。大島土地資料から一九五五年ごろに分譲されたと思われる調布市仙川駅近くの物件は坪六〇〇〇円、四二坪二七・二万円で売られていたことがわかる。

新目白銀座住宅の石碑。「紀元二千六百年」と書かれているので1940年に西武池袋線椎名町駅北口の西側の一帯に大島土地が分譲した住宅地があったことを記念している。

頭金三割、残り七割一九万を一八年で金利一〇％で返済したとしても月二〇〇〇円となり当時の大卒初任給八九〇〇円からすると安い。当時の二三区内西部の日本住宅公団団地の家賃が月五〇〇〇円ほどであるから、ずっと安いのだ。現在価格で換算すると、初任給二〇万円として、単純計算で頭金一八三万円、毎月四・四万円で買えたことになるのである。エンゲル係数の高い時代であるから単純に楽に買えたとは言い切れないが、三〇歳くらいのホワイトカラーなら十分やっていけたのではないかと思われる。また給与は六六年間で二二倍にしか増えていないが、地価は仙川でも一七〇倍に上昇しているので、資産増大効果があったことは間違いない。

都心集中を批判、衛星都市建設を目指す

また一九五三年に大島はこう書いている。「東京に人口の集中傾向が目立っているが、これは放置できない問題である。例えば官庁集中化などは一朝有事の際にはまったく手の施しようがなくなるだろう。特にお役所を都会の真ん中に持って行きたがるのも、よく考えれば変なものである」。

そして「既存の衛星都市もさることながら、未開の地に人工的に小都市を建設して、駅を中心に諸施設を完備し、人口を分散することも将来性を考慮した一案と言えよう」「東京を中心に考えれば国立、立川、八王子、市川、浦和、大宮、千葉、船橋、松戸など」に衛星都市を建設し、首都機能と人口の分散をするべきだと大島は提言している（『企業と人物』一九五三）。

当時東京都内の住宅不足は四十万戸と言われていたが、大島は「一千万坪分譲」をして「二十万戸分の土地を一手に引き受けたい。これは坪三千円として三〇〇億円の大事業であるが、決して夢ではなく成算が十分ある。すなわち我々は近い将来には土地銀行制度を全国に普及して、土地の分譲を推

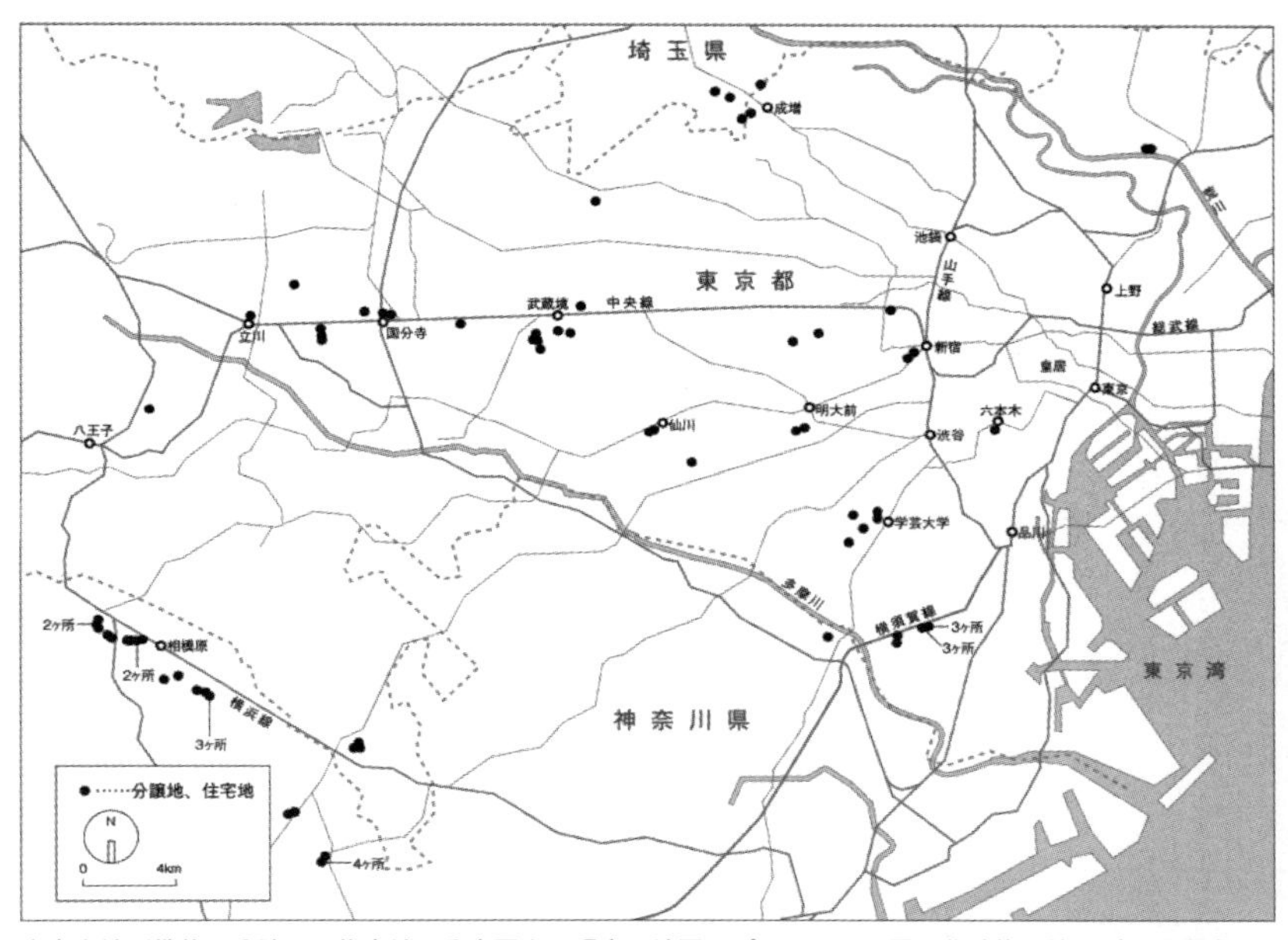

大島土地が戦後に分譲した住宅地の分布図を、現在の地図にプロットした図。北千住を除けば23区西部の環状7号線沿線から環状8号線外側までに多い。また武蔵野市以西の中央線沿線郊外を攻めるとともに衛星都市として相模原市全域で分譲している。 資料：元データは『大島土地営業案内』（1955年）より三浦展作成。

進することを一生の念願としている」と豪語しているのである（『野田経済』一九五三年五月号）。

実際どれだけの数の地域で何万坪、何千戸の分譲をしたかは大島家の所蔵するダンボールに詰め込まれた資料を読み解かないと正確にはわからないが、戦後だけでも北千住を除けばすべて東京の西側を中心に分譲をした。

新宿駅周辺、六本木という都心部から、大田区の馬込、雪が谷、御嶽山、久が原、世田谷区の成城学園、三軒茶屋、上馬、豪徳寺、宮の坂、桜新町、芦花公園、千歳烏山、杉並区の井荻、下井草、永福町、板橋区の常盤台、練馬区の上石神井、江古田、三多摩では武蔵野市、三鷹市、調布市、保谷市（現・西東京市）、立川市、国分寺市、国立市、埼玉県朝霞市、千葉県船橋市海神、松戸市など、神奈川県では大和市（中央林間）と相模原市などなどというように、かなり広汎な地域で分譲を行っている（上述地域は資料写真からわかったところもあるので前頁地図とは一致しない）。

成城学園、常盤台、国立市、相模原市は、田園都市を目指してつくられた計画的な住宅地であり、そこにちゃんと分譲地をつくっているあたりにも、大島が良好な住宅地づくりに熱心であったことが伺える。

多様な住宅形態

また大島土地の特徴と思われるのは住宅の形式が意外に多様なことである。左頁の分譲当時の写真を見ても、公営住宅的というか、戦時中につくられたような簡素な形式のものもあれば、比較的純和風と言えるものもある。一九五〇年代のアメリカ住宅を参照したかのようなデザインもあり、和洋折衷的なものもある。国立の住宅は最初から二階建てが混ざっている。こうしたことから、単に画一的な住宅を短期間に大量に作ればいいというのではなく、住む側の多様性、個性を重視し、同じ街区にも異なる様式の住宅を建て、街並みづくりも意識して住宅地を設計していたのだと推測される。そうしたところにも「土地の民主化」を目指した大島の心意気が感じられるのではないだろうか。

右上：国立第十分譲地。二階建ても最初から分譲されることがあったようだ。

右中：国立第十分譲地　1950年代アメリカ的な明るく開放的なデザインだ。

右下：国立第五分譲地。真壁の和風の造り。よく見えないがおそらく玄関は引き戸であろう。

左上：和洋折衷型か。白い柵がアメリカ的。モダンリビングの雰囲気がある。写真の物件の場所は不明だが三浦は仙川の大島土地分譲地でほぼ原型のままと思われる家を発見した。

左中：場所不明。和風だが文化住宅風。竹で生け垣がつくられている。三浦が取材を続けてきた中では最も数が多かった形式である。

左下：場所不明。簡素な公営住宅風。玄関はドアのようである。

昭和の住宅史というと、関東大震災後の同潤会に始まり、戦後は焼け跡のあとに住宅公団が登場するという流れで説明されるのが普通であるが、一九四一年の同潤会解体から五五年の住宅公団設立までが空白である。そこでも住宅は作られていたのであるが、誰がどこでどんな家を作ったかはほとんど研究されていない。しかしまさに大島土地に代表される民間業者が必死で住宅を供給していたのである。しかも画一的ではない多様なデザインの住宅である。こうした民間不動産業者の歴史にも今後もっと光を当てて研究をするべきであろう。

〔参考文献〕

大島芳春「土地は宝石よりも貴し」『主婦と生活』一九五三年一二月号
大島芳春「土地銀行の話」『野田経済』一九五三年五月号
『企業と人物』経営研究会、一九五三
『政経グラフ別冊　特集大島土地号』一九五三年五月二五日発行
「変りダネ商売問答その二　たった一坪の地主から土地にホレこんで四十年　百万坪の『土地銀行』主となった男」『月刊ボーナス』一九五三年九月号、実業之日本社
『大島土地営業案内』一九五五
大島土地分譲地集アルバム
蒲池紀生『風雪余滴』住宅新報社、二〇〇〇
小川重行『怒るな、いばるな、早まるな——小川重行と郊外土地建物』あずさ出版、一九九五

Ⅳ

田園都市・文化村

14 豊島園・城南田園住宅

――遊園地と住宅地の奇跡の出会い

ハリー・ポッターはなぜここにできたのか

二〇二三年六月一六日、世界で二番目の「ワーナーブラザーススタジオツアー東京――メイキング・オブ・ハリー・ポッター」（以下「メイキング・オブ・ハリー・ポッター」と略す）が東京都練馬区に誕生した。西武池袋線の支線の豊島園駅。長年親しまれてきた遊園地「としまえん」の跡地である。

石神井川に囲まれたこの地域は、高台もあり、緑が多く、イギリスのホグワーツ古城を重要な舞台とするハリー・ポッターにふさわしい。しかもメイキング・オブ・ハリー・ポッターの南側には、大正時代につくられた良好な住宅地がある。それはイギリス発祥の田園都市の思想を汲んだ土地なのだ。よくぞこの土地を選びましたと私は思う。

実は日本国内の数十カ所の候補地から選ばれたのだという。力の入れ方、本気度が違う。集客だけを考えればもっと交通の便の良いところ、空港や主要駅の近くでもよかったであろう。だがハリー・

ポッターの世界観を感じさせるには、この土地（場所）でなければはだめだと考えたのではないか。

山形出身の医者たちが始めた城南田園住宅

メイキング・オブ・ハリー・ポッターの南側にある住宅地は城南田園住宅という（現在は「城南住宅」）。一九二四年（大正一三）に、あくまで個人が集まって城南田園住宅組合という組織をつくり、その組合が地主一二名から共同借地をしてつくられた住宅地だ。東急沿線に典型的なように電鉄資本が開発した住宅地ではない。

なお「城南」というと普通は江戸城の南であり、大森山王あたりを指すことが多いと思うが、ここでいう「城南」は練馬城（一四世紀末頃に豊島氏が石神井城の支城として築いたと言われる）の南という意味である。もともとお城だったから、ますますハリー・ポッターにふさわしい。

大正時代の東京は都市環境が悪化し、郊外居住への願望が拡大していた時代である。城南田園住宅の中心人物である小鷹利三郎（としさぶろう）はこう書いている。

大都会の「日夜喧騒にしてかつ不快なる空気中」「窮屈なる小区域に圧迫せらる不愉快な」暮らしをしているが「家族が田園趣味を味わえて大自然の中でしらずしらずの間に健康を増進し」「日々の身心の疲労を慰めるに足る、いわゆる田園住宅地を物色したところ」「土地を府下練馬村向山に見つけ、以来種々交渉の結果ようやく今回城南田園住宅組合を創立し四拾名の同志と共に共同の目的に猛

現在の城南住宅地。庭の手入れが行き届いた家が多い。

進せんとする」。「当地はいまだ交通不便にして一見住宅地に不適当なように見えるが、近く電車も複線となり電話も通るは既定の事実にして、学校などが続々計画されている」。「市内との交通問題も解決され理想的田園住宅となる」（文章は現代的に書き改めた）。

小鷹は山形県米沢市に生まれ、金沢医学専門学校を卒業し、その後東京帝国大学附属病院助手となった医者である。そのせいか、当初の住民には山形出身者と医者が多かった。山形県出身者は七人、うち米沢出身が五人。医者が九人である。

米沢出身で東大の同僚に、建築家の佐野利器（としかた）がいた。小鷹は佐野と同じ大和郷（やまとむら）に住んでいたからか、佐野を組合に誘ったのだ。

大和郷は駒込にできた近代的住宅地であり、

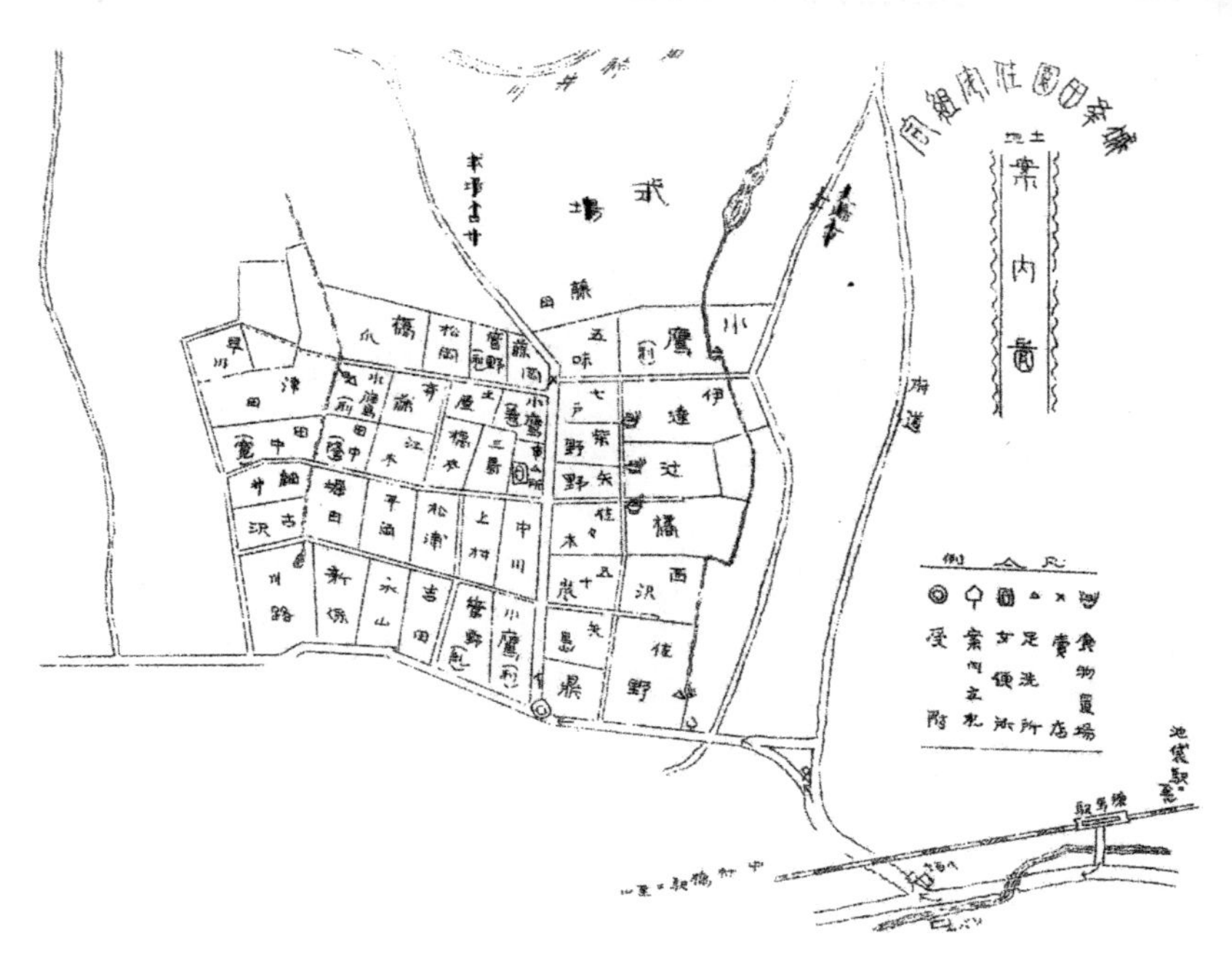

1924年の「城南田園住宅組合案内書」。小鷹邸が２軒、右下に佐野邸が見える。上部は豊島園予定地。
出所：城南住宅組合『心やすらぐ緑の城南』2006

旧三菱財閥三代総帥である岩崎久彌が一九二二年に六義園周辺の土地を分譲したものだ。ということは小鷹と佐野は大和郷に住むやいなや城南住宅組合をつくりはじめたことになる。これは少し謎である。もしかして大和郷が気に入らなかったのか、10章で書いたように駒込あたりも都市化で環境が悪かったのか、などと不審に思ってしまう。

また大和郷も、社団法人・大和郷会という住宅組合によってつくられているので、同じような組合方式によってさらに新しい住宅地をつくりたかったのかもしれないが、それにしてもやはり疑問は残る。それとも

1925年、城南倶楽部（旧館）落成　出所：城南住宅組合『心やすらぐ緑の城南』

城南田園住宅は別邸のような扱いだったのか。

それはともかく、組合員集めは順調に進んだようで、最初の組合員四一名が集まった。そのうち、医師九名、会社経営者・役員六名、会社員六名、教育・研究職六名。

いとこの矢島誠一も組合員だった。矢島は東京高等工業高校建築学科卒で、親戚筋にあたる建築家・伊東忠太の紹介で逓信省に勤務した人物だ。

学歴は東京帝国大学七名、東京高等工業学校（現在の東京工業大学）四名。出身地は山形のみならず地方出身者が大半であった。地方出身であることが田園郊外への移住を希望する大きな要因となったことは想像に難くない。

また大和郷から引っ越してきた人が小鷹と佐野以外に二人いた。うち一人はやはり東大卒の医師だった。

前住地を見ると、他にも本郷区が三人、田端が二人であり、相当数が東大周辺から引っ越してきている。

敷地は平均四六〇坪だが、最大のものは一一〇〇坪で大きく、最小でも一八〇坪。最多は三〇〇～四〇〇坪だったというから、今から見れば相当広々している。一九二五年七月五日最初の建物ができ、これが組合のクラブ兼事務所だった。また住宅地には前日の四日の時点ですでに電気が引かれたというからかなり先進的である。

一九二六年には住宅地の道路整備として石炭殻を敷き、住宅地周辺には生け垣をつくった。そして二七年になるとようやく住宅が建ち始めた。夜に電灯を付けると蛾などの虫が無数に集まり床が埋まるほどだったというから、なんだか「となりのトトロ」のようである。

二七年には西武の豊島園駅もできたため二八年からは住民も増加した。そのため急な坂を削ってゆるやかにし、二九年には本格的な植林も行った。三二年にはガスも引かれて近代的な住宅地として完成していく。

レッチワースの影響？

産業革命の先進国イギリスでは、周知のようにエベネザー・ハワードが二〇世紀末に「田園都市」思想を提唱し、一九〇三年にはその思想に基づく田園都市レッチワースをロンドン郊外に建設し始めていた。それは即座に日本にも紹介され、桜新町、洗足、田園調布などの住宅地を生むわけであるが、

デザインのよい住宅地だ

城南田園住宅もその一つだと言えよう。

城南田園住宅では、「組合契約」により環境維持が組合員に義務付けられた。一九七八年には「みどりの保全モデル地区」に指定され、翌七九年には練馬区と「みどりの推進協定」を結んでいる。開発初期に植えられた桜が美しいことでも知られる。

イギリスの土地は王様の財産であるため、レッチワースは定期借地制度に基づき、住民が共同所有・共同経営する住宅地である。城南田園住宅の共同経営にもレッチワースの影響があったと思われるが、残念ながらそれを裏付ける資料はないという。

ちなみに、ロンドンからレッチワースに行くには、ハリー・ポッターにも登場するキングクロス駅から行くのだ。

元々は藤田好三郎の別荘地

一方、豊島園は、もともと練馬城の城趾であり、そこが豊島公園となったものである。一九一七年(大正六年)樺太工業(後の王子製紙)専務であった藤田好三郎(よしさぶろう)が自身の静養地として、石神井川南側の一万二〇〇〇坪を入手したものだ。家屋を建てず自然のままにして、運動場や園芸設備を整備して、休日ごとに家族で訪れていたというから、本当にイギリスの貴族かジェントリのような田園暮らしである。

藤田は一八八一年(明治一四)三月一三日に兵庫県の長左衛門の三男として生まれた。一九〇七年に東京帝国大学仏法科を卒業して日本銀行に入り、四年後には十八銀行神戸支店支配人となって一九一六年まで勤めた。その後、渋沢栄一の甥で根津に住んでいた田中栄八郎にその才能を認められて、田中の娘婿になり、丸の内にあった大川・田中事務所の総支配人として手腕をふるった。製紙業界などに大きな力を持っていた大川平三郎・田中栄八郎兄弟の片腕として幅広い事業展開をすすめ、北海道興業、樺太汽船、中央製紙、大州製紙、樺太工業など十数社の重役を務めた。

一九一七年に藤田は文京区千駄木の土地を買って家を建て、一九二一年四月に根津から引っ越した。しかし、二三年秋には中野花園町に三〇〇〇坪の家を買い、移り住んでいる。千駄木に新築した邸宅では子供の養育に向かないという理由だったそうだが、どこが向かないのかは不明だ。「秋」というからには九月一日の関東大震災の後であろう。

とにかく藤田も小鷹も佐野も旧本郷区から中野や豊島園に引っ越した。そして藤田は中野から豊島園のできる土地に静養に訪れたのである。

さらに藤田は一九二二年、自身の住居を建てるため、隣接する六〇〇〇坪の土地を追加入手。二五年、さらに石神井川北側の一万八〇〇〇坪を入手した。それがその後、豊島園になる。また藤田は「城南田園住宅組合」の創立組合員にも名を連ねた。

当時、東京の人口激増という時代に、大土地を私有するのは不謹慎という風潮が起こっていた。また当時は、子どもの教育・健康が重視され始めた時代でもあり、藤田は土地を一般に開放しようと考え一九二六年「練馬城址豊島園」を部分開園した。設計は造園家の戸野琢磨（とのたくま）であった。

開園の目的は「非衛生な東京の小学児童に健康を与える」「公衆に運動場を与える」「園芸趣味を広めて心ゆくまで日光と土に親しめる」ことであった（『思い出のとしまえ

風景を開發し盛んに觀光外人を誘引せよ
◇三四千萬圓の外資を吸收するは容易だ
藤田好三郎

豊島園の開発によって外国人の誘致を主張している
出所：『實業の世界』1929年5月号

ん』)。

また当時の藤田は雑誌記事に「風景を開発し盛んに観光外人を誘引せよ！」「三、四千万円の外資を吸収するのは容易だ」と書いており、富士山、日光などの東京を中心とした観光地開発をして宿泊客一〇〇〇人規模の大きなホテルをつくり、外国人観光客を増やせと言っている。まるで今の日本と同じであるが、豊島園開業にもかなり経済的な目算があったのだろう。

豊島園開園

一九二七年には豊島園が全面開園、「市民の理想郷　児童の楽園」が目指された（「練馬城趾豊島園案内」一九二八）。同時に西武鉄道（当時は武蔵野鉄道）が豊島園駅を開業。園内には、ぶどう園、温室、草花育成園、音楽堂、野外劇場、ボート遊びができる池、児童遊園地、動物園、貸し切り日本家屋、古城の食堂、大食堂、プール、野球場、陸上競技場などが整備された。としまえん閉園時まであったウォーターシュートは二七年の時点からあり、林間学校、児童映画大会、野外劇場での手品・曲技・舞踊なども行われた。

しかし藤田の樺太工業が経営不振となり、一九三一年以降豊島園の所有者は転々とし、戦争中は休園し、四六年に営業再開した。そして五一年、事業を西武鉄道株式会社が継承したのである。

このように一九二〇年代からこの地区は城南田園都市と豊島園という二つの核によって発展したと

緑豊かなメイキング・オブ・ハリー・ポッター敷地

言える。そこには欧米志向、田園趣味、家族・子ども・教育重視の思想がある。

メイキング・オブ・ハリー・ポッターも、単なるテーマパークというより一種のミュージアムであり、映画制作を教える教育施設でもあるという。行ってみるとたしかに、ライド物や大規模な映像ショーがあるわけでもなく、特殊撮影など映画の作り方を解説する展示が多い。こうした教育機能があるからこそ、東京都としてもこの地を防災公園にするという予定を変更してメイキング・オブ・ハリー・ポッターの建設を許可したのではないだろうか。

そして冒頭に述べたように石神井川に囲まれた地形はホグワーツ城の地形と似ている。ワーナー側もこの土地の自然の豊かさが気に入ったという。本当によくぞこの土地を選んだと思う。

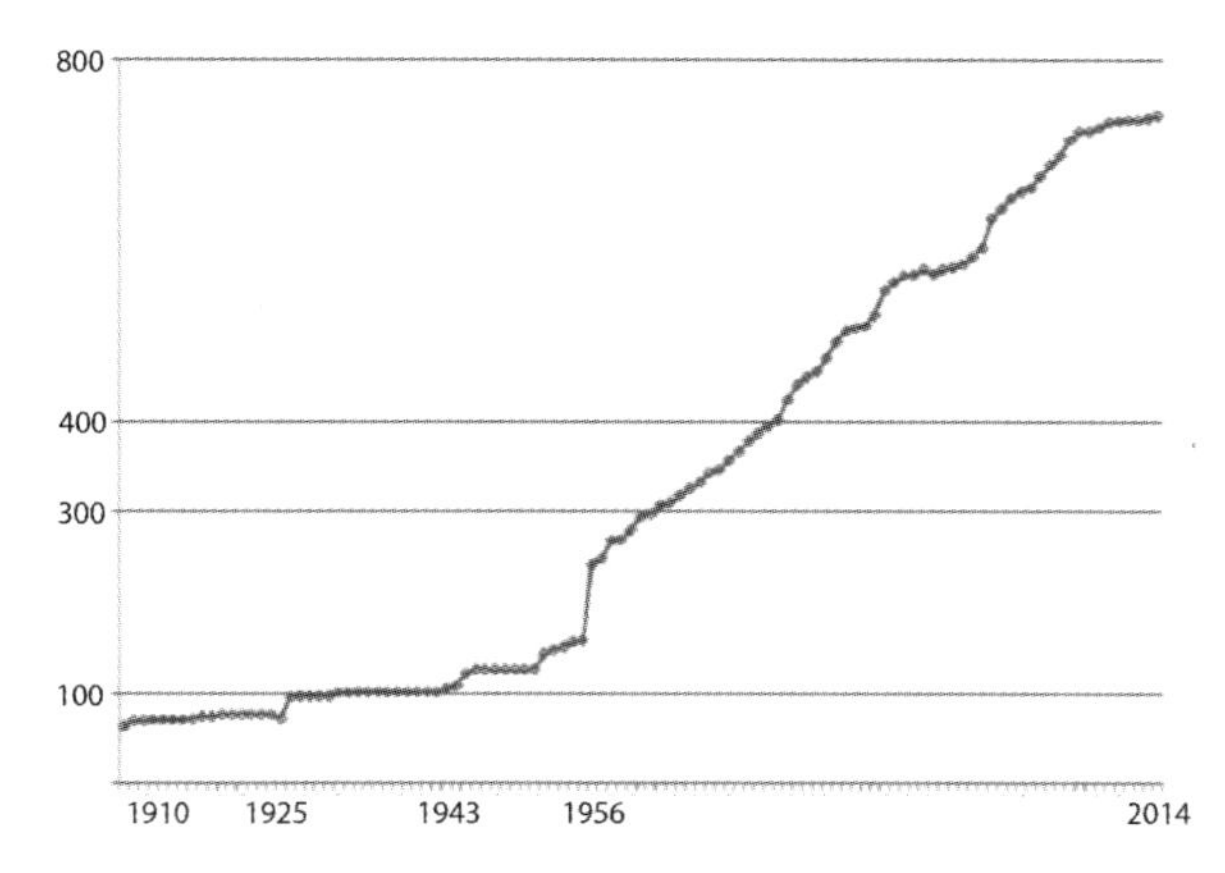

城南住宅組合の敷地数の増加
出所：中島伸、田中暁子、初田香成「城南住宅組合の活動と住環境の形成・維持に関する歴史的研究」2014

土地は10倍以上に分割された

中島伸・田中暁子・初田香成（こうせい）による「城南住宅組合の活動と住環境の形成・維持に関する歴史的研究」により土地所有の変遷を見てみる。上図は各敷地の分筆と統合を各年で集計した各年別の敷地数である。

当初六三筆の敷地が存在し、一九二五年に分筆により二四筆増加して九六筆になった。一九四三年に一三筆、一九五一年に一七筆増加し、合計で一四四筆。一番大きな変化は一九五六年で、八三筆増加し合計二四二筆となっている。以後は平均して約一年に一〇筆程度ずつ増え続け、現在の七三八筆に至っている。一九五六年の敷地数の急増の背景には、一九五五年に地主組合との間の借地契約が切れたことがあり、契約切れに伴い、地主の一部は借地経営をやめて土地売却を行ったと考えられるという。
興味深いのはバブル時代に敷地数が増加していないことである。そのへんの理由はわからないが、今でもこの住宅地が緑豊かな状態で維持されているのは、バブル時代に痛手を受けなかったからではないかと思われる。

〔参考文献〕

城南住宅組合『心やすらぐ緑の城南』城南住宅組合、二〇〇六
練馬区立石神井公園ふるさと文化館編『思い出のとしまえん』文学通信、二〇二二
内田青蔵「城南田園住宅組合住宅地について」（山口廣編『郊外住宅地の系譜』鹿島出版会、一九八七）
小宮佐知子「遊園地『豊島園』のあゆみ」（『練馬区立石神井公園ふるさと文化館　研究紀要』第三号、二〇二二）
文京歴史的建物の活用を考える会『千駄木の近代和風住宅――安田邸が残った』文京歴史的建物の活用を考える会、一九九八
『実業の世界』一九二六年五月号
中島伸・田中暁子・初田香成「城南住宅組合の活動と住環境の形成・維持に関する歴史的研究」住総研研究論文集No.41、二〇一四年版

15 大山・西原・上原

徳川家や明治の元勲(げんくん)の流れを汲む高級住宅地

ユニクロ大御殿

私は代々木上原に住みたいと思ったことがある。四〇年も前のことである。どうしてそう思ったかは忘れた。おそらく雑誌にたまに出ていたのだろう。勤め先だった渋谷に通うのに便利だし、静かだし、何とも言えない上品な落ち着いた雰囲気があった。

それでも引っ越さなかったのは、きっと自分の払える家賃より一万円ほど高かったからだろう。それもそのはず代々木上原は徳川様の住宅地と知ったのはやっと十数年前のことだ。この地は、田園調布や成城のように都市計画史上、あるいは田園都市開発史上に出てくるところではない。開発主体が一つではないので話が複雑である。だから私の知識になかなか入ってこなかったのである。

そもそも代々木上原の住宅地を見るときは、小田急線代々木上原駅の南口ばかりに私は行っていた。地名が上原だからだ。北口の大山は、知識としては「大山園」というものがあって高級住宅地だと、長谷川徳之助の名著『東京の宅地形成史』を読んで知っていたが、高級なだけでは私が訪ねる理由にならなかった。

だがしかし、私はここまでいろいろ高級から中流からニュータウンから下町の貧乏住宅地跡まで歩いてきて、大山園をちゃんと見ずにいるのはおかしいと思い、ようやく彼の地を訪れることにした。

特にきっかけとなったのは、大山園にはユニクロの柳井社長の大豪邸があるとネットで知ったからである。八八〇〇㎡、サッカーコートがゆうゆう入るくらいの大きさで、テニスコートもあるらしい。いや、びっくりである。これを見るだけでも行く価値はある。

木戸孝允から土地は変遷した

大山という名前は地形的に山になっているからだと思うが、渋谷から神奈川大山への大山街道に出るための道があったからという説もある。

そして「大山園」は、鈴木善助という地主が、明治末期かと思うが、このあたりの土地を買い、一九一三年（大正二）に公園を作って、そこを「大山園」として開放したのが起こりだという。

大山全体では七万六千坪（二五万㎡）。中央の庭園が二万坪超え。園内は鬱蒼たる森で、滝もあり、休憩台もあって、三カ所に四阿（あずまや）があったというから大名庭園か公園かというところだった。その中心部が柳井邸になったのだ。

大山は、明治の段階では元勲（げんくん）・木戸孝允（たかよし）の土地であった。駒場、代々木あわせて八万坪ほどの地所

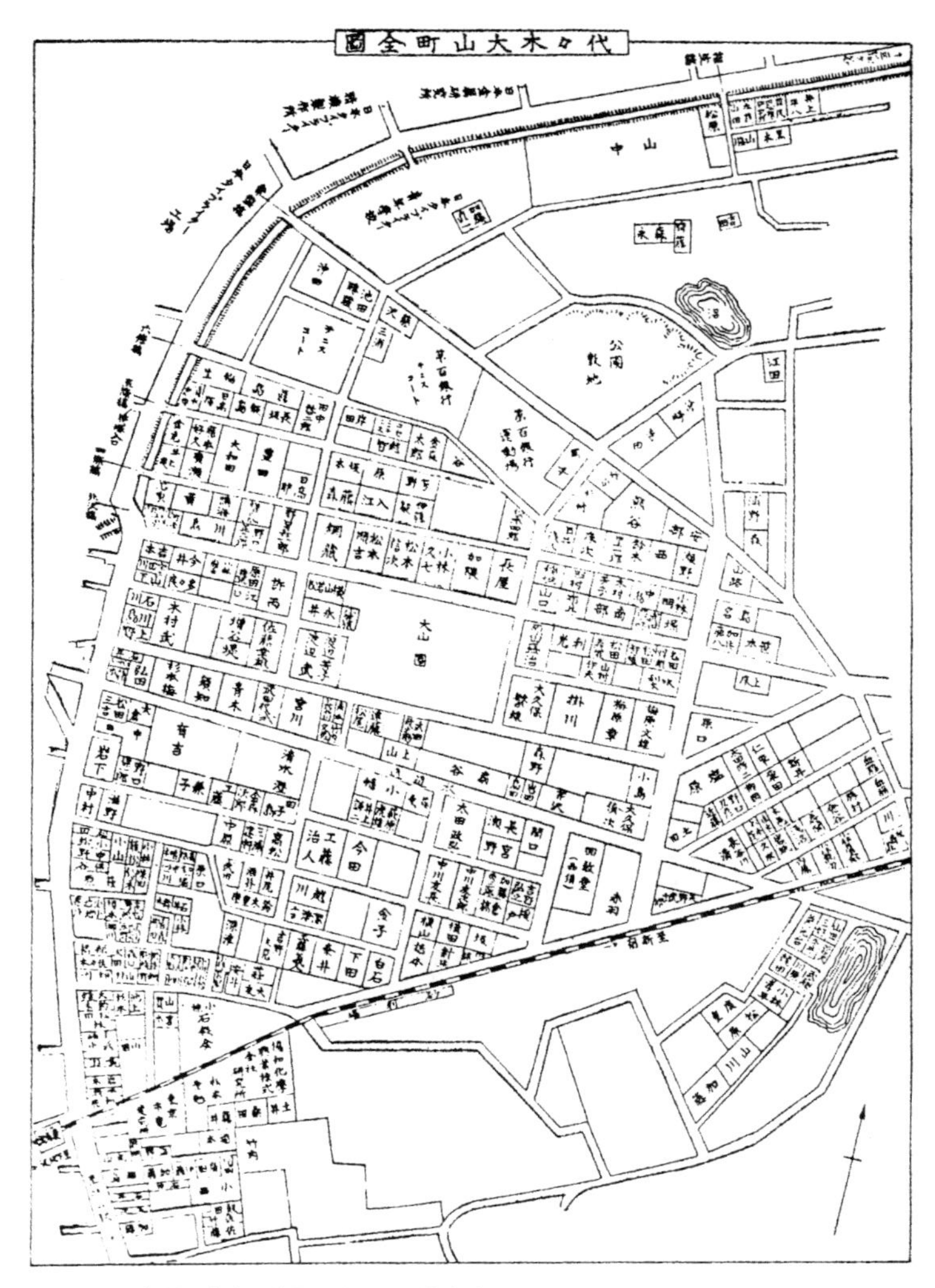

1940〜41年頃の大山の地図。すっかり住宅地になっている。中央が大山園。小田急線が開通し、小田急線と斜めに交わる「水道通」が井の頭通り。井の頭通りの南側が前田家が分譲した地区と思われる。現在の代々木上原駅は地図の右外側にある。第百銀行のテニスコートや運動場の文字が見える。その隣の公園敷地は今も公園として残る。出所：『大山町誌』

を持っていたというが、これが死後、青木周蔵という人物の手に渡った。

青木は長州の医者の三浦家の生まれだが（私とは無関係）、優秀だったので御殿医の青木家の入り婿（むこ）となり、青木家の隣にいた木戸の推薦でドイツに医学生として留学。ついでに政治、法律を学び、在学中にもかかわらずベルリン公使館一等書記官心得となり、そのままベルリン公使となり、帰国後は外務大臣になったという俊秀。

当時の東京は大名家の土地が放置されていたが、青木はベルリンでプロシア流の農林業を学んでもいたので、大名の土地を農地用に購入した。木戸の土地が欲しいと思い、実父に相談し、結局青木の実弟の三浦泰輔の所有となった。泰輔もドイツ農学校に留学し、帰国後、富ヶ谷と駒場で農業・牧畜を行った。

また泰輔はその後実業家としても大成し、甲武鉄道（今の中央線）、恵比寿麦酒（ビール）、京浜電鉄（今の京浜急行）の社長を歴任した。一方、青木周蔵のほうは、那須に七〜八〇〇万坪の土地を得て農業経営を行ったという。そして泰輔の土地を買ったのが鈴木善助だが、購入の経緯の詳細は不明である。

徳川家、前田家、三菱……

しかし大山園ができた段階では、この地は住宅地ではない。住宅地化は一九二〇年代からであり、特に一九二七年に小田急線ができてからである。当初は代々木上原駅ではなく代々幡上原駅といった

西原の電柱に徳川の文字が

大山園住宅地案内　出所：『大山町誌』

（四一年に代々木上原駅と改名）。

　また小学校は一九二〇年に上原小学校ができ、二八年に西原小学校ができた。西原小学校の卒業生には女優の吉永小百合、政治家の平沼赳夫らがいる。

　大山の住宅地としての分譲は、地主の荻島氏による帝都土地株式会社、加賀前田家、箱根土地、山下汽船によって行われた。前田家は言うまでもなく今は東大のある本郷に上屋敷を持っていたが、東大をつくるために本郷の土地一万二千坪を、駒場の東大農学部の土地四万坪および大山の一万坪（井の頭通りの南側の平地）と、交換した。

　一九二七年から二八年にかけて前田家は駒場に邸宅と書

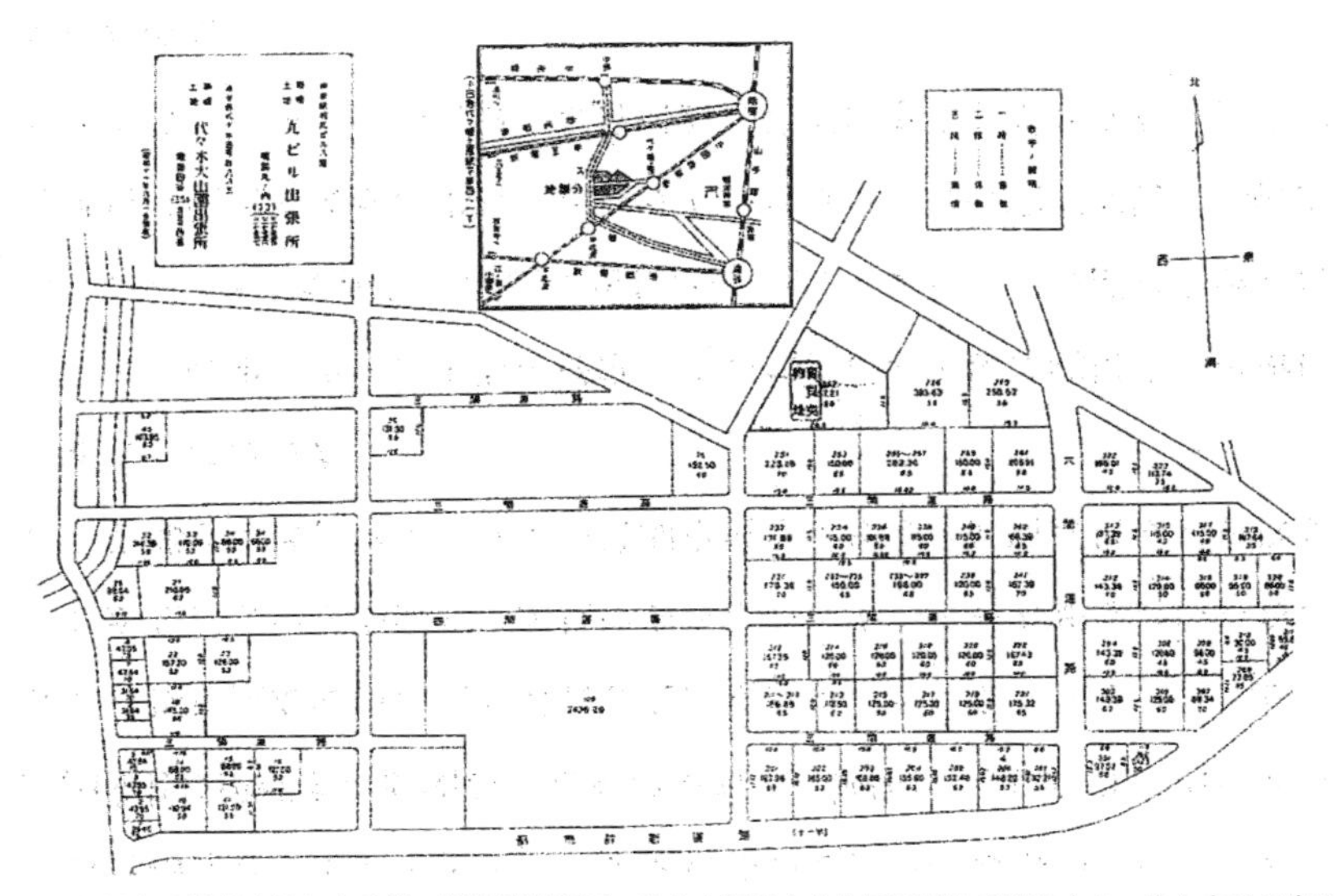

1936年の箱根土地による第二期分譲計画図。真ん中下の大きな区画が大山園の中心。真ん中のＹ字の上が第百銀行の土地。出所：『大山町誌』

大山の住宅地と公園

画骨董収蔵のための石造りの収蔵庫を建てた。そこは今は近代日本文学館として利用されている。そして同時期から戦後にかけて、大山の一万坪を分譲したらしい。山下亀三郎氏が創業した山下汽船も一九一八年に徳川家から大山の土地を購入し、住宅地分譲した。

また一九二九年には第百国立銀行の土地管理会社である萬興業が、愛国生命保健株式会社から大山の土地を購入し、一九四〇年頃にはテニスコート・運動場になっていたが、四三年に第百銀行と三菱銀行に吸収された。戦後は社宅などになり、現在は三菱地所のマンションが建設中である。その隣の公園は今もあり、広々として住民に親しまれているようである。

箱根土地の1940年頃の新聞広告

一九二頁上図は一九三六年の箱根土地による第二期分譲計画図である。箱根土地は、徳川家が西原三丁目に徳川山と呼ばれた土地を一九四〇年頃に購入し住宅地分譲したらしい（上、新聞広告）。

分譲計画図の真ん中下の大きな区画が大山園の中心であ

り、当時は山下汽船の山下亀三郎氏の息子の山下太郎氏の所有で、山下公園と呼ばれていたらしいが、戦後レバノン人の貿易商デビス氏に売却され「デビス邸」と呼ばれた。

しかしデビス氏は七〇歳になって癌にかかり、八八年に土地を売却。買ったのは安田信託の子会社である株式会社ワイ・ティ・ビー・エステイトであり、売却額は四三〇億円。安田信託は迎賓館を建設する予定だったが、バブル崩壊で頓挫。九六年に渋谷区が八〇億円で買取り、特養老人ホームと看護専門学校を建設するはずだったが、折角の緑地を破壊する開発に反対意見が出て、結局計画は進まなかった。二〇〇〇年に渋谷区は計画を諦め、競売にかけたところ柳井氏が落札したのである。

昭和初期に建築された堀口捨己設計の邸宅
出所：『建築世界』1936年第30巻第5号

　私が大山周辺を探訪していることをフェイスブックにアップしたら、私の知人の女性のお母様と伯母様が、大山の堀口捨己設計の家に住んだことがあると知らせてくれた。彼女の祖父のいとこにあたる東大教授の家だったそうで、東大のつながりで堀口に設計を依頼したと思われる。そして雑誌『建築世界』にその家が掲載されているということで、是非雑誌を拝見したいとお願いしたところ、ご丁寧にスキャンをしてお送りくださったので、その写真を掲載する（一九四頁）。『建築世界』に載っていると教えてくれたのは伯母様の友人で、その友人の実家も堀口の設計だったという。友人のお父様がやはり東大の航空宇宙研究所教授だったそうだ。

どちらの家も既にないそうであるが、写真を見る限り、現在の大山の風景にもよく溶け込みそうである。

代々木上原の西洋館

代々木上原は現在の地名としては代々木上原駅の南の上原である。そこに土木技術者、実業家、衆議院議員を務めた政治家・久米民之助が住んでいた。民之助氏の次男、久米権九郎（久米設計創立者）は、一八九五年（明治二八）生まれで「代々木御殿」で育った（81頁参照）。生まれたときは今の代々木公園、当時の東京府多摩郡代々幡村字代々木字山谷。この家が大正の初め（一九一二年頃）に陸軍練兵場になることになり、久米家は上原に引っ越したのだった。そのとき、西洋館も建設した。

久米民之助の長女、万千代は一九一二年に小林慶太と見合い結婚し、久米民之助の祖母の実家で旧沼田藩士であった五島家を再興する。五島慶太がここに誕生する！　結婚当時に西洋館が建てられて

解体前の旧久米邸

代々木上原でも珍しい戦前の家

いるので、長女の結婚に際してこの西洋館を建てたのではないかという説もあるが、五島慶太が上原に住んだ記録はないらしいので、たしかな説ではない。

久米邸は約四万坪あり「代々木御殿」と呼ばれた。台湾の阿里山（ありさん）から取り寄せた檜（ひのき）の太い門柱のある門を入るとかなり長い砂利道があり、表玄関に向かって左には四十数間（80mくらい）もある長い廊下があったというからお城のようなものだ。庭の上池の畔には笠石が八畳大（約13㎡）もある一枚岩の花崗岩（かこうがん）でできた雪見燈籠があった。下池はヨシキリの声がやかましいほどで、池のまわりに竹を植え込んで鴨池にしたところ、二、三年後の冬からは鴨を鉄砲で撃って猟ができたという。クレー射撃もしたらしい。

だが久米家は大正一〇年頃、上原から上目黒に引っ越し、三千坪の土地を購入して鉄筋コンクリート造の住宅をつくった。その家にはエレベーターが付いていたが、当時、住宅にエレベーターを付けたのは日本初だった。

代々木御殿は、関東大震災の前後に経営難にあった金剛山電気鉄道の運転資金に充てるため売却された。御殿を購入したのは、関東大震災で麻布区飯倉にあった本邸が被災した紀州徳川侯爵家である。紀州徳川家は代々木上原邸を「清和園」と名付けた。当主は一五代頼倫（よりみち）だが、一九二五年に死去。家の財政難もあり、一六代の頼貞は土地を一九三八年に手放した。それを五島慶太が目黒蒲田電鉄・田園都市課として買取り、区割りして分譲した。

戦後、久米邸は進駐軍に接収され、その後昭和三〇年代には京浜急行社長・田中百畝（ひゃっぽ）邸となり、それから岩佐多聞（いわさたもん）邸となった。それが二〇二〇年九月解体され、久米民之助の故郷である群馬県沼田市が取得し、二〇二三年、沼田市上之町に、旧久米家住宅洋館として移築された。

〔参考文献〕
https://asahinatakeshi.web.fc2.com/20200510ankitokugawa/20200809yoyogi.html
『大山町誌』二〇〇四

16 常盤台

――クルドサックのある住宅地

工場地帯かと思ったら

常盤台住宅地は東武東上線ときわ台駅北口にある。そこに有名な住宅地があることを知る前から、私はときわ台駅には何度も行ったことがあった。二〇代の時、編集していた雑誌の印刷会社があって、年に一度は出張校正に出かけることがあったからだ。

住宅地の中に印刷会社？と、いぶかしく思われるだろうが、印刷会社のあったのは板橋区前野町であり、住宅地より北側である。前野町のあたりは軍需産業の工場地帯であり、それで印刷会社もそこにあったのである。

前野町は昔、地元の人からは「前野っ原（ばら）」と呼ばれており、大正時代には志村前野町となった。東武鉄道に買収される以前は民間の飛行場として使われていたという（和田、一九八七）。それが昭和に入り、工場地帯になっていくのである。

私が若い頃、印刷はまだほとんどコンピュータ化されていなかった。さすがに雑誌だったから印刷

田園都市風景の常盤台の向こうの前野町に工場地帯が広がる
出所：板橋区『板橋区史』1954

は活版印刷ではなくオフセット印刷で、手書きの原稿を文選工が読んで鉛の活字を配列するという作業はなくなっていたが、単行本ではまだそういう作業もあった。

　ワープロが導入されるのは一九八〇年代末であって、ワープロで打った場合でも、フロッピーディスクをそのまま入稿するのではなく、あくまで印刷した原稿を写植屋が読みながら電算写植機（つまり業務用ワープロ）で打って版下をつくる。そこだけコンピュータ化らしき動きがあったものの、それ以外は職人技の世界であった。グラフもわれわれ編集者が方眼紙に定規を使って書き、それをまた写植屋が専用のペンで書き直したのである。地図も自分で書いた。既存の地図にトレーシングペーパーをかぶせて、必要な道路や鉄道や建物などを書き写す。そこに自分でまた情報を書き

ときわ台駅

加える。それをまた写植屋が書き直した。思えば膨大な作業である。今はもう面倒くさくてできそうもない。

住宅地と関係のないことを書き連ねたが、実は、住宅地づくりも、雑誌づくり、本づくりも似たようなところがあって、今のプレハブ住宅は画一的だが、昔の家には手づくりの味がある。住宅地で言えば、街路のデザイン、住宅の設計図の線一本一本が手で書かれていた時代と、コンピュータで設計してしまう今とでは、やはり味わいが違ってくる。それは自動車のデザインでもそうである。昔の自動車のデザインのほうが今より個性的であったのは、人が手でデザインしたからだろう。もちろん今は、燃費を良くする、人にぶつかっても大けがをさせないなどの、さまざまな条件があるから、それらの条件をすべて満たした自動車をデザインするには、どうしてもコンピュータに頼らざるを得ない。結果、世界中の自動車のデザインが似てきてしまった。どんな自動車も同じような条件を満たさないといけないからである。

戦後開発されたニュータウンの住宅地と、戦前の住宅地の違いも、そういうところにある。戦後の住宅地は大量に戸数が供給される必要があったから、どうしても同じデザインの家をただ並べるだけになりがちだった。

戦前の住宅は大量生産品ではないし、設計者が、新しい住宅をつくろうという意欲に満ちていたから、今よりは個性的な家があった。住宅地も、田園調布のようにしっかりと街路がデザインされたところもあれば、成城のように比較的シンプルにデザインされたところもあるなどいろいろであり、それが街ごとの個性を生んでいると思う。手づくり感があると言ってもよい。

と偉そうなことを言ったが、出張校正に行った当時の私は建築や都市計画への知識が不足したせいか、校正に行くために忙しかったからか、ときわ台駅の手の込んだデザインなんぞまったく記憶していない。他にも当時は木造の駅が多かったので特にときわ台駅が珍しくなかったのかもしれないが、それにしても知識があればもっとじっくり見たであろう。知識というのは大事で、デザインを見るという感性的なことでも、あらかじめ知識があるかどうかで、物が見えるかどうかも決まることが多い。だから当時常盤台住宅地への知識がなかったことで、私は損をした。知識があれば、校正の終わったあとにゆっくり街を見て回っただろうから。

複雑な街路

常盤台住宅地は、東武鉄道が開発した住宅地である。一九二七年東武鉄道が上板橋村字向屋敷(むかいやしき)一帯

常盤台斯波家住宅　2004年に建築当初の形を維持できなくなる事態が生じたが、現所有者が建築物の価値の重要性に鑑み、建物の一部分を曳家して保存した。建築当初と比較すると規模は縮小され、位置も同敷地内で移動しているが、広縁を含む四部屋が屋根を含めて建築当初のまま残っており、「常盤台住宅」の歴史を伝えるうえで重要な近代和風建築だと言われる。

の土地を買取し、三五年東武東上線「武蔵常盤駅」を開業し、三六年に住宅分譲を開始した。二六万四千㎡に及ぶ土地区画整理を行い造成した街だ。アメリカの都市計画家クラレンス・ペリーが提唱した近隣住区理論を明確に反映しているそうで、分譲地の完売は一九四六年までかかった。駅はまだ古いまま残っているところがあり、壁の石の組み方もなかなか凝っていて、駅の屋根を支える鉄柱もよくデザインされている。

四六年当時の常盤台住宅地の特徴としては、更地が多く、多区画購入者が多いということである。四一三区画中一〇〇区画が更地であり、二区画購入が三〇件、三区画購入が六件、四区画購入が三件、五区画購入が一件であり、全部で九一区画である。

その後一九五五年ごろから土地価格の上昇と連動して当初区画の細分化が急速に進み、「ミニ開発」が起こったらしい。

前出の上薗栄衣美「東京における高級住宅地の形成と変容――田園調布、成城、常盤台を事例に」によって一九八五年以降の区画の細分化を見ると、田園調布と常盤台では一四％前後の区画で細分化が発生している。

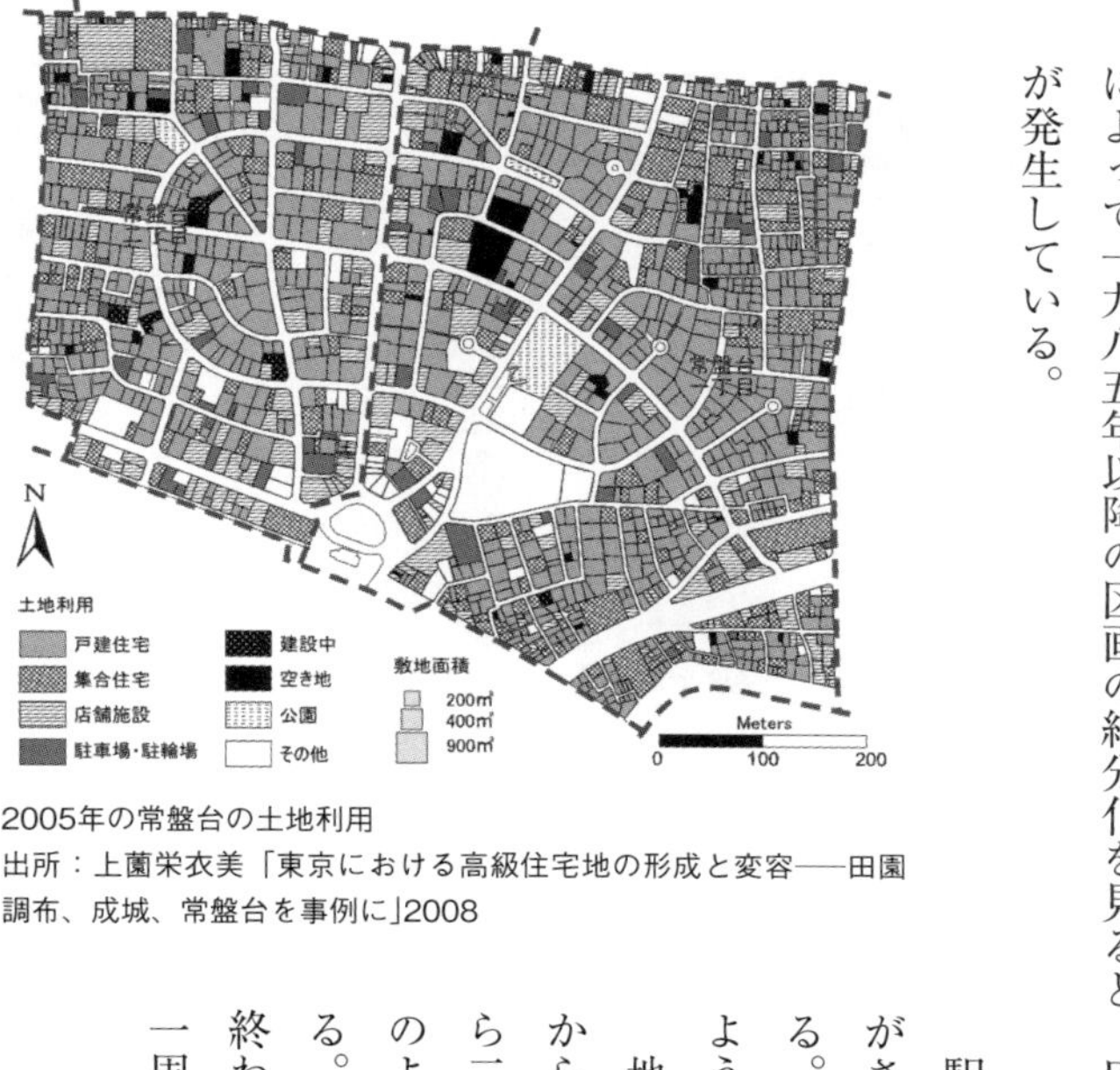

2005年の常盤台の土地利用
出所：上薗栄衣美「東京における高級住宅地の形成と変容――田園調布、成城、常盤台を事例に」2008

駅前はロータリーになっており、真ん中には植樹がされていて、ヒマラヤスギなどが大きく育っている。ただし、駅前の商店は無計画に誘致されているようであり、看板がけばけばしい。

地図を見ると、常盤台一丁目と二丁目の間を駅前からまっすぐな街路が貫いており、常盤台一丁目から二丁目側には少しゆがんだ楕円というか、石けんのような形の街路（プロムナードと呼ばれる）がある。田園調布の同心円状の街路は半円を描くだけで終わっているが、常盤台のプロムナードは住宅地を一周している（ただし北東部は未完成なので完全な一周ではないが）。その街路には街路樹があるが、この街路樹も少し変わっていて、街路の両脇にではなく、真ん中にある。これは道幅が狭かったため、両脇には街路樹を植えることができなかったためだという。

また、プロムナードに対して斜めに交わる街路があり、さらに、小さな円形を描いた街路が二つあるが、この円形の街路が後述する有名なクルドサックだ。それから、常盤台二丁目の南側は石神井川が流れており、当然ながら、常盤台住宅地から川に向かっては坂になっている。

プロムナードの南東には帝都幼稚園がある。いかにも戦前からあるらしい名前だが、実際、常盤台住宅地の分譲当初からある幼稚園である。本来は、四年制の帝都学園女学校が一九三七年に開校し、四二年には五年制の高等女学校に昇格したのだが、戦後まもなく火事で焼け、五一年に廃校となった。この帝都学園高等女学校の流れをくむのが帝都幼稚園である。黄緑色のペンキを塗られた木造下見板張りの園舎が、とても懐かしい雰囲気だ。

このように、常盤台住宅地は石神井川沿いの高台の上にできた、ちょっと複雑な街路構成の住宅地である。田園調布は、先述したように、放射状と同心円状の街路のために、土地が変形になり、販売しにくいと言われたが、その点は常盤台住宅地も同じではないだろうか。しかし、一見売りにくい変形な土地だからこそ、美的には楽しいものになるのだ。

大学を卒業したばかりの建築家が設計した

こんな複雑な街路の住宅地がどうしてできたのか。

常盤台住宅地の設計は、一九三四年に東京帝国大学建築学科を卒業し、内務省官房都市計画課に配属されたばかりの小宮賢一だった。

ある日、上司に呼ばれて、図面を渡され、これを好きなように書き直してみろと命じられた。それが常盤台住宅地だった。それまでの図面が碁盤の目状の平凡なものだったので、若い小宮に書き直させて、それをたたき台にしてもっと別の設計案を出させるのが上司のもくろみだったらしい。ところが、小宮の案がそのまま実現することになった。東武鉄道側が小宮の案を気に入ったらしかった。

都市計画研究者の越沢明は、「常盤台の特徴は曲線を多用した街路パターンである。これは日本の宅地開発の中ではきわめて珍しい事例である」とし、「田園調布、成城学園、常盤台を超える高級住宅地は今日、首都圏を見渡してもなかなか存在しない。この中で都市設計、都市デザインの観点からみて最も美しく、優美にデザインされた住宅地は常盤台である」と書いている（越沢『東京都市計画物語』）。

また、先述したクルドサックは、袋小路などとも訳されるが、要するに、道を入ってくると、円を描いて一周し、また入ってきた道に戻るという形の道路を指す。円のまわりには住宅が配置され、円

クルドサック

プロムナード

1937年創立の帝都幼稚園。古き良き雰囲気が漂う。

の中心には植栽がされるので、住宅から見るとその円が庭のように感じられる。もちろん、クルドサックにすると、住民以外の人や自動車が通り過ぎないので、静かである。

吉祥寺東町の西荻側にも一ヶ所クルドサックがある。クルドサックの近くには戦前に建てられた、とてもすばらしいデザインの住宅が二〇二〇年ごろまで残っていたが今は建て替えられた。おそらくこの土地の地主か土地を買ったデベロッパーかが、何戸かの土地あるいは家を分譲するに際して、クルドサックのある街並みをつくってみたのではないかと推測する。クルドサックは、戦前、小さな流行になったのであろうか。またこのクルドサックの近くにはフランク・ロイド・ライトの弟子であった遠藤新の設計による邸宅がまだ残っている。遠藤設計の邸宅は、他にもいくつかこのへんにあったらしい。

常盤台に話を戻すと、このクルドサックが実は完全に閉じていない。自動車が入ってこられる道路とは反対側に、人間二人がやっとすれ違えるくらいの路地があるのである。この小さな路地が、いわばバイパスの役割を果たす。クルドサックの向こう側に住んでいる住民は、徒歩であれば、路地を経由してクルドサックを通り、さらに主要な街路に向かうことができるのである。

また設計者の小宮賢一が在学中の東京帝国大学建築学科では、内田祥三(よしかず)教授の下で、岸田日出刀(ひでと)教授、高山英華(えいか)助教授が外国の住宅地計画の研究を進めており、同潤会の研究助成を得て一九三六年に『外国に於ける住宅敷地割類例集』を刊行しているから、小宮は当然クルドサックなどの敷地計画についての知識があったと越沢は書いている（前掲書）。

健康住宅地

また、数カ所あるクルドサックのひとつは、クルドサックに入る道路の反対側が常盤台公園になっており、さらに公園の中には板橋区立図書館が設置されていた（二〇二一年三月二八日、「板橋区立中央図書館」と「いたばしボローニャ絵本館」が常盤台住宅地の西の板橋区平和公園内に移転し開館した）。常盤台公園は広めの公園なので、公園からクルドサックの植栽までが一体となって、住宅地全体に安らぎの場所を与えている。公園については、プロムナード沿いに二ヶ所小公園があり、各戸の庭と相まって、緑豊かな住宅地であることを実感させる。

このような緑豊かな住宅地を創造してきたのは、常盤台住宅地のコンセプトが「健康」にあったことによる。もちろん、他の住宅地もそうであるが、常盤台住宅地においては、その分譲パンフレットに「東武直営健康住宅地」と銘打っているほどである。

パンフレットは、「常盤台はどんな処か、なぜよいか？　省線池袋駅より川越を経て荒川上流寄居に至る弊社東上線の沿線は土地起伏に富み大小の樹木到る処に生い繁り自ら健康住宅地としての天分を持って居り今日迄此の方面に見るべき住宅地が現れませんでしたのは全く不思議の感が致します。弊社は此の恵まれた大自然の風致を生かし理想的な設計に従い住宅地の選定に腐心して居られる皆様に自信を以て御奨め出来る健康住宅地を経営し沿線開発の魁となならせる様計画し出来上がりましたのが本常盤台住宅地であります」と、豊かな自然の中に出来た健康な田園郊外ぶりを宣伝している（板橋区、一九九九）。

また、パンフレットにはこうも書いてある。

「当住宅地が最も誇りと致しますは完備した道路網で環状線式の散歩道が地区の中央部を一周し」「整然たる理想的道路網で御座居ます」「電気、瓦斯、水道の施設を致しますは勿論で御座いますが」「排水には多大の犠牲を払いまして全部暗渠式に致しましたので汚水の汎濫、悪臭の発散等は絶対になく衛生的になっております」「特に御居住者の保健に備え中央部に二千坪の公園と駅前に二百坪余

現在の常盤台の様子

りの文化的施設なる庭園式縁地帯を配置致しましたので散歩道に植え込んだ街路樹と共に文字通り健康住宅地で御座います」

たしかに常盤台住宅地を歩いていると、自転車で走る主婦たちが多いように思えた。居住者とその生活に必須なサービスに関わる自動車以外は通り抜けることがまずなく（街路が複雑だから通り抜けには適さない！）、居住者が安心して歩いたり、自転車に乗ったりできるのであろう。

照明デザイナーの石井幹子が育った

常盤台住宅地を購入したのは会社役員が多く、全体の五〇％を占めたという。田園調布が三五％、洗足が二二％、目白文化村が二七％だったから、常盤台住宅地の多さは突出している。

そのかわり、軍人はゼロであり、官吏も四%と少なかった（板橋区、一九九九）。成城も軍人が二%と少ない。田園調布は先述したように軍人が一三%、洗足は一二%であった。常盤台住宅地や成城に、田園調布のような、偉そうな雰囲気があまり感じられないのは、やはりこの軍人比率の低さにも関係していると思われる。

また、常盤台住宅地が田園調布、成城に比べるとはるかに知名度が低いのは、田園調布や成城のように、戦後の有名映画俳優、小説家などが住まなかったためであろう。

しかし、当初居住者の学歴は、学歴が判明した七八人中、一九人が東京大学、以下慶応七人、早稲田五人、一橋五人、東工大三人と、かなり高学歴である。考えてみれば、本郷から市電で池袋まで来て、それから東上線に乗り換えればすぐにときわ台駅だから、東大出身者が多いことはうなづける。

有名人では、照明デザイナーの石井幹子の一家が住んでいた。

石井が生まれたのは一九三八年、駒込で、木戸孝允の元邸宅を安田財閥の重鎮だった石井の父方の祖父、竹内悌三郎が買ったもので、祖父の死後に父悌三が継いでいた（木戸孝允は大山の所有者でもあったので、他にもたくさん土地を持っていたのかもしれぬ）。悌三は浦和高から東大卒で保険会社勤務。東大時代はサッカーに打ち込み、ベルリン五輪では日本代表キャプテンを務めたという。しかし太平洋戦争が始まり、常盤台に引っ越した。五〇〇坪あり、悌三が家を設計した。菜園や池があり、防空壕も掘った。戦況が悪化すると茨城県に疎開。終戦後四六年に常盤台に戻ると家は無事で、親戚

など四家族で住んだという。(朝日新聞二〇二三年一一月二八日〜三〇日)

このように常盤台住宅地は、全国的な知名度、ブランド性においては、他の高級住宅地に劣るとはいえ、実質的には高級住宅地の名にふさわしいところであり、むしろいたずらに知名度が上がらなかったことが、無用な建て替えや土地の分割をあまり経ずに、現在まで良好な状態を保っている理由であろう。

もちろん、東武鉄道は当初から建築規制を設けていた。まず「住宅地内には住宅以外の建物を建ててはいけない(但し、病院、写真館を除く)」とした。病院はわかるが、写真館が許可されたのが面白い。中流階級の人々が家族で写真を撮影することが多かったのだろうか。

実際、常盤台一丁目に常盤台写真館が一九三七年に建設され、今は江戸東京たてもの園に移築されている。

規制の二番目は「ゆとりのある二階建て住宅地とし、二階壁面は後退する」。つまり、最近の住宅によくあるように、一階も二階も同じ床面積ではなく、一階の面積は大きく、二階の面積は小さくすることで、ゆとりのある景観を実現しようとした。

第三は「道路に面した敷地境界は生け垣とし、前庭を設ける(緑あふれた街並みとする)」。たしかに常盤台住宅地では生け垣がまだ多く残っているように感じられる。

第四は「住宅を建てる際に東武鉄道から建築許可を受けること」。こうした規制によって、常盤台

道に沿って商店がずらっと並んでいる「全住宅案内地図帳　板橋区」公共施設地図航空　1970年

住宅地は今もなお、他の住宅地と比べても緑が多く、家が建て込んだ感じがしない、ゆとりのある景観をつくりだしているのである。

充実した商店街

また一九七〇年発行の『全住宅案内地図帳』を見ると、商店街がかなり充実している。一番北側の通りには、角にまず米屋があり、魚屋、果物屋、肉屋二軒、寿司屋二軒、そば屋、豆腐屋、酒屋、菓子屋、薬局二軒、牛乳屋、食料品店、パン屋、文房具屋、写真屋、染物屋、金物屋、パチンコ屋、そしてバー・ニュートキワまである。

パチンコ屋から東に進むと、靴屋、電機屋、パーマ屋、パチンコ屋、トキワ百貨店、家具屋、そば屋、パン屋、洋品店、ミシン店、履物屋、薬局、また洋品店、牛乳屋、呉服屋、たばこ屋、ガソリンスタンド、またそば屋と薬局、クリーニング屋、酒屋、菓子屋、飲料品店、靴屋、文房具屋、また薬局、金物屋、ガラス屋、

懐かしい眼鏡屋

甘納豆屋、自転車屋、燃料品店、最後は畳屋。
戻って南下すると、床屋、八百屋、はんこ屋、郵便局、路地を入ると卓球場がある。またプロムナード西側には公園とテニスコートがある。実に楽しい。今はどうなっているかと思って行ってみたが、さすがに昔の風情を残す店はないが、米屋、そば屋、和菓子屋、自転車屋などが同じ場所で営業していた。駅前はファストフード店が多く、ガールズバーもあって、歴史ある住宅地としては風格をおとしめる。何とかならないだろうか。

〔参考文献〕
越沢明『東京都市計画物語』日本経済評論社、一九九一／ちくま学芸文庫、二〇〇一
板橋区教育委員会「常盤台住宅物語」一九九九
和田清美「『健康住宅地・常盤台』のまちづくり」（山口廣編『郊外住宅地の系譜』鹿島出版会、一九八七）
上薗栄衣美「東京における高級住宅地の形成と変容―田園調布、成城、常盤台を事例に―」（『お茶の水地理』vol.48、二〇〇八）
劉一辰・小場瀬令二「戸建て住宅地におけるしゃれ街条例による住環境・景観保全への効果　常盤台住宅地を事例として」日本建築学会計画系論文集第七九巻第六九五号、二〇一四

17 桜新町

さぶちゃんの店がほんとにあった!

サザエさんの町

桜新町と言えば漫画「サザエさん」の作者、長谷川町子がかつて住んでいて、今は長谷川美術館があることで有名である。商店街もサザエさん通り商店街と改称し、街中にはアニメ「サザエさん」の登場人物の銅像や看板がそこかしこに立っている。かつて、波平さんの銅像から、頭の毛が抜かれたなどという事件もあった。駅前の不動産屋に花沢さん親子の看板が立っていることもあった。

桜新町は、一九一三年から「新町分譲地」として分譲された住宅地であり、東京の西郊における最初の計画的住宅地と言われる。当初は「東京の軽井沢」とすら呼ばれたところである。住宅地を開発したのは東京信託会社。街路に千数百本の桜の木が植えられたために、いつしか桜新町と呼ばれるようになったのである。

なるほど今もその名の通り、立派な桜並木が残っている。古い家はもうあまり多くないが、敷地はあまり分割されていないようであり、広い。高い赤松の木も多く、東端には呑川（のみがわ）が流れており、その

桜並木

川沿いの並木もきれいに整備されている。

　住宅地のほぼ真ん中には、無原罪聖母宣教女会の教会があり、その庭は特別保護区となっていて、年に何度かだけ中に入ることができる。たしかに、百年前は別荘地のようであっただろうと思わせる。一般の邸宅が相続時に庭を区に譲渡した形で整備された深沢の杜（もり）緑地もある。

「新町分譲地」に行くには、東急田園都市線桜新町駅を出て、駅南側のサザエさん通り商店街を南下する。しばらくするとY字路があり、分かれ目に桜新町交番が見える。この交番は、新町住宅地が分譲された最初からあったものである。Yの字を右手に進むと、長谷川町子美術館がある。そして玉川通りを越えて深沢八丁目、七丁目までの一帯が「新町分譲地」である（開発当時は駒沢村深沢と玉川村下野毛飛び地）。

　長谷川町子が九州から桜新町に引っ越してきたのは、一九三四年のことであり、長谷川町子美術館よりも南の、住所はやはり深沢のほうだった。ちなみに、アニメ「サザエさん」の磯野家があるのは、駅の北側で、カツオとワカメが通っているのは弦巻三丁目の松丘小学校という設定だと新町の住人に聞いた。

軍人が多かった

桜新町を開発した東京信託会社は、一九〇二年、三井銀行地所部長の岩崎一が個人経営で創設した会社であり、三井銀行の顧客、華族階級、一般資産家を対象にビジネスをしていたが、当初は社有の不動産が少なく、郊外住宅地の開発分譲がビジネスの大きな柱になっていたらしい（山岡靖「東京の軽井沢」）。

玉川電気鉄道沿線は理想の郊外住宅地として早くから注目されていた。最初は、多摩川の河原の砂利を運ぶ玉川砂利電気鉄道株式会社として一八九四年に設立されたが、日露戦争のさなかで景気が落ち込み、また用地買収が思うように進まぬなど、事業は困難を極めていた。そこで東京信託が資金を出し、ようやく一九〇六年に渋谷道玄坂―二子ノ渡（現・二子玉川）間が開通したのである。電車が開通すると、東京信託は住宅地の用地買収に乗り出した。

そこに、地元出身の東京府府会議員の谷岡慶治が登場する。地域発展を第一に考えていた谷岡は、最近世田谷方面が発展するのに駒沢が遅れているのは土地開発がないからだと主張し、地主に対し新町住宅地のために土地を売ることを求めたのである（菅沼元治「私たちの町　桜新町の歩み」）。

郊外生活之新福音

●郊外生活の理想郷

●郊外住宅の提供

五十戸を限り

●新町住宅地之特色

東京信託株式會社

申込所

同 新町出張所

東京朝日新聞（1913年5月8日）の桜新町の広告

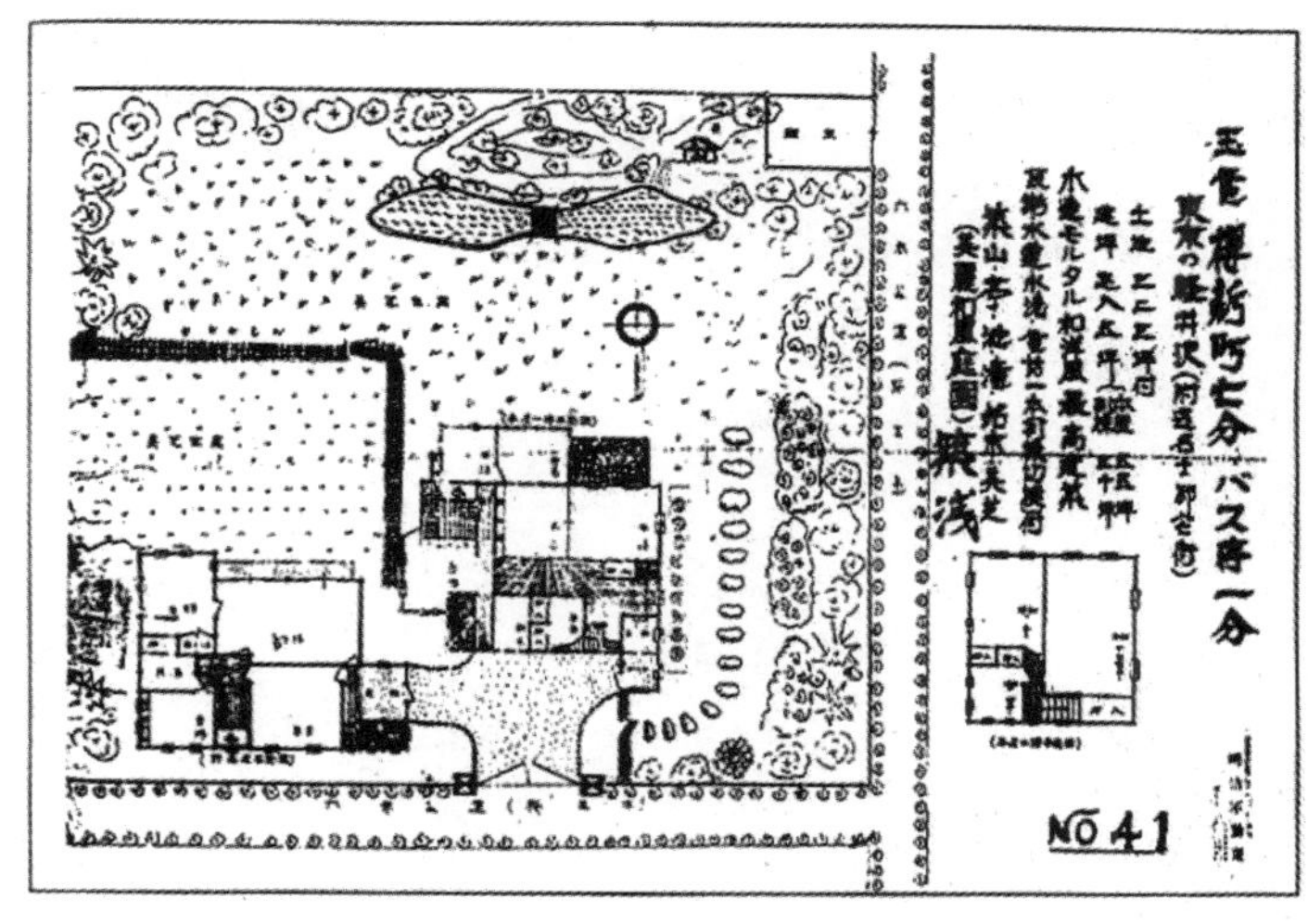

昭和初期の分譲チラシ

こうして、東京信託、玉川電気鉄道、谷岡慶治の三者が牽引役となり、新町住宅地が開発されることになった。東京信託は、住宅地に最初から電灯、電話を通じさせ、排水溝を施し、巡査駐在所、浴場、商店をつくり、新町住宅地の居住者の電車賃を割引し、また住宅地の入り口付近に駅を設置させ、駅名を「新町停車場」とするなど、積極的に新町住宅地の振興に努めた（山岡、菅沼）。

最初の分譲は一九一三年

五月で、五〇区画。第二回分譲は同年下期で、九七区画。その後、大正中期頃まで少しずつ売れていったらしい。郊外住宅地というより別荘地のようであり、そのためか、サラリーマン層はまだあまり購入をしなかったようである（山岡）。住民に多かったのは軍人、特に海軍の軍人である（菅沼）。この点は先述した奥沢と似ているかも知れない。

当初この住宅地は「新開地」と呼ばれ、「会社内」とも呼ばれたという。東京信託の会社内という意味で、郊外住宅地というものがまだ珍しかったからか、手紙も「東京信託会社内だれそれ」と書けば届いたという（菅沼）。

また、分譲当初から町内会組織として「新町親和会」が存在していた（現在は「桜新町親和会」）。この設立の背景には、第一に、東京信託に対する住民側の窓口組織をつくる必要があったこと、第二に、新開地だから自分たちの手で町を守らねばならないという自治意識、自衛意識、第三に、住民に軍人が多かったので、集団行動が得意、ということがあったのではないかと言われる（山岡）。住民自身によるまちづくりへの積極的な関与が、分譲から百年を経てもなお、この住宅地を美しく保つ原動力になっているのであろう。

また東京信託は一九一三年四月に『新町郊外生活』という冊子をつくり、まず人口の都市集中について述べた上で、次に田園都市・郊外生活の理想を、内務省有志編『田園都市』を引用しながら語っていたという。

庭の池でスケートができた

初期の住民の方がつくった地図（二二〇頁）を見ると、新町住宅地の中央の若尾邸は、甲州財閥の御曹司・若尾鴻太郎（こうたろう）氏の家で三千坪あった（今は聖母教会）。敷地内に湧き水があり、池になっていて、子どもの遊び場だったという。年一回は園遊会が開催されて子どももおおっぴらに入場できた。模擬店が並び、仮説の桟敷では中国人手品など数々の演芸が披露された。池は冬には凍り、スケートができたという。

地図にはないが、胃腸薬の「強力わかもと」のわかもと製薬創業者の長尾欽彌（きんや）の邸宅もあった。「わかもと」は一九二九年に発売されて大いに売れ、長尾は迎賓館を兼ねた家を建てたのだ。最初は五〇〇坪だったが、その後土地を買い足し、最後は七八〇

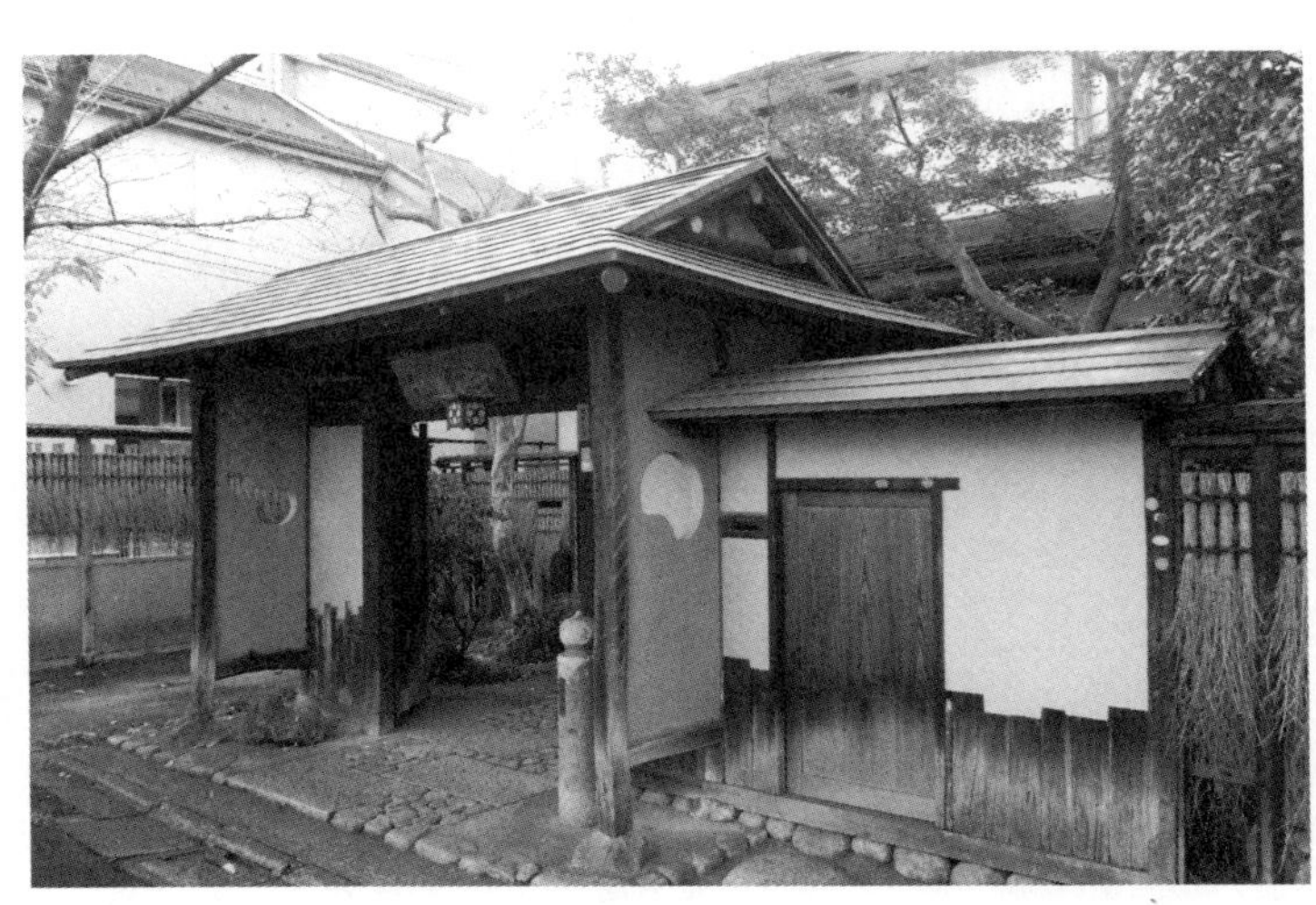

桜新町の邸宅

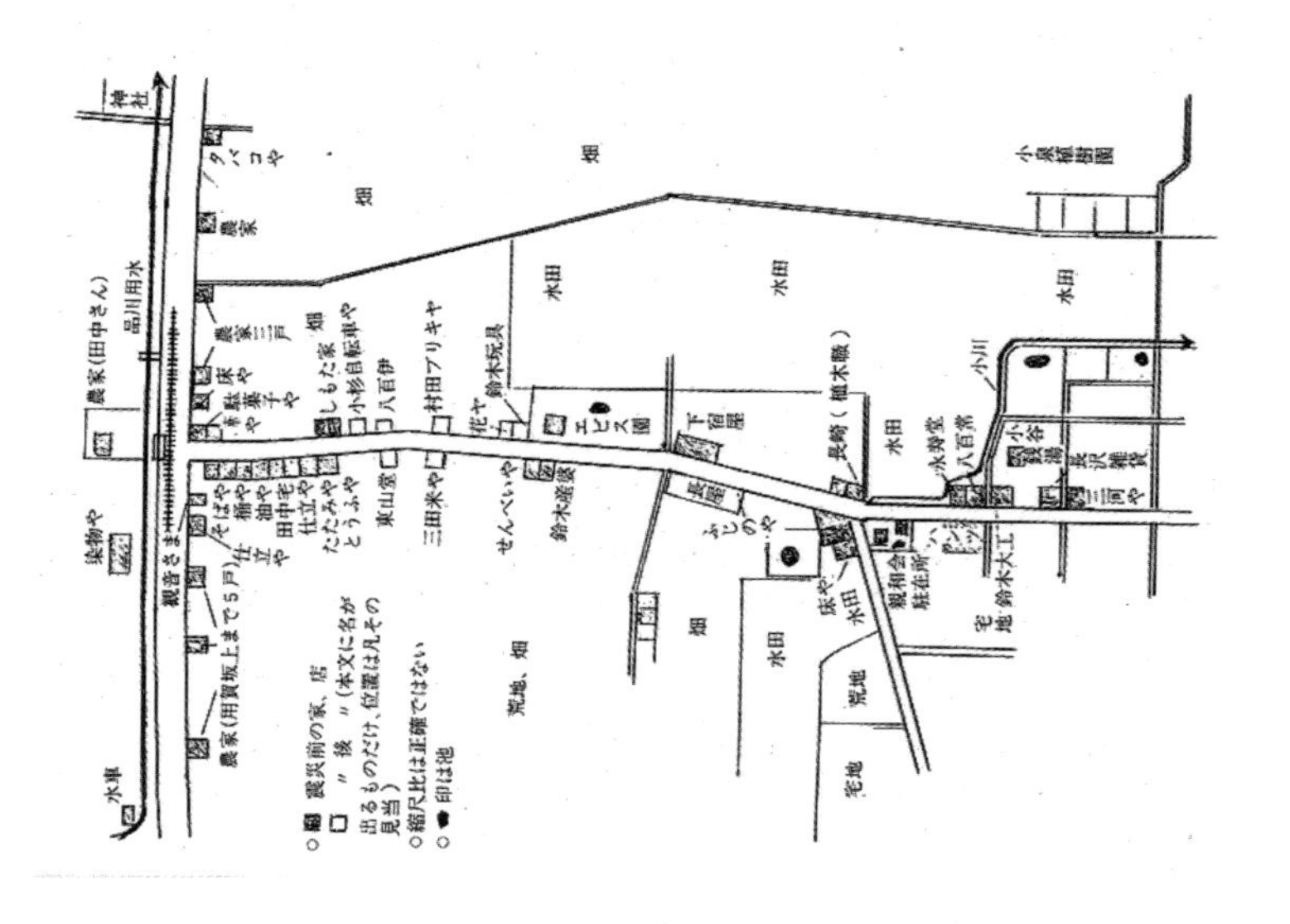

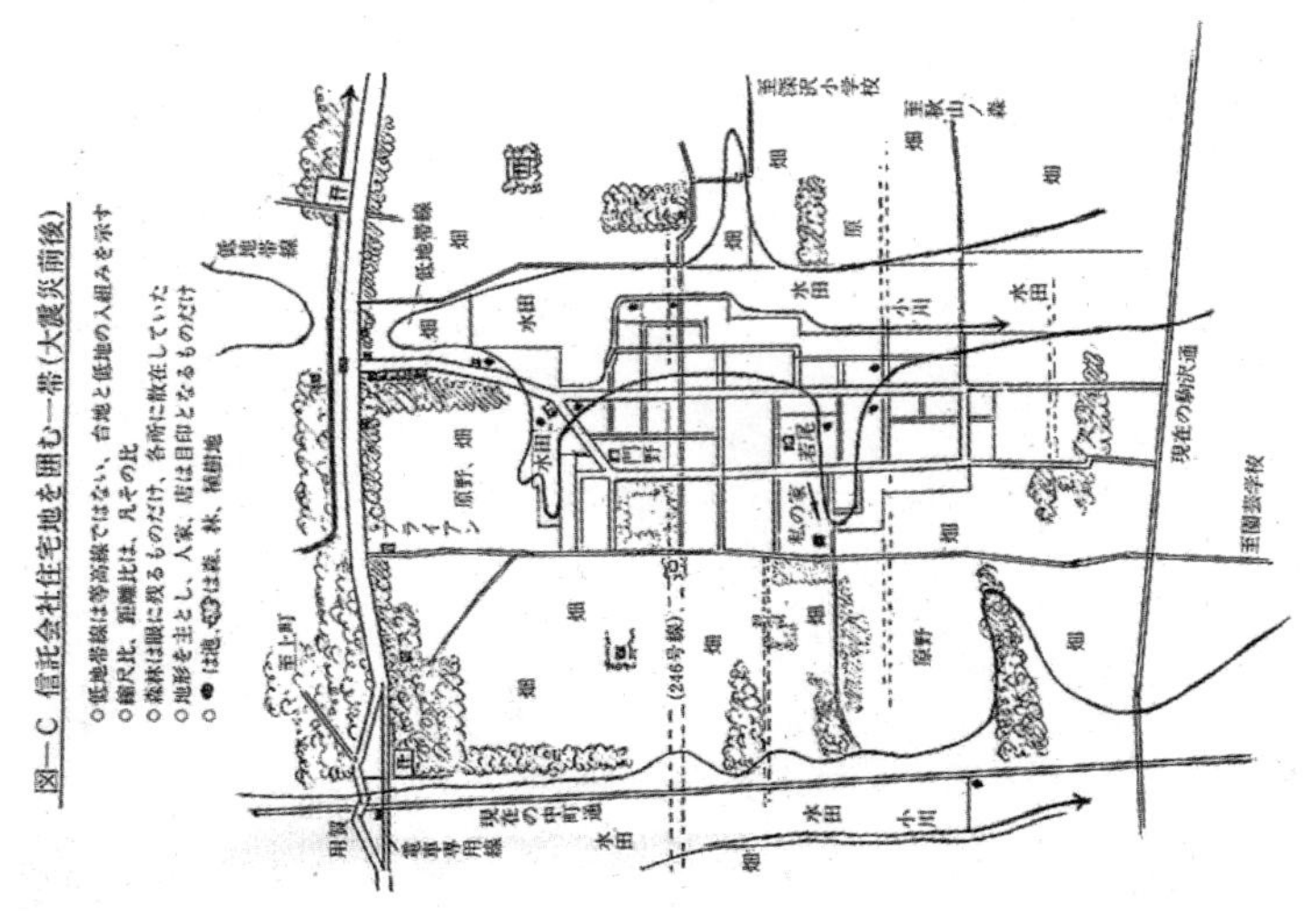

関東大震災前後の桜新町の商店の分布。上図の一番下のほうに、なんと「三河や」がある！
出所：荒木進『昔思い起すまま　桜新町深沢あたり』私家版、1989

〇坪となり、「宜雨荘（ぎうそう）」と名付けられて、近衛文麿（このえふみまろ）らの政財界人が出入りした。一九六三年に敷地は都立深沢高等学校になったが、一九三一年に建築された和風木造二階建の離れ「清明亭」は残されて、学校施設として利用されている。二〇〇三年東京都歴史的建造物に選定された。

右頁の地図を見ると、商店街の入口からそば屋、桶屋、油屋、仕立屋、畳屋、豆腐屋、自転車屋、米屋、ブリキ屋、玩具屋、せんべい屋と並ぶ。しかし裏手はまだ田んぼや畑である。そして一番下に「三河や」がある！　サザエさんのさぶちゃんの店だ！　これは長谷川町子美術館のすぐ近く。調べたら今はマンションになっていた。もちろんこの三河やにさぶちゃんという人がいたかどうかは知らないが。

〔参考文献〕
菅沼元治「私たちの町桜新町の歩み」東洋堂企画出版、一九八〇
山岡靖「東京の軽井沢」（山口廣編「郊外住宅地の系譜」鹿島出版会、一九八七所収）
世田谷区街並形成史研究会「世田谷区まちなみ形成史」世田谷区都市整備部都市計画課、一九九二
世田谷区「ふるさと世田谷を語る深沢・駒沢三〜五丁目・新町・桜新町」一九九二
荒木進『昔思い起すまま　桜新町深沢あたり』私家版、一九八九

18 赤羽 ― 同潤会住宅地をまとめて見られる

鶴ヶ丘と亀ヶ池

赤羽駅からイトーヨーカドーの脇を南西に下る道を弁天通りという。弁天通りは両側を丘陵地に挟まれた谷で、その昔には「亀ヶ谷」と呼ばれていたらしい。昔は「亀ヶ池」という大きな池があったらしいが今はごく小さくなった「亀ヶ池弁財天」で亀が甲を干している。

弁財天の先に三日月坂という坂がある。坂の途中に二〇年前は「道灌湯（どうかんゆ）」という素晴らしい銭湯があった。銭湯というと、だいたいは川沿いの低地にあるから坂の途中というのは珍しい。しかもこの道灌湯は入り口も坂で細い階段になっている。階段の両脇には植木があり、楓（かえで）の木などが植えられていて、ちょっとした温泉場のような風情である。

道灌湯というからには太田道灌に由来している。赤羽は一六世紀まで太田道灌が治めていた。その名残が赤羽西一丁目にある静勝寺（じょうしょうじ）であり、太田道灌が築城したといわれる稲付城の城跡として都の旧跡に指定されている。

ヌーヴェル赤羽台を同潤会普通住宅地から望む（2021年）

とてもモダンな都営桐ヶ丘団地（2021年）

三日月坂を上ると同潤会普通住宅地の近くだ。地図を見ると、赤羽西四丁目の一番地から一三番地にかけて街路が扇状になっているのがそれである（二三〇頁下図の扇状）。同潤会というとアパートが有名だが、アパートの他に賃貸の「普通住宅」と「分譲住宅」も建設していた。赤羽には両方ある。高給取り向けのモダンな鉄筋アパートは比較的都心部に多いが、普通住宅は木造でごく普通の勤人向であり、赤羽の場合は陸軍、内務省、逓信省、鉄道省の関係者が多く入居した。陸軍関係者が入居したのは、近くに陸軍被服本廠、つまり軍服を作る工場があったから。この本廠跡地に戦後赤羽台団地、現在は建て替えられたヌーヴェル赤羽台が建設されたのである。都営住宅の桐ヶ丘団地はメゾネットが三つ重なる六階建てというル・コルビュジエのマルセイユのユニテを模したらしきモダンな建築であるが、これも取り壊される。

同潤会の普通住宅の様式には平屋と二階建てがあるが多くは二階建て。二階建てに上下別世帯が住むものと、二階建ての一家屋に二世帯か三世帯が住むものがある。今風にいえばメゾネットのようなものだ。平屋もその後買い取られ増築されて二階建てになっているし、最近は完全な建て替えや新築そっくりさんが増えているので昔ながらの家は珍しい。

普通住宅は赤羽に四三一世帯、同じ北区の十条中原に三八七世帯できた。普通住宅地の中には商店が多数あり、銭湯、公園、テニスコートなどの施設があった。赤羽の銭湯は二〇年ほど前には鶴ヶ丘湯という名前で残っていた。この住宅地のある丘が鶴ヶ丘というからだろう。鶴と亀だったのだ。住宅地も当初は「鶴ヶ丘住宅地」と呼ばれた。

銭湯の隣には最初管理事務所があったらしい。また銭湯のすぐ近くに児童公園があったというが、今はなく、少し離れたところに公園がある。公園がある場所がかつてはテニスコートだったらしい(十条仲原の普通住宅地にもテニスコートがあった)。

大正一四年四月七日時点の住民は関東大震災被災者は少なく、逓信省、鉄道省、内務省、司法省、被服廠(しょう)、その他軍関係の役所勤めの人で、官舎のような町だったという。また菓子商、理髪業、下駄歯入、靴職、塩物商、古物行商、左官、雑貨行商などが住んでおり、こうした商人、職人たちが住宅

鶴ヶ丘湯の写真（2001年）

十条仲原同潤会普通住宅地（2021年）

赤羽同潤会普通住宅地（2011年）

赤羽同潤会普通住宅地にあった家だが、様式的には分譲住宅の第三期の職工向分譲住宅の二戸だと思われる（2011年）

赤羽普通住宅地の広場。子どもたちが遊んでいた（2001年）

西荻窪普通住宅地の広場。お祭りも開かれる（2001年）

地内で商店を営むなどしながら住んでいたようである（森谷宏「北区の同潤会について」）。

公園の南に小さな広場のような場所がある。そこには二〇年前には、駄菓子屋、肉屋、八百屋、総菜屋などあって、子どもたちが集まっていたが、今はほぼ住宅に変わり、広場に向かって窓も少ないので、とても閉鎖的な雰囲気になってしまった。西荻窪や横浜六浦（むつうら）の普通住宅地にもこういう広場があるが、六浦の広場は狭く、店ももうないので、何のための敷地なのかわからない状態である。だが西荻窪には新しく焼き菓子店ができたり、酒屋がカフェを兼業したりもしている。

資生堂チェインストアと大正モダニズム

赤羽の広場と銭湯をつなぐ道から一本折れた路地には、二〇年以上前には化粧品店・資生堂チェインストアがあった。資生堂チェインストアは、一九二三年（大正十二）から全国で展開された。

資生堂が化粧品に事業の中心を移行したのは大正時代に入ってからだ。大正十一年には美容科・美髪科を新設し、「資生堂石鹼」「資生堂コールドクリーム」を発売。チェインストアで配布する冊子『花椿』は大正十三年創刊だから、まさに資生堂の化粧品事業は同潤会と同じ時代に本格化した事業だといえる。当然ながら震災は資生堂にも甚大な被害を与え、本社、工場、倉庫などが罹災した。しかし不幸中の幸いで顧客の多くが被害の少ない山の手に住んでいたため、資生堂の事業は順調に復興したという。だから、同潤会に資生堂チェインストアがあったのは故なきことではないのだ。公園やテニスコートのある新しい田園都市的住宅地、赤羽の丘の上の住宅地には新しい化粧品を売る新しいチェインストアがなければならなかったのだ。

この年は関東大震災の年だが他にもいろんなことがあった。一月、『文藝春秋』『アサヒグラフ』創刊。二月、丸ビル完成。四月、浅草に日賀志屋（現エスビー食品）が創業し、三〇年にヒドリ印カレー粉を発売（ヒドリがSUNBIRDなのでS&Bを商標とした）。このころはカレー、コロッケ、トンカツが三大洋食といわれていた。八月、田園都市株式会社が多摩川台住宅（現・田園調布）を販売開始。そ

同潤会普通住宅地のなかにあった資生堂チェインストア（2009年）

して九月一日大震災。ちょうどその日、フランク・ロイド・ライト設計の帝国ホテルが開業している。サントリーが国産初のウイスキーを発売したのも大正十二年。御茶ノ水文化アパートメントの完成、菊池製作所（現タイガー）による虎印魔法瓶発売、今村善次郎によるセメダイン発明も同じ年である。

たった一年でこれくらいたくさんのことがあったのだから、大正時代というのはやはりすごい時代だ。時代がモダンであること、文化的であることを目指して次々と新製品・新技術を生み出し、そして新しい生活が提案されていたのがよくわかる。

梅の木荘

同潤会の勤人向分譲地はバスで弁天通りをさらに進んで、庚申坂（こうしんざか）を登った南の西が丘にできた。西が丘は土地区画整理事業によって造成された地域なので街路は整然としている。

一九二八年の第一期分譲は一ブロック八世帯で六六人の申し込みがあった。第二期は七ブロック五五世帯。二九年の第二期分譲時は住宅博覧会と銘打って、すでにできあがった家を見てもらい、販売促進した。第三期は西が丘ではなく赤羽西の普通住宅地のほうに二戸だけ建設された。

西が丘の分譲地は「梅の木荘」と呼ばれていた。当地が字稲付小字梅木だったからである（梅木小学校が今もある）。そのため最初の入居者が梅の木を家の前の道に植えようとしたが、梅は費用がかかるので桜に代えた。第二期分譲の入居者が住むようになると三〇年に町会の「梅の木荘会」が結成

赤羽西ヶ丘の戦前築と思しき住宅（同潤会のものとは同定できない。2001年）

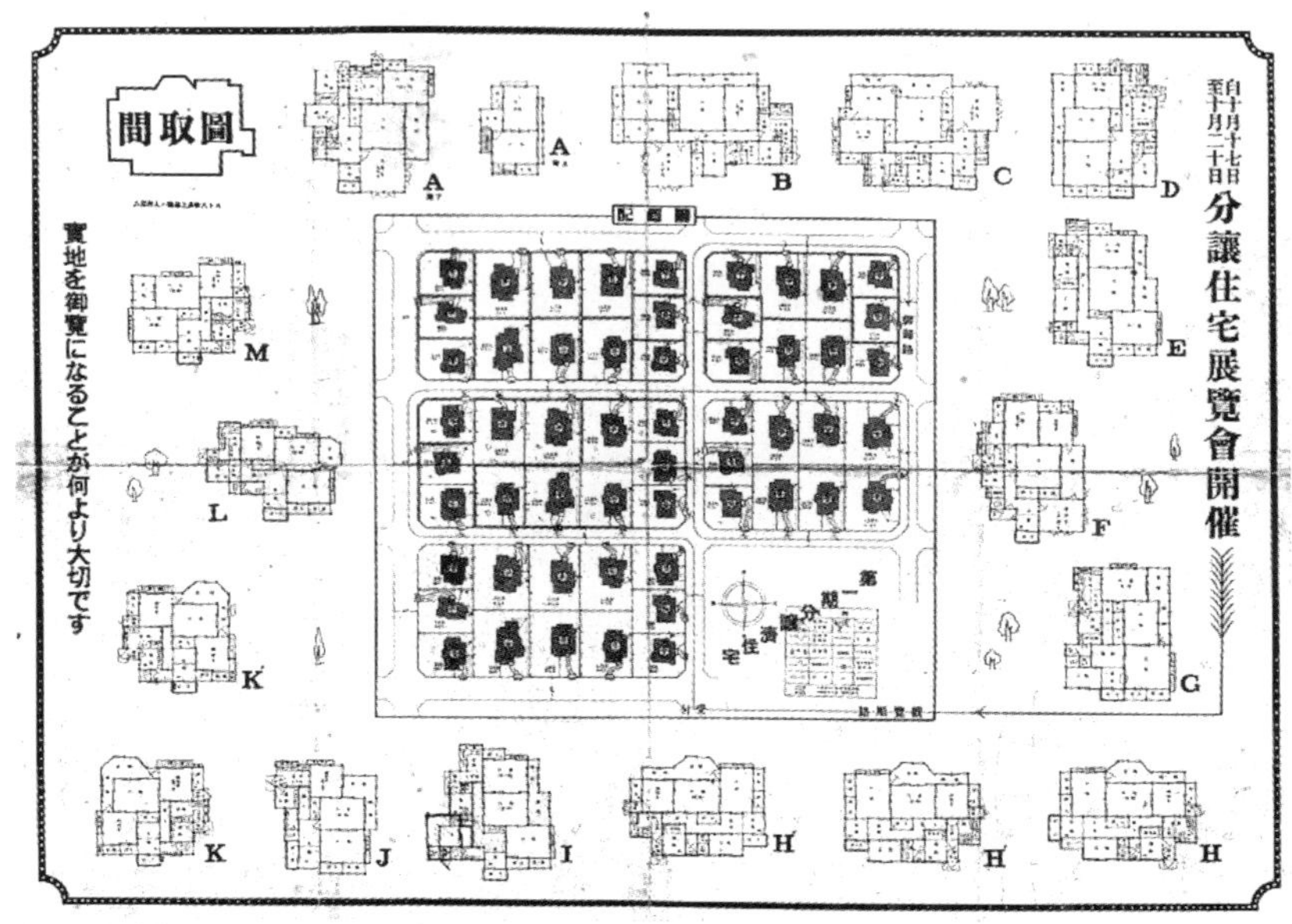

赤羽同潤会第二期分譲のための「住宅展覧会」チラシ。右が北。右下の第一期分譲地は1ブロック8世帯だけで第二期は5ブロック55世帯が分譲された。出所：北区中央図書館所蔵

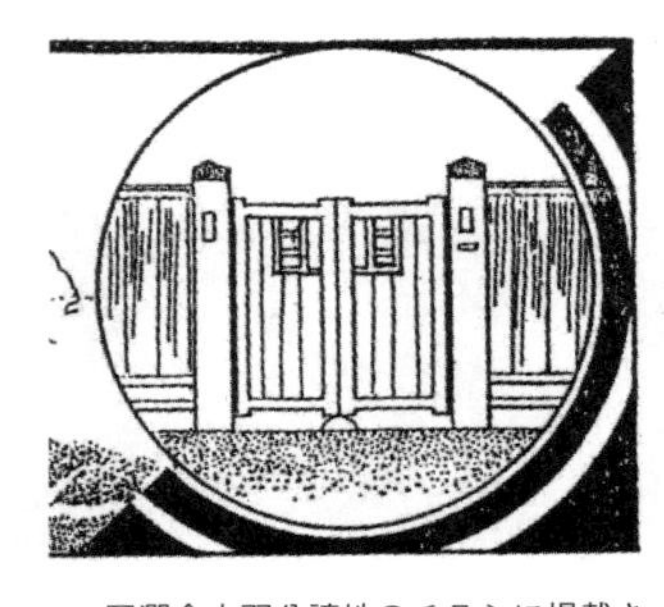

同潤会赤羽分譲地のチラシに掲載された門柱のイラスト。門柱は細く簡素であり、上にブリキで三角の擬宝珠が付く。227頁のチェインストアの左にも同様の門柱が見える。
出所：森谷宏「北区の同潤会について」

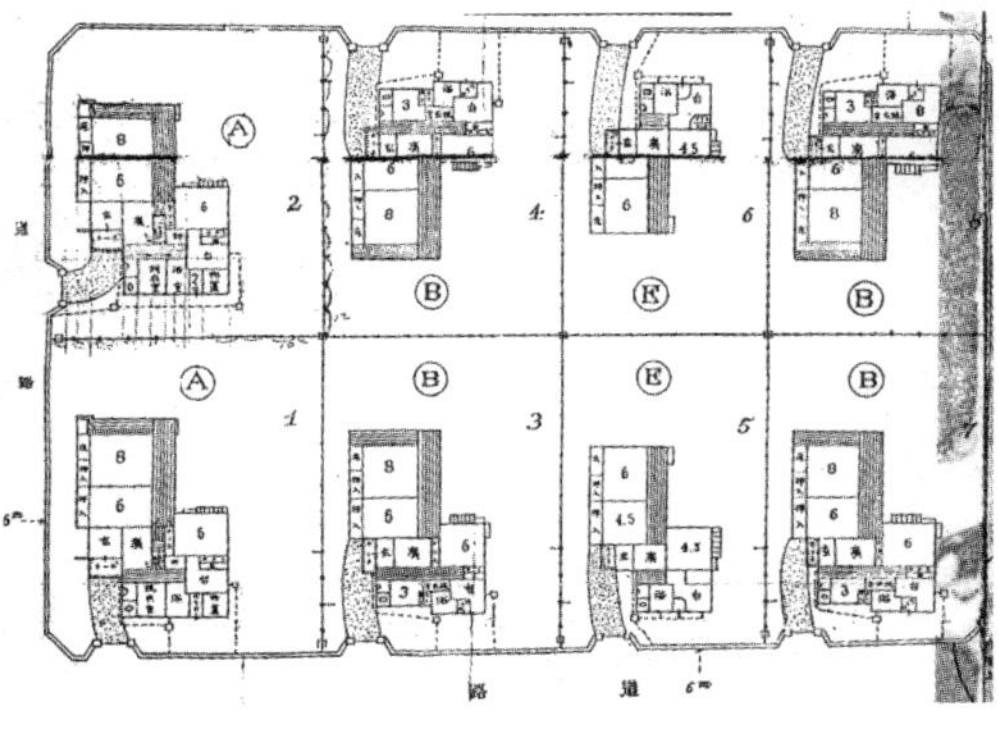

同潤会赤羽勤人向分譲地のチラシに掲載された住戸配置図。門から少し間を置いてカーブしながら玄関に到るように設計されている。　出所：森谷宏「北区の同潤会について」

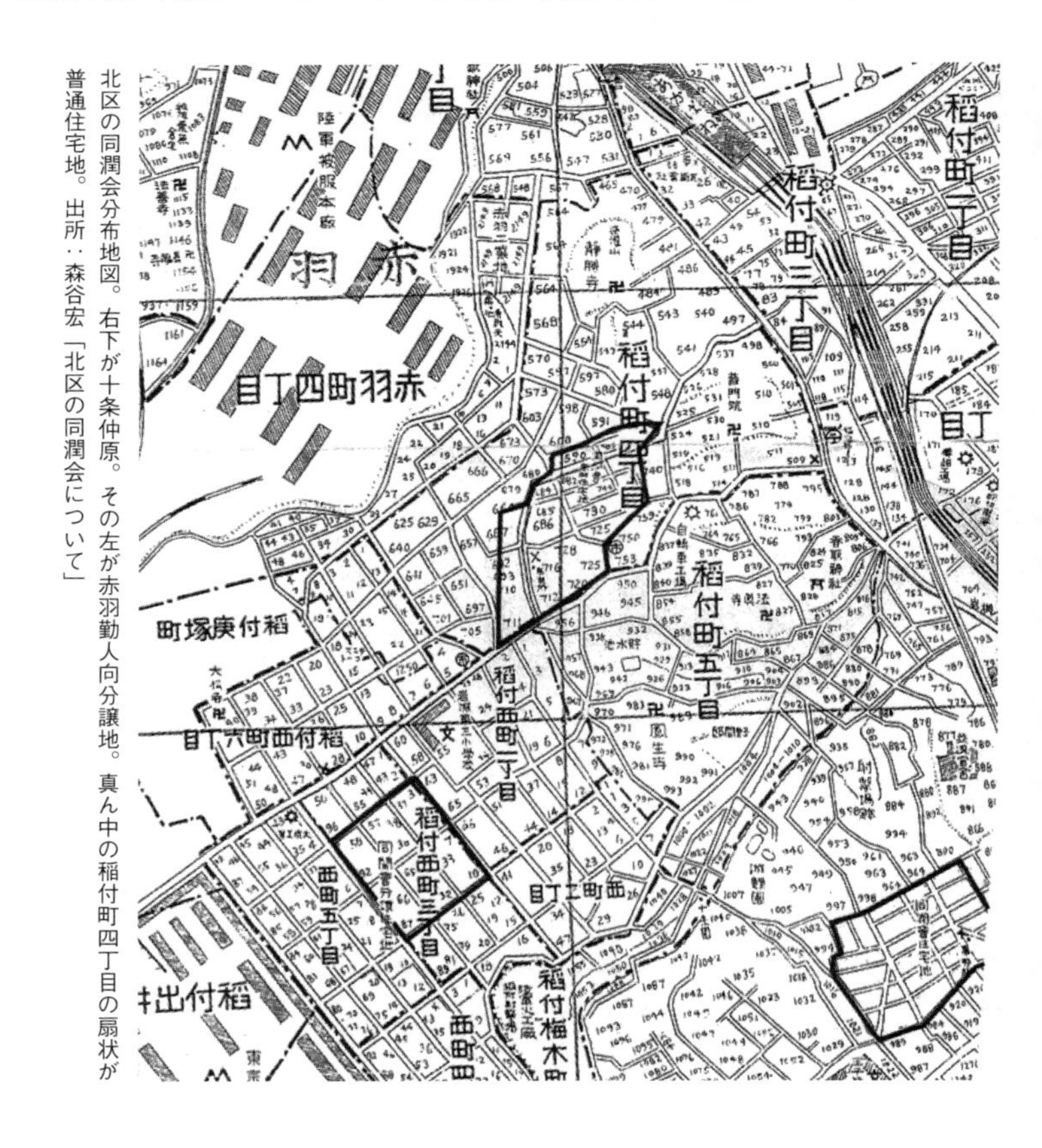

北区の同潤会分布地図。右下が十条仲原。その左が赤羽勤人向分譲地。真ん中の稲付町四丁目の扇状が普通住宅地。出所：森谷宏「北区の同潤会について」

され、それを記念して住宅地内の道路の両側に街路樹として桜の若木三六〇本が植えられた。今は立派な桜並木ができている。こうしてできあがっていった住宅地は来訪者が「こんなにも格調高くそして閑静な環境があったのか、と感嘆と羨望の気持ちを抱いた」という（永田米三郎「西が丘の生い立ち」）。

住民は、勤務先がわかるものだけで、王子製紙、日興証券、第百銀行、満州重工、東京日日新聞、実業之日本社、大日本製薬、相模鉄道、米国総領事館、内閣印刷局、警視庁、三井生命など。勤務地は現在の千代田区が多く、典型的な都心勤務ホワイトカラーであった。町会として「梅の木荘大運動

赤羽同潤会分譲地には古い家はなかったが、近くには昭和初期を偲ばせる家があった（2023年）

桜並木の夜

会」を開催し、「梅の木荘会旗」「梅の木荘応援歌」もあったという（黒川徳男「戦前における同潤会赤羽分譲住宅地のコミュニティー」）。

また住宅地には商店がなかったので、御用聞きが来て買い物をしていた。だが住民の一人が購買組合の設立を提唱した。御用聞きだと値段が高く、「家庭経済上最も不利益」だとし、組合を作れば一〇％から一五％は安く買えるという主張であった。結果一九三〇年に「同潤消費組合」ができ、『同潤会月報』という機関誌まで発行したという。組合の取扱品目は、米、味噌、醤油、酒、石炭などの必需品。衣料品は都心のデパートから、生鮮品と牛乳は赤羽の小売店から仕入れた。

大企業のホワイトカラーの多い住宅地であったが、このように人間関係や地域活動は充実しており、そのことが桜並木をはじめとする環境の育成にもつながったのであろう。マンションに閉じこもる現代の生活には反省すべきことが多いと感ずる。

〔参考文献〕
森谷宏「北区の同潤会について」私家版、二〇〇〇
永田米三郎『西が丘の生い立ち』西が丘自治会、二〇〇〇
黒川徳男「戦前における同潤会赤羽分譲住宅地のコミュニティー」（『北区飛鳥山博物館研究報告』第四号、二〇〇二）
安野彰・窪田美穂子「同潤会の独立木造分譲住宅事業に関する基礎的研究―遺構調査を中心に」住総研研究年報No.30、二〇〇三

19 上北沢

台湾と日本をつなぐ肋骨街路と桜並木

長嶋茂雄も住んだ高級住宅地

下北沢は知っているが上北沢は知らないという人は多いだろう。京王線沿線住民でないと知る機会はほとんどないのではないだろうか。だが、上北沢はかつて巨人軍の長嶋茂雄名誉監督が現役時代の若い頃に住んだことのある高級住宅地なのだ。

しかも長嶋茂雄が田園調布に引っ越したときに上北沢の家を売った相手が当時の総理大臣の佐藤栄作。安倍晋三の祖父である岸信介の弟である。政治家では中曽根康弘および宮沢喜一という二人の元首相も住んだ。文化人ではデザイナーの福田繁雄、社会福祉事業家の賀川豊彦、その他、中央公論社社長・嶋中鵬二、考古学者・江上波夫らも住んだのだ。長嶋の影響か、プロ野球選手も多い。

上北沢については都市計画史の第一人者である越沢明氏がずっと研究しておられ、二〇一三年に住宅生産振興財団から上北沢の研究報告書を出された。これを読めば上北沢について何でもわかるという報告である。本稿でも同報告書に基づいて上北沢の魅力を概説する。

上北沢分譲地は当初は「北澤分譲地」と言われ、一九二三年に土地を取得し、二四年に分譲が開始された。世田谷区内では桜新町に次ぐ古い分譲地であり、京王線沿線では最初の分譲地である。関東大震災の直後に電鉄系でも財閥系でもない民間不動産会社である第一土地建物会社によって開発された（同社は現存しない）。

上北沢の桜並木

肋骨状の街路

上北沢の街路はユニークだ。駅前からまっすぐのびる道路があり、そこから左右にまっすぐに道が延びている。

普通なら左右の道は中心の道路に対して直角になりそうだが、上北沢は違う。五〇度くらいの角度で斜めに中心の道路が交わっているのである。

だから、まあ、葉脈のようともいえるし、ちょっと肋骨のよう、魚の骨のようでもある。なかなか変わった街路なのである。

第一土地建物会社の社長・木村泰治は一八七一年秋田県大館生まれ。ニコライ堂で有名なロシアの

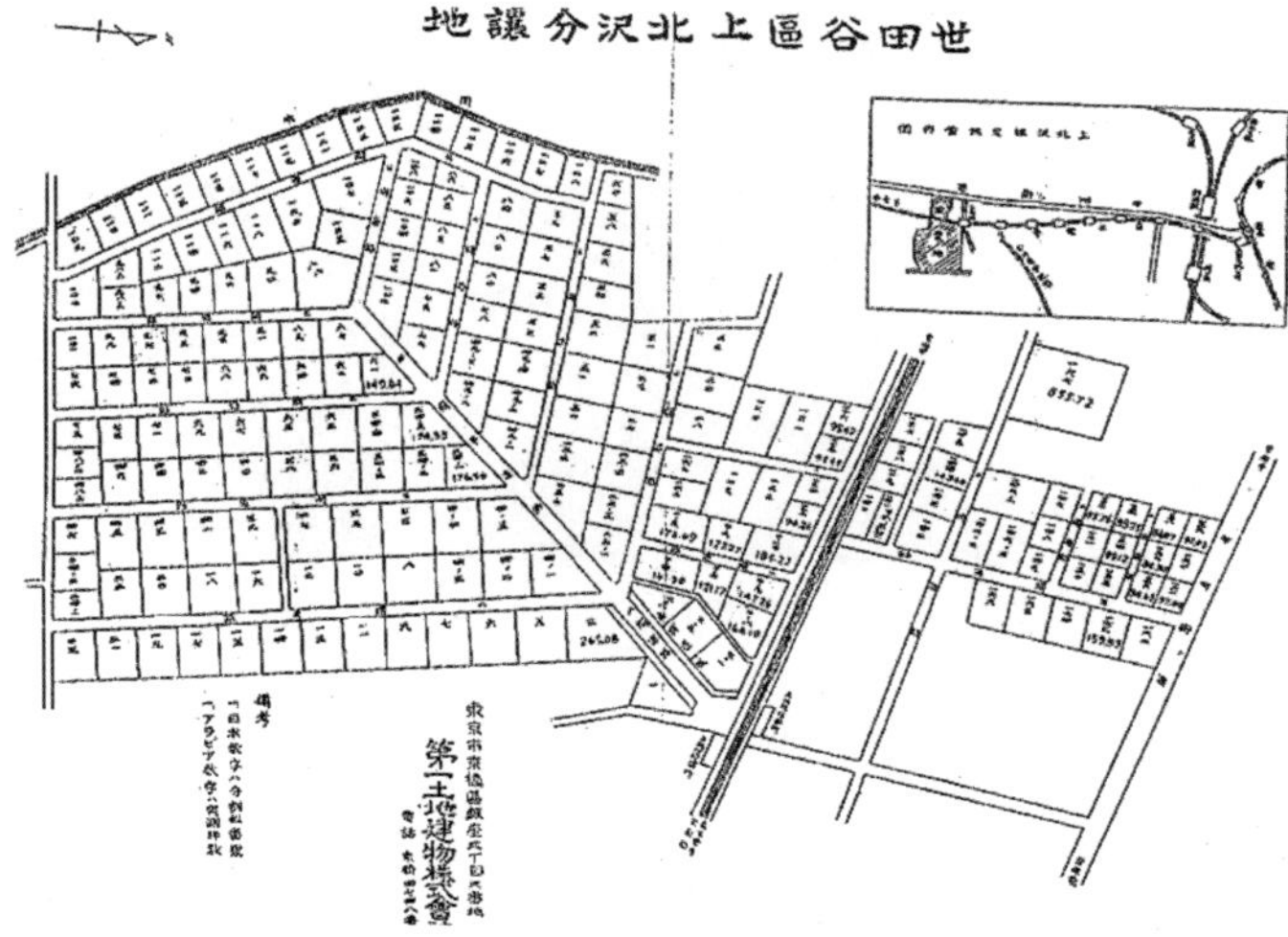

1924年の分譲時の区画図
出所：越沢明・栢木まどか『上北沢住宅地の歴史とまちづくり』2013

宣教師のニコライに漢学などを教えた木村譲斎の四男であり、八六年上京して東京英語学校に入学し、九五年内閣官報局に就職した。二葉亭四迷と知り合い、彼の紹介で台湾に渡り、「台湾日日新聞」の記者、さらに編集長をしていたこともある。一九三七年（昭和一二）には台北商工会議所の設立に奔走し、会頭にも就任している。

一九〇八年に台湾初の本格的な不動産会社である「台湾土地建物会社」が創立されるとそこに入社し、台北市で日本人向けの良質な住宅地の造成の仕事をしたほか、ガス、煉瓦、ビール、電力、製紙、炭鉱、鉱山、電灯、自動車などの会社の役員を務めるなど台湾随一の実業家になった。

不動産開発については、高雄市新市街地の開発や、台北市に初の日本人向け住宅地「大正町」の造成など、台湾各地で都市開発、住宅地開発を行った。

大正町は、現在の中山北路・新生北路・南京東路・市民大道に囲まれた区域であり、総督府（現在の総統府）や台北駅に近く、高級官僚の住宅区になっていたという。また大正町は京都をモデルに、幅六メートルの碁盤の目のような街路が東西に設計された（台湾観光のブログ　https://ameblo.jp/taiwan-kannkou/entry-11398068636.html）。

肋骨状の街路

台湾での開発の経験を生かす

そして木村は「台湾において長年の経験を積みたる住宅地経営、家屋建設事業を帝都に延長せんと欲し、確実なる打算のもとに計画を進める」と考え、二二年、台湾土地建物会社の日本進出を決め、二三年の前半、関東大震災の前に上北沢に土地三万坪を取得したのである。社名に「台湾」があっては仕事がしにくいので、姉妹会社として「第一土地建物株式会社」を二四年四月に銀座に設立した。

三万坪の土地は、地元の有力地主である鈴木左内が協力した。鈴木は、駒沢や桜新町などに比べて開発が遅れた北沢の開発を進めるために、自分の土地と周囲の小規模地主の土地をまとめて三万坪の土地を用意し、開発する不動産会社を探していた。そこに第一土地建物株式会社が現れたのだ。

鈴木と木村の出会いの経緯は何か。片倉佳史によると、一九二三年九月一日、関東大震災が起こった「直後に組閣された第二次山本権兵衛内閣は、二七日に帝都復興院を設け、総裁にはかつて台湾総督府民政長官を務めた後藤新平が内務大臣を兼務する形で着任した。この時、木村は旧知の仲とも言える後藤新平から連絡を受けた」。木村は「台湾で得た富を手にして東京へ赴いた。自身が率いる第一土地建物会社により、台北市大正町に続く新しい住宅地の造成を決意した」という。とすると、後藤新平が鈴木と木村をつないだのであろうか。

土地の取得は震災前なので、その時点からすでに後藤が木村に何らかの連絡をしていたのかもしれない。

モダンな住宅

桜並木を台湾でも

木村は台湾で碁盤目状の町ばかりを造ってきたが、上北沢では碁盤目状ではない町を造りたかったらしい。だが四角い土地の隅に駅がある

素敵なベンチが置かれていた

という位置関係でいうと、国立市の大学通りのように、駅から直角にどーんと大通りをつくり、左右に道を放射状に配置し、といったことはできなかった。

悩んでいると、友人が、駅から土地の対角線上に中心道路を引いてはどうかと提案した。それは名案だと木村は驚き、葉脈のような肋骨のような街路ができたのである。

街路には土地造成時からソメイヨシノの木が植えられ、開花から葉桜の季節、そして紅葉の季節など、四季折々に美しい町並みを楽しむことができる。桜並木のある住宅地というのは今では珍しくないかもしれないが、歴史的には、先述した桜新町が最初にソメイヨシノを植えた住宅地であり、上北沢が二番目らしい。

先ほどの片倉によれば、実は「木村泰治は台湾の大正町造成の際、中心となる道路に桜を植えた」という。「日本人が日本人らしく暮らせる街」を目指して景観整備を意識したものだったが、ソメイヨシノは亜熱帯の台湾の気候に合わず、枯れてしまった」。しかし「台湾の地でかなわなかった理想を木村は上北沢で実現した。さらに後、木村は再びソメイヨシノを台湾に持ち込ん」だ。「大正町での失敗を踏まえ、海抜の高い台北近郊の草山（現・陽明山）に苗を植え」たところ、「現在、陽明山は台湾有数の桜の名所となっている」という。不思議な歴史である。

〔参考文献〕

越沢明・栢木まどか『上北沢住宅地の歴史とまちづくり』住宅生産振興財団、二〇一三
越沢明・栢木まどか編『上北沢まちづくり物語　桜並木と文化のまちの歴史』住宅生産振興財団、二〇一三
越沢明「知られざる高級住宅地　上北沢」住宅生産振興財団『家とまちなみ』二〇一三年九月号
石井裕晶「上北沢の桜並木街区の歴史と意義について」『櫻の科学』No.14　二〇〇九
石井裕晶「上北沢桜並木街区の歴史―肋骨通りの謎―」上北沢桜並木会議ホームページ
片倉佳史「木村泰治 ―― 日台をつないだある実業家の軌跡」二〇一九　https://www.nippon.com/ja/japan-topics/g00739/?pnum=1

20 東中野

戦前からの文化とライトの弟子が設計したモナミ

華洲園という高級住宅地

東中野というと中野の東側の駅というくらいのマイナーなイメージしかない人も多いだろう。都営大江戸線が開通してからは少しは知名度も上がり、小さいが駅ビルもできて、人気も上昇した。だが街の歴史を振り返ると、中野よりも東中野のほうが古い、というか文化的であるということがわかる。

東中野駅東口から北に向かう商店街の右手が神田川を見下ろす丘になっている。その丘の北端にかつて華洲園と呼ばれた高級住宅地がある。ここは江戸時代には将軍が鷹狩りに来て休憩した御立場があった場所だ。

明治の終わり頃に四季折々の草花を栽培する花園があったことから、この場所は華洲園と呼ばれるようになった。約一万五〇〇〇坪（5 ha）の園内には温室もあって、いつも花の香りで満ちていたらしい。一九〇一年（明治四四）に発行された『東京近郊名所図会』には「華洲園・御成山」という項目があったほどだ。

華洲園には三越社長であった中村利器太郎や、伯爵、陸軍大将らが住んだ。そういえば今、華洲園下の道路沿いには三越不動産のマンションがあるが、社長が住んだのは、もしかするとこのあたりだろうか。周恩来も日本留学の際に華洲園に住んでいたという。

しかし第二次世界大戦で華洲園も空襲にあい、邸宅は消失した。フラワーコーディネートの飯田深雪のスタジオがあり庭には花が咲き誇っていたが、これも最近建て替わった。

岡本太郎、小林秀雄、フランク・ロイド・ライト

昔の東中野駅の乗降客数はそれほど中野駅と差があるわけではなかった。一九一六年（大正五）の乗降客数は中野駅一四八万人、東中野駅（旧・柏木駅）九八万人で約3：2の比率である。現在はJR中野駅一日一一万人、JR東中野駅が三万二千人と四倍近く違う。戦前は東中野も相当栄えていたのだ。

そのことを傍証するような事実もある。のらくろで有名な田河水泡の妻は、批評の神様・小林秀雄の妹だが、結婚した頃、昭和初期に小林兄妹が住んでいたのが東中野と中野の間の桃園川沿いの谷戸地区だという。一九四一年の地図を見ると、谷戸地区と東中野駅の間

かつての飯田深雪スタジオ（2010年頃）

の高根町、上ノ原町には、森邸、藤村邸という邸宅があった。神田川と桃園川に囲まれた高台の邸宅地だったと思われる。

東中野駅のすぐ北の住吉町には、モナミという結婚式場があり、喫茶店も併設されていたという（今は一階がコンビニの東中野アパートメンツがある）。富豪の屋敷をレストランに改装したもので、設計はなんとフランク・ロイド・ライトだった。

モナミは最初、港区芝の洋菓子店である白十字堂として開店したが、一九二九年には銀座にモナミとして開店。以後、新宿と東中野に支店を出した。新宿のモナミは伊勢丹の向かいの今の丸井のある映画館・帝都座の地下にあった。主人である幸田文輔の夫人が、岡本かの子（岡本太郎の母）の秘書を務めていた男性と親戚だったという縁で、岡本かの子がモナミと命名したのだった。建物はアラビア風の外観で、一階が喫茶室、二階がレストランになっていた。戦後は、闇屋やブローカーのたまり場であり、帝銀事件の平沢貞通もコーヒー好きで、モナミの常連だった。それどころか、平沢の長男・長女がモナミの従業員だったという。

モナミのもう一軒の支店が、戦後すぐにできた東中野のモナミだった。富豪の屋敷を喫茶店やレストランなどに改装したものらしい。一九三三年の火災保険特殊地図によると、モナミの位置に木部邸が建っていた。そこがモナミになった。設計はフランク・ロイド・ライトの弟子・遠藤新と言われる。昔の帝国ホテルのような渋くて重厚な感じだったと記憶する人もいる。岡本太郎の秘書で養子の岡本

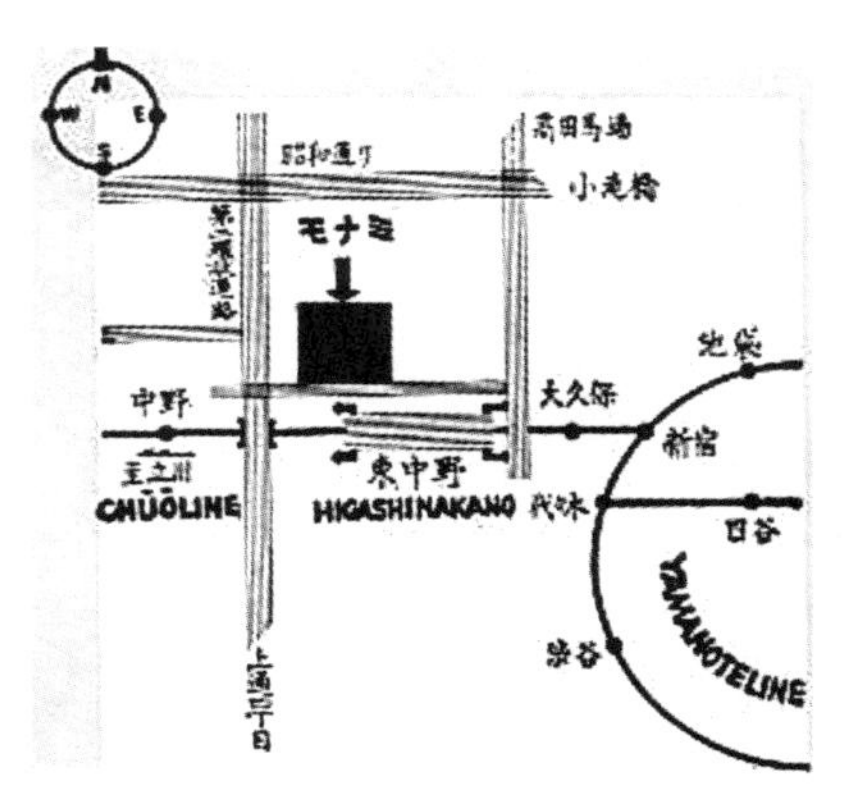

モナミ位置

出所：「読売新聞」（1950～51）の広告

モナミ外観

モナミ入り口

モナミレストラン

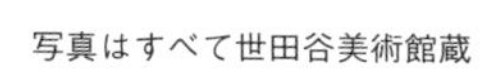

写真はすべて世田谷美術館蔵

敏子によれば「気取りのない、洗練された個人住宅風の近代建築」だったらしい。イラストレーターの沢野ひとしは、モナミのコックさんの息子と同級生で、しょっちゅうモナミの裏庭で遊んだ。店の中は落ち着いた油絵が飾られ、窓には白いレースのかかった上品な店だったという。

林哲夫の『喫茶店の時代』によると、戦後、岡本太郎と文芸評論家の花田清輝が「夜の会」という会を発足させ、安部公房、野間宏、埴谷雄高らの当時一流の作家、評論家などがメンバーとなった。第一回の集まりは上野毛の岡本のアトリエで開かれたが、その後東中野のモナミが会場となって芸術運動の常設的な公開の場所となったという。一九四七年には将棋名人戦も行われた。

一九五四年には、「大杉栄の会」が開かれた。発起人は秋山清、荒畑寒村らで、大杉の没後三二年目の命日に大杉を偲ぶというものであった。また一九五五年頃、小説家の丹羽文雄が主宰していた同人誌『文学者』の合評会が開かれたのもモナミだった。会の名前は「十五日会」だった。参加者は火野葦平、石川達三、井伏鱒二、尾崎一雄ら。この雑誌は芥川賞作家や候補者を多数輩出した。

戦前喫茶店の変遷

また、華洲園から北に下ると、東西線の落合駅付近であり、妙正寺(みょうしょうじ)川沿いの低地である。さらにその北側の丘の上は「目白文化村」という堤康次郎が開発した住宅地がある。二つの丘に挟まれた低地には戦前、左翼系の文化人や貧しい小説家たちが多く住んで「落合文士村」と言われた。そういう人々が東中野の喫茶店の常連だった。

小説家の田村泰次郎によれば、昭和初期までの喫茶店は、自分の家の娘を店へ出しているようなこぢんまりしたもので、中央線沿線の阿佐ヶ谷、高円寺、東中野とかいった街の小路や路地の奥などにあったという。もともと東中野には喫茶店が多かったのだ。

それが一九三三年ごろから喫茶店が高級化する。特殊飲食店営業取締規制の発令により、女給がセクシャルなサービスをするカフェーと純然たる喫茶店（純喫茶）を峻別するようになったため、純然たる喫茶店であることを示すためにデザインを高級化したのではないかと想像する。

ジャズ喫茶、クラシック喫茶などが増え、デザインもゴシック風、スペイン風、ルイ王朝風、桃山風と多様化した。モナミの三店はそういう時代の先駆けだったのかも知れない。

一九三五年頃、東中野には、異人館屋敷、ル・モンドという喫茶店があり、中野にはぶーけ、どりーむ、路傍、中野の新井方面に新井ベーカリー、朗加留（ローカルと読むのか）、スミレ、高円寺にはレンボー、ミューズ、中央茶房、サンキー、塩瀬などがあったという。

岸田劉生のあまりにも有名な作品「麗子像」の麗子、つまり劉生の娘の店「ラウラ」も一九三四年頃、東中野にあった。華洲園の下の商店街沿いだったらしい。

劉生が他界したのは二九年なので、その後麗子が開いたのだろう。母の実家が西大久保だったので東中野が近いためだったのではないかと林哲夫は想像している。彼女の店は小さな店で、いつも深刻ぶった若者たちが集まっており、古典音楽が流れ、麗子はカウンターに立っていたという。

ほかにも、吉行淳之介の母あぐりが経営していた「あざみ」というバーが落合に近い東中野にあり、そこでは村山知義が飲みまくっていた。あぐりがあまりに美人だったからだと言われている。

喫茶店とは関係ないが、永井荷風も住吉町（現在の東中野四丁目）の北の端の早稲田通り沿いに住んだことがあるという。東京大空襲で自宅が焼けたあと、ほんの一時期、作曲家の菅原明朗の住む「国際文化アパート」に住んだらしいのだ。菅原と荷風は銀座のカフェで知り合い意気投合し、荷風が書いたオペラ「葛飾情話」の曲は菅原が作曲したという。しかしそのアパートもまた空襲で焼け、荷風は明石、岡山方面に流れていく。

探偵小説好きな夫婦がつくった文化村

また東中野駅には「文化村」があったという。東中野の文化村は東中野駅と中野駅の中間、やや東中野に近いあたりで、中央線の南側である。地名はかつて「谷戸（やと）」といわれたところで、つまり小林秀雄が住んでいたあたりだ。小林と女優・長谷川泰子をめぐって三角関係にあった詩人・中原中也は中野駅周辺と高円寺で何度も転居しながら住んでおり、東中野の喫茶店にも出入りしていた。

谷戸とは川の流れが少しよどんで池のようになった地形をいうが、中野の谷戸は桃園川沿いの低地である。実際にこの辺に行ってみるとかなり山と谷が入り組んだ地形である。中野駅前からは想像しがたい。谷戸の北側はかつて城山と言われた台地であり、南斜面の邸宅が並ぶ区域もある。また城山から谷戸にかけては今も商店街があり、かつては多くの人が住んだことが感じられる。

東中野駅から谷戸を経て青梅街道の南側までの高台は、現町名は中野区中央だが、こここそが中野村の中心、本郷である。区立本郷中学もあり、中野村役場跡もある。駅でいうと丸ノ内線・新中野あたりである。

中野坂上辺りにある邸宅

中野本郷の神田川沿いは旧町名を小淀（こよど）といい、斜面には幕末の剣豪、北辰（ほくしん）一刀流の山岡鉄舟邸跡地がある。また三井信託が戦前に開発分譲した小淀住宅地もあるなど、良好な住宅地が広がっている（ちなみに三井信託による分譲住宅地は、華洲園の西側の東中野四丁目と中野駅南西の桃園町にもあった）。

赤い屋根の洋風建築

文化村をつくった松本恵子は翻訳家・随筆家の伊藤一隆（かずたか）の次女として生まれた。

子どもの頃からいたずら好きで、客の靴にカエルを入れたり、思ったままを口にして行動する男勝りのため「ケイスケ」と呼

松本恵子

ばれていた。サザエさんのカツオみたいだ。

当時は珍しい短髪だったというから、いわゆるモガ（モダン・ガール）である。大正一〇年の読売新聞に「断髪の松本夫人」と記事になったという。青山女学院に通うが、学生時代にイギリスに遊学した。

慶応大学で男子学生に囲まれながら詩の講義を受けており、「慶応義塾大学の紅一点」とこれも新聞に取り上げられたという。

恵子はロンドンで松本泰（たい）と出会う。泰は、慶応大学で『三田文学』に属していた。二人がロンドンで結婚して帰国後、周囲の勧めもあり『秘密探偵雑誌』という雑誌を出版することになった。

帰国後恵子は病気となり、療養のために東中野に住む。一二年九月一日の震災後には出版業の資金にあてる目的もあり、谷戸に貸家を十数軒建てた。赤い屋根の洋風建築が並んでいたという（二四七頁の写真は赤い屋根の洋風建築の時代を彷彿とさせるが本文とは関係ない）。

当時の彼らの家はもうないはずだが、現地を歩くと、美術、音楽、文学などが好きそうな人が住ん

街を歩くと音楽、美術、文学などの雰囲気が漂う家が多い

でいる気配がある。

イギリス留学、テニス好き、探偵小説雑誌をつくったが……

夫妻が赤坂に事務所を置いて起こした出版社が奎運社（けいうんしゃ）である。「雑誌・秘密探偵」が大正一二年五月に創刊された。関東大震災による中断を経て、大正一四年三月に事務所を丸の内に移し、雑誌も『探偵文藝』として復活した。だが第三号のときは事務所は丸の内から中野町大字中野字桐ケ谷（現・東中野一丁目）へと移っている。その後、字大塚（現・東中野三丁目）に、そして谷戸の文化村へと移った。

谷戸の家には田河水泡、小林秀雄らも出入りしてにぎやかだったらしい。泰の書いた小説「眼鏡の男」の主人公は中野にある赤い屋根のコテージに住んでいるし、「嗣子」ではテニスコート付きの「中野文化村」が登場しているという。

また泰はテニス好きでイギリスに留学したのもテニスをするためだろうといわれるほどだったが、文化村にもテニスコートがあったらしい。

だが出版事業も貸家経営もあまりうまくいかず、谷戸の文化村は歴史から忘れ去られていく。もし事業が成功していたら、中野と東中野の間にもっと文化が花開いたかもしれない。

〔参考文献〕
中野区立中央図書館「幻のモナミ―東中野に集まった文化人」二〇二〇
中野区立中央図書館・中野アーカイブ「谷戸に文化村があったころ　探偵作家松本泰・松本恵子と文士たち」二〇一三
中野区立中央図書館「中也と中野と中央線」二〇一九
目白学園女子短期大学国語国文科研究室『落合文士村』双文社出版、一九八四
林哲夫『喫茶店の時代』ちくま文庫、二〇二〇

21 奥沢・洗足

これぞ西郊の代表

海軍村とドイツ村

私は一九八二年から八八年まで、東急沿線に住んだ。最初は東横線祐天寺駅、次は大井町線と目蒲線（現・目黒線）の交わる大岡山駅だった。吉祥寺に引越したあとも、かかりつけの医者が奥沢駅近くだったので、私は二〇〇三年まで毎月奥沢に通った。奥沢を訪れるたびに一度の例外もなく、心地よさを感じる。豊かな庭木、果樹、なだらかな坂道、おだやかな空気の流れ、豊かな緑。歩いているだけで気持ちが良い。本書をつくるにあたって改めて各住宅地を歩いたが、奥沢がいちばん好きだ。

奥沢は海軍軍人が多い街であり、実際、「海軍村」と呼ばれる地域が奥沢二丁目にあった。一九二一年（大正一〇年）に中流階級の持ち家促進を目的として、複数の人々が互助組合を作れば低金利で融資が受けられるという住宅組合法が制定されたが、海軍村は、この融資を受けた海軍士官たちで形成された組合「水交住宅組合」によって一九二四年にできた住宅地なのである。

関東大震災後の一九二五〜二七年の三年間だけで、東京市内には二二一の住宅組合が設立されたが、

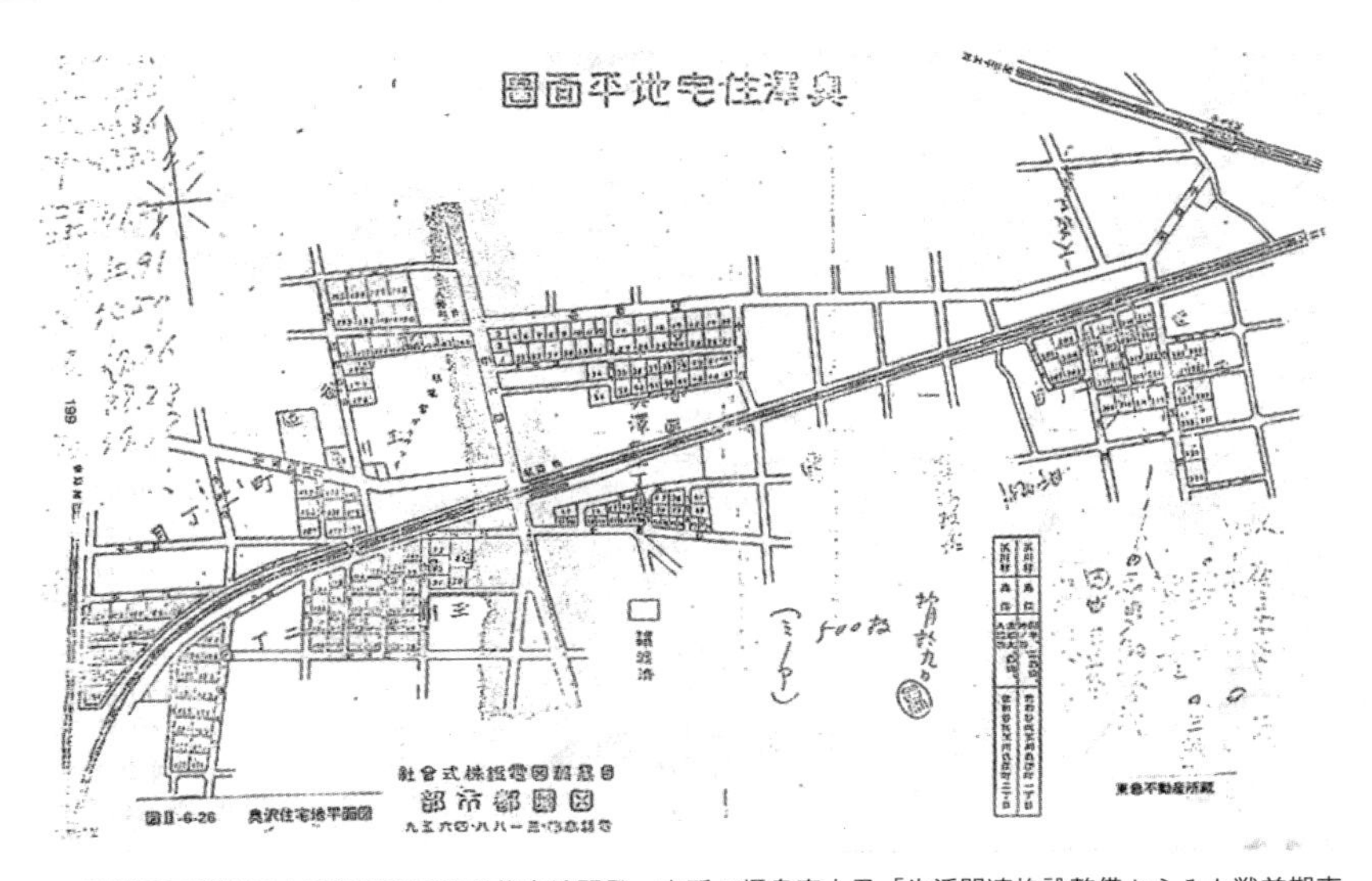

目黒蒲田電鉄による奥沢駅周辺の住宅地開発　出所：福島富士子「生活関連施設整備からみた戦前期東京郊外の私鉄による沿線住宅地開発の研究:東京横浜電鉄を例として」1998

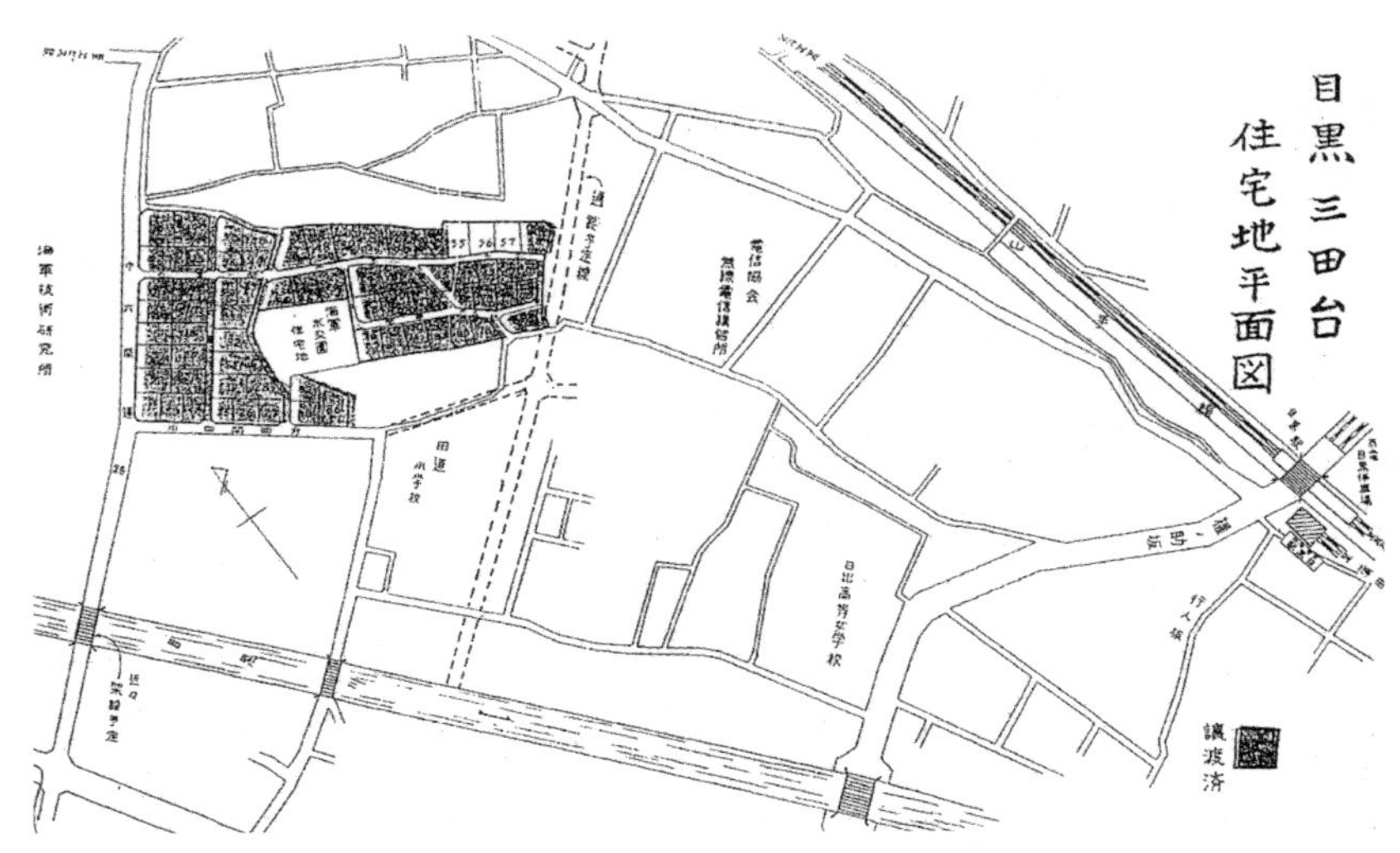

東京横浜鉄道資料にあった海軍水交社の住宅地。周囲の黒い一帯が東京横浜鉄道による目黒三田台住宅地　出所：福島富士子「生活関連施設整備からみた戦前期東京郊外の私鉄による沿線住宅地開発の研究:東京横浜電鉄を例として」1998

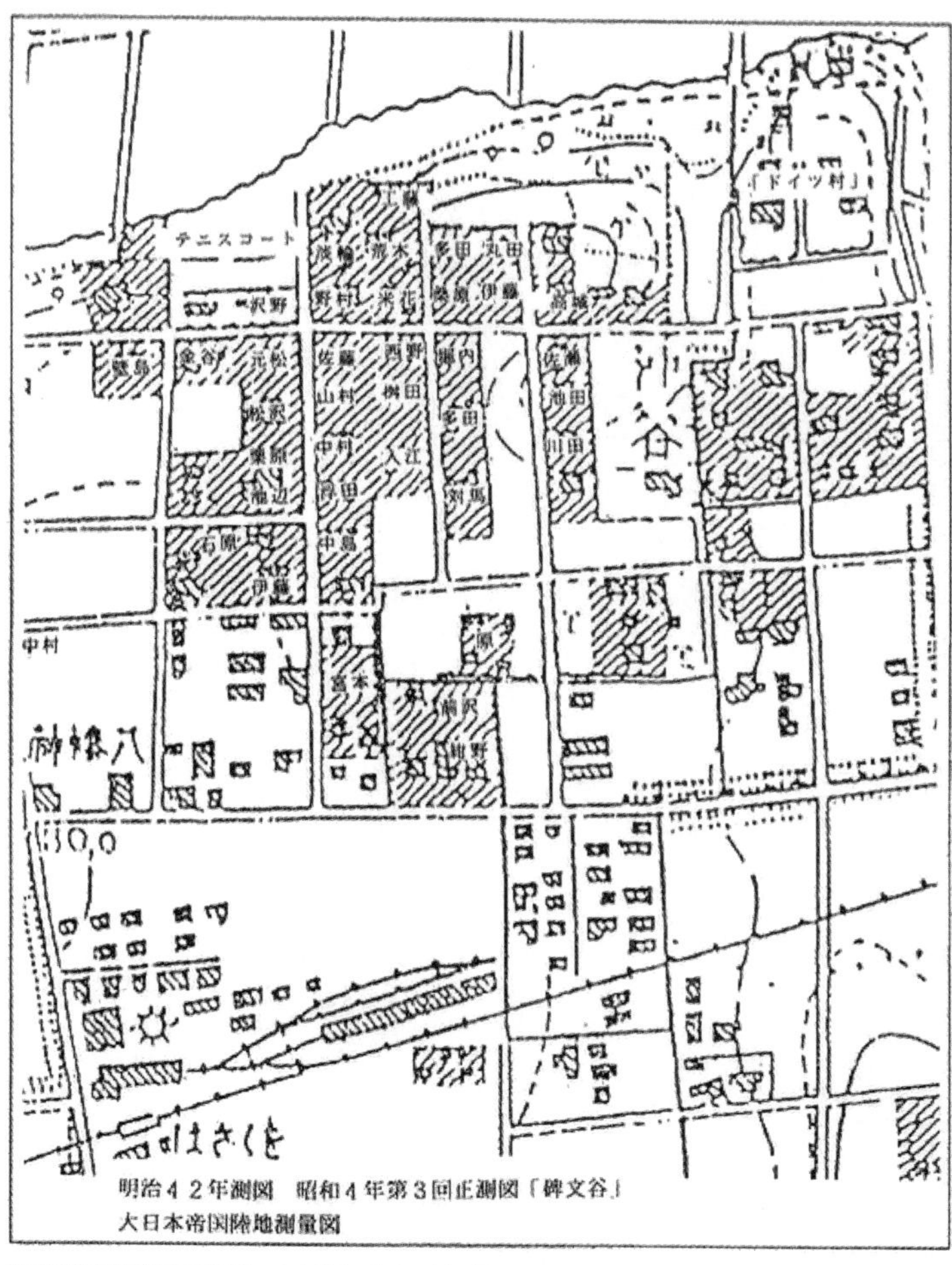

1929年の海軍村の地図。右上隅にドイツ村がある。
出所：大日本帝国陸地測量部「碑文谷」昭和4年第3回正測図

同じ組合の住宅が同じ地域に固まって建設される例は、奥沢海軍村以外には少なかったらしい（目黒に東京横浜鉄道による目黒三田台住宅地があり、それに囲まれた区画が水交社住宅地であることをたまたま今回発見した。隣に海軍技術研究所があるので、住宅もできたのだろう）。

一九二一年というと、洗足や田園調布に田園都市が分譲開始される直前である。この二つの住宅地はやや高額であったが、洗足と田園調布の中間に位置する奥沢は、地価が少し安かった。それを聞きつけた海軍の軍人たちが、こぞって奥沢に移住してくるようになったという事情もあったらしい（「世田谷まちなみ形成史」）。虎ノ門の海軍省と、横須賀の海軍鎮守府の中間地点だという地の利もあった。また水交社はもともと海軍の親睦会であったが、住宅の施工に当たっては水交社指定の大工に頼むことができたようであり、このことがますます海軍村の誕生を促進した。最終的には三〇人ほどの海軍士官が住んだようである。

また、奥沢の地主であった原菊次郎は、玉川村の耕地整理が始まる前に、宅地需要の増大を見込んで、元々大根畑だった奥沢の土地を独力で耕地整理していた。そして海軍士官の組合と借地契約を結び、いわば海軍士官たちを誘致したのである。海軍の中でも主計関係が多く、他は中将、少将が半数ほど、残りは大佐などの佐官級だったというから、かなりのエリートである。海軍村の住宅は、今でも数軒残っている。住宅は平屋が多く、敷地は当初百四十坪から三百坪と広かった。

海軍村ができると、住民が共同でテニスコートをつくるなどのコミュニティ活動も行われたというから、住民自身が愛着を持って地域を育ててきたことも、奥沢の街並みを快適なものにしてきたと言えるだろう。

海軍村の住宅の大半は木造平屋で外壁は下見板張りの洋風住宅だった。海軍省技師の住木直二（すみきなおじ）によって建てられたものが多かったという。住木は横須賀海軍の施設部長を経て海軍中将となった人物だが、当時は海軍の官舎・宿舎を含む施設を多数設計した（『世田谷の住居』）。

ある一軒は、ロンドン駐在武官だった人のものでバンガロー風の平屋だった。日米式工務所の設計施工でカナダから木材を輸入して建てられた（『世田谷の住居』）。吉祥寺の濱邸もそうであるが、関東大震災後は復興のために海外、おそらく主に北米から木材を輸入することが増えたのである。

海軍村の住宅のうち一軒は、「読書空間みかも」として公開されているの

海軍村の住宅

フランス瓦の屋根のある住宅

海軍村の一角

洗足住宅地平面図（1923年）

で、中を見ることができる。「読書空間みかも」は、一般財団法人世田谷トラストまちづくりの「地域共生のいえ」の一つである。「地域共生のいえ」とは、自宅の一部を地域社会に開放し、住民の福祉、文化などの活動に利用してもらう事業である。古い家が地域に開放されることで、住民は、新しい住宅では味わえない豊かな気持ちを味わいながら活動ができ、家主側は、地域とのつながりができ生活の張り合いもできるので、一石二鳥の事業であると言える。こうした形で、古い住宅をできるだけ取り壊さずに活用していくことが、今後の社会では望まれていると私は思う。

また、海軍村の近くには、ドイツ村と呼ばれる地域もあった。これは、一九二四年ごろ、実業家で大学教授でもあった原熊吉がドイツ留学から帰国し、海軍村の北側の一角にドイツ風の家を建てたのをかわきりに、その後も欧米から帰った人々四、五人が、この付近に

洗足の邸宅

洋風の住宅を建て、特に二階建てのドイツ風の住宅が目立ったので、近隣の人々はここをドイツ村と呼ぶようになったのだという。海軍村とドイツ村の人々は、道路を境に「源平」に分かれて、運動をしたり、野球の試合をしたりして親睦を深めた。なお、海軍村とは異なり、ドイツ村の住宅は現存しない。

田園調布より先に分譲された洗足田園都市

渋沢栄一が田園都市の建設を構想し始めたのは一九一三年（大正二）であり、渋沢の構想をどこかで聞きつけたのか、一九一五年三月、東京府下荏原郡の地主有志数名が、王子飛鳥山の渋沢邸を訪ね、荏原郡一円の開発計画を説明してその実施を渋沢に依頼したという（東急不動産「街づくり五十年」日本住宅総合センター、一九八五）。それが洗足田園都市であり、渋沢による田園都市の第一号となった。

洗足の第一回分譲は一九二二年、翌年には田園調布の分譲も始まり、さらに二四年には洗足第二回分譲がされ、大岡山に東京工業大学が蔵前から移転してきた。田園都市が次々と実現していった。洗足の分譲規模は、五七四区画、二七万九千平米。一区画平均四八六平米（約一五〇坪）ほどであったと思われる。分譲は好評で、渋沢秀雄の「洗足回顧」によれば、「快適な郊外住宅を格安に分譲する」という渋沢栄一の談話が新聞記事に出て、希望者が殺到したらしい。

田園都市株式会社が発行した「理想的住宅地案内」でも、「煤煙飛ばず塵埃揚らず。真に絶好の保健地！　常住の避暑避寒地！　文化生活の滋味を望まる丶方は田園都市へ御住み下さい。田園郊外の趣味を享楽し併（あわせ）て文明の施設を使用出来る地は他にありません。機会は今です！　何は兎（と）もあれ先（ま）づ現場へ！」と宣伝している。

一九二六年段階で、契約総数は三五一世帯。二六年七月時点ですでに洗足に居住していたのが二〇八世帯。残り一四三世帯の居住地は東京市一五区が四八％、東京府下が二九％だったので、意外に東京市以外も多い。投資目的も多かったかも知れぬ。

居住者の職業は、会社員二四％、会社重役二二％、官吏二二％、軍人一二％、自営業八％、医師五％。先述したように、田園調布の軍人比率が一三％だから、洗足とほぼ同じである。

また、会社員が二四％、会社重役が二二％ということは、会社員と会社重役の合計のうち半数近くが重役ということである。田園調布では取締役以上が四八％だったから、やはり同じくらいである。

駅から続く並木道

有名な建築家の設計した家も多いらしい

こういう古い住宅はもう珍しい

実に見事だった洗足会館

しかし、和田清美の研究によって、三菱財閥の岩崎久彌が一九二二年に本駒込に開発した「大和郷」と比較すると、大和郷は、専門的職業（医師、技師）が二七％に対して、洗足は一二％、管理的職業（会社重役、官吏、軍人）は大和郷二五％に対して、洗足は四六％、ホワイトカラー（会社員）は、大和郷五％、洗足三一％だったという（和田、一九八七）。

こうして見ると、同じように大正から昭和にかけて開発さ

洗足の分譲当時の土地区画（大正11年～昭和2年）

洗足の昭和47年の土地区画

洗足の昭和30年の土地区画

洗足の昭和60年の土地区画

洗足の土地分割の様子
出所：「世代交代からみた21世紀の郊外住宅地問題の研究」1985

れた住宅地でも、旧・東京市内の住宅地では、医師、技師、学者などが多かった。しかし、洗足や田園調布などの東京西郊に開発された住宅地では、会社員、重役、官吏、軍人が多かったのであり、そこに新しい中間層の勃興があったことがうかがえる。

若尾文子の家も分割

洗足は都心に近いので需要が大きかったためだろうが、戦後の高度成長期から土地の分割が激しく、住宅の建て替えも多かったようだ。分譲当初からある洗足会館も建て替わった。「世代交代からみた二一世紀の郊外住宅地問題の研究」によると、高度成長期以前の一九五五年

（昭和三〇）にはまだあまり土地分割がされていないが、七二年には分割が進み、さらにバブル初期の八五年にはかなり細分化している。戦後の大女優、若尾文子の家も三〇〇坪の土地が八分割されたそうだ。直近では一〇〇坪以上の宅地はだいぶ少なくなっており、庭のない家も増えているのは残念だ。

〔参考文献〕

世田谷区住宅史研究会（山口廣、酒井憲一、重枝豊、内田青蔵、藤谷陽悦）『世田谷の住居―その歴史とアメニティ　調査研究報告書』世田谷区建築部、一九九一
和田清美「戦前期住宅地開発の展開とその特質―日暮里渡辺町、駒込大和郷の事例を中心として1」（『立教大学社会学部研究紀要　応用社会学研究』通号26、一九八五）
財団法人日本住宅総合センター「世代交代からみた二一世紀の郊外住宅地の研究」一九八五

22 田園調布 ——田園都市から要塞都市へ

渋沢栄一の悲願

近代日本産業界において神様のような役割を果たし、ついに一万円札の肖像になった渋沢栄一は、数度の欧米視察の際に各地の住宅地についても訪問しており、日本にも田園都市が必要であることをかねてより力説してきていた。一九一三年（大正二年）十月には、有力者数人と田園都市づくりの企画検討を開始、自伝『青淵(せいえん)回顧録』にこう書いている。

「元来、都会生活には自然の要素が欠けている。しかも、都会が膨張すればするほど自然の要素が人間生活の間から欠けていく。その結果、道徳上に悪影響を及ぼすばかりでなく、肉体上にも悪影響をきたして健康を害し、活動力を鈍らし、精神は萎縮してしまい、神経衰弱患者が多くなる。人間は到底自然なしには生活できるものではない。人間と自然との交渉が稀薄になればなるほどこれを望む声が生まれてくるのは当然のことである。近年、東京、大阪などの大都市生活者の中で郊外生活を営む人が多くなったのも、一面では経済上の理由もあるだろうが、主として、都会の生活にたえきれな

鬱蒼とした街路樹を抜けると駅舎が見える

くなって自然に親しむ欲求からであることはまちがいない。都会の最も発達している英国などにおいては、かなり前から都会生活の中に自然をとり入れることに苦心しているが、年々人口の増加する大都市に自然をとり入れることはむずかしい。そこで二〇年ばかり前から、英米では「田園都市」というものが発達してきている。この田園都市というのは簡単にいえば自然を多分にとり入れた都会のことであって、農村と都会を折衷したような田園趣味の豊かな街をいうのである。私は、東京が非常な勢いで膨張していくのを見るにつけても、わが国にも田園都市のようなものを造って、都会生活の欠陥を幾分でも補うようにしたいものだと考えていた」(『東京急行電鉄五十年史』)。

　このように渋沢栄一は、余生を公共事業のために捧げることを決意し、一九一六年（大正七）一月に同志と共に都市計画をまとめ上げた。発起人に名を連ねたのは栄一の他、東京商業会議所二代会頭・中野武営（たけなか）、京橋、日本橋の紳商として名高い服部時計店の服部金太郎、そのほか、緒明（おあけ）圭造、柿沼谷雄、伊藤幹一、市原求、星野錫。息子の渋沢秀雄も発起人の一人となった（同）。

設立趣意書には、田園都市の目的は「黄塵万丈たる帝都のちまたに生息して生計上・衛生上・風紀上の各方面より圧迫を蒙りつつある中流階級の人士を空気清澄なる郊外の域に移して以て健康を保全し、且つ諸般の設備を整えて生活上の便利を得せしめんとするにあり」という。建設地は、東京府下荏原郡玉川村および洗足池周辺を予定したが、この「土地高燥地味肥沃」であり、つまり高台で乾燥してさわやかであり、「近く多摩川の清流を俯瞰し、遠く富岳の秀容」「武相遠近」（武蔵野と相模）の山々を眺望し、風光明媚なること一幅の絵のごとくであり、かつ「附近には歴史的の名所旧蹟各所に散在して、遊覧行楽」を楽しめる、「田園都市建設地として」まさに「無二の好適地」と言っている（同）。

ただし、栄一の言う中流階級とは、今の中流とは違う。藤森照信によれば、渋沢栄一は田園調布でサラリーマンのために郊外住宅を供給したいと思ったのではなく、商店のオーナーに対して、店舗とは別の住宅を郊外につくってあげたいと思ったのだという。栄一は、数回欧米の大都市を視察した結果、商店は店舗と住宅を別にしており、住宅は郊外にあって、郊外から毎朝通勤しているのが常であるが、東京においては都心の貴重な商業地区に人が住み、庭園などをつくったりしている、これは、本来都心に必要な施設の建設を妨げる、土地の「浪費」であると考えたのである（藤森照信、一九八七）。それはとても産業ブルジョワジーらしい考え方であったとも言える。

タゾノトイチさん？

一九一六年九月、田園都市株式会社が設立されると、栄一は相談役につき、秀雄が支配人となった。会社は設立当初事務室を大手町の日清生命館内に置いた。しかし設立当初には笑える逸話もある。秀雄は社内誌「清和」創立三〇周年記念特集号に当時のことを述べている。「よそに電話をかけるたびに、私は社名が通じないので弱った。『こちらはデンエントシです』と絶叫しても、『は？　デンセン？　デンセンボチ？　伝染病の墓地？』縁起でもない。『違います。タンボの田に動物園の園、それから京都の都に東京市の市、田園都市になるでしょう』、『はあ、なるほど、田園都市』、やれ嬉しやと思うたとたん、『何です。それは？』。ある日、社用の電報を打ちにゆき、局員が料金を計算するあいだベンチで待つ。すると窓口から『タゾノさん、タゾノトイチさん』と呼ばれ、ハッと気がついたことなどあった。すべてこれは、関東大震災以前ののどかな夢である」（同）。田園都市も九〇年以上前は、何だかわけのわからないものだったのである。

田園都市株式会社は「おもちゃのようなもので、やがて東急コンツェルンに成長しようとは渋沢すら思ってみなかった」と藤森照信は書いている（藤森『建築探偵の冒険』）。つまり当時の田園都市計画は、今で言えば、コミュニティデザイナーという、ある意味ではわけのわからぬ肩書きを持つ人たちが、日本中の限界集落の復興計画を立てているのと似たようなものであり、決してもうかる事業には思えず、ちょっとあやしげなものに感じられたのではないだろうか。街を活性化するのは、よそ者、馬鹿者、若者だと言われるが、たしかに田園都市株式会社は荏原郡玉川村にとってよそ者であり、一般社会から見れば馬鹿者であり、渋沢秀雄は当時まだ三十四歳の、今で言えば若者だったのだ。

スモックとサンダルの街レッチワース

実はレッチワースもそうだった。レッチワースへの入居開始は一九〇三年からだが、一九一〇年代の新聞の風刺画を見ると、ロンドンから五〇キロも離れ、おそらく当時はまったくの自然の中にあったレッチワースに住んで、田園都市だなんだと言っている人々は、ちょっと不思議な人だと思われたらしいのである。

たとえば一九一四年までに、レッチワースは「スモックとサンダル」の街として有名になっていた。つまりシンプルライフを実践したい人々の街ということであり、スモックを着て、サンダルを履いて暮らしている人が多いと言われていたのだ。サンダルメーカーのジョージ・アダムズがレッチワースに引っ越してきたほどである。またスモックは、一九世紀の自由思想と結びついていて、一部の人々

レッチワースに最初に住んだ人は今でいうヒッピーや田舎暮らし志向の人たちであり、スモックとサンダル姿が多かったらしい。 出所：Miller, Marvin "Letchworth: The First Garden City"

に流行したものであり、プレーンで倫理的な暮らしを表すものだった。逆に、帽子や手袋は伝統的で形式主義的なものとして、レッチワースでは好まれなかった。実際にスモックを着た人は少数だったが、新聞などでは誇張して紹介され、レッチワースの人々はみなスモックとサンダルで暮らしているかのようなイメージが広がったらしい。

菜食主義者がレッチワースのレイズアベニューにつくった「シンプルライフホテル」には食生活改革レストランと健康食品店があったし、菜食主義者の集会は一九三〇年代以降定期的に開催されるようになっていた。戸外での生活も人気になり、戸外で昼寝をするためにポーチを付ける家もあった。これも誇張されたものと思うが、当時の風刺画を見ると、小さな子どもを素っ裸で連れ歩く母親、「土に帰れ」主義者、有機肥料を耕す無精ひげの男、「大地の母」の人形に向かって朗読する詩人などが描かれている。このように世界最初の田園都市レッチワースも、当初は人々から怪訝な目で見られていたのである。いつの時代でも、その当時の常識からはずれた、ちょっと変わった人が新しい実験を始める。田園都市も例外ではないのだ。

レッチワースは気に入らない

話を戻そう。渋沢秀雄は、どんな田園都市をつくろうと思ったのか。秀雄は、早速欧米住宅地視察に赴き、まずはレッチワースを訪ねたのが一九一九年（大正八年）のことである。ところが秀雄はレッチワースが気に入らなかった。行った季節が冬だったからであろう。レッチワースは、まだ完成しておらず、家も少なく、人影もまばらだった。空き地は枯れ草に覆われ、淋しくてとても住む気になれなかったと秀雄は回顧している（藤森、一九八七）。スモックとサンダルの人々と会ったかどうかは知らない。

念のために言うと、そもそもレッチワースの開発はまだ完成していないとすら言われている。これは私がレッチワースに視察に行った二〇〇四年の段階でそうであった。計画人口は三万人だったが、実際にレッチワースの人口が三万人を達成するのは二〇〇〇年ごろだったらしい。百年かけてゆっくりと開発されてきたのだから、一九一九年の段階では、まだまだ淋しくて当然だった。そこでさらに秀雄は海を渡り、セント・フランシスウッドを訪ねたところ、これが気に入り、ここをモデルとして田園都市を設計させた。「土地の多少の起伏があって、樹木や草花も多かった」。しかも、その中心には、パリの凱旋門にあるようなエトワール（環状線と放射線が交差しているもの）があった。秀雄は、田園的な風景とパリ的な都市性を融合しようとしたのだろうか。田園調布でも駅からの放射道路と環状道路が交差するエトワールをつくろうと考えた。

こうして帰国後、秀雄は実際のプランを立てる。「大学を出て間もなかった私にとって、文化的な住宅地をひらくという仕事は魅力があった。そして、諸外国から集めてきた住宅地の平面図を参考資料として、建築家の矢部金太郎に引いて貰ったプランの成果が、現在の界隈に跨がる住宅街である」(東京急行、一九七三)。

しかし、こうして理想に燃えた田園調布の設計図を見た小林一三は「あきれてものがいえない」と頭を抱えた。小林は、田園都市株式会社が荏原電気鉄道を創設したとき、社長の矢野恒太が、阪急沿線の開発ですでに名をなしていた小林に相談したという関係であった。図面を見た小林は、放射状の街路にすると、変形した敷地が増えるから土地が売りにくくなるし、また道路に多く土地の面積を取られるので、そもそも売る土地が少なくなり、利益が減ってしまうとあきれたのである。道路や広場、公園などの占める割合は、当時は五%が普通だったが、田園調布では一八%もあった(豊田薫『東京の地理再発見 下』)。しかし、こうしたのびのびとした計画がなかったら、田園調布が高級さを感じさせる住宅地として生き延びることはできなかったであろう。

こうして一九二三年(大正一二年)八月、田園調布は最初の住宅を分譲開始する。そして折しも九月一日、関東大震災が起こる。一ヶ月後の一〇月二日、田園都市株式会社は広告を打っている。「今回の激震は田園都市の安全地帯たる事を証明しました。巨費を投じた耐震耐火工事・天然の地盤・自然の広場には及びもつきません。当地区は幸い此の天賦を保有しています。都会の中心から田園都市へ――それは非常口のない活動写真館から広々とした大公園へ移動する事です。総ての基本である安住の地を定めるのは今です。是非現状をご一覧ください。」（庄司達也『郊外住宅と鉄道』）。

二〇一一年の東日本大震災でも、東京から千葉にかけての湾岸地域などの低地においては液状化が発生し、それらの地域の人口を減少させている。東京都内でも葛飾区、江戸川区の人口は二〇一一年一月一日から一二年一月一日までの一年間で合計一二五二人減少し、逆に世田谷区は四七〇三人増加している。今も昔も、震災が人々を高台に駆り立てるのである。

バブルで地価が何倍にもなった

田園調布は一九八〇年代後半のバブル時代に打撃を受けた。私が奥沢六丁目に住んで、たまに田園調布に散歩に行っていた頃は田園調布が荒れ始めた時代であろう。その荒廃を象徴するのが、八四年に亡くなっていた渋沢秀雄の家の土地が、相続のために分割されるというニュースだった。田園調布をつくった人の子孫が土地を分割しなくてはならないとは、何とも不条理だなと私は思った。すでにバブル直前の一九八五年の時点でも田園調布に当初から住んでいる人はだいぶ減っていたようである。そこにバブルが拍車をかけた。八六年に一坪五二八万円だった田園調布二丁目の公示地価は、八七年には一〇三四万円に倍増し、日本一の上昇率となった。さらに八八年にはまた五割増加したのである。

東京二三区の住宅地の地価は、八五年のプラザ合意後、円高が進み、さらに地価高騰が進んだのだが、戸沼幸一の調査によると八六年には一㎡二三〇万円以上の箇所が千代田区に一箇所現れただけで、都心部はおおむね一一〇万円ほどだった。山手線の西側では七〇～一一〇万円の場所が増えていたという。それが八七年には都心部はほぼ二三〇万円以上になり、八八年には西南部でも一五〇万円以上の場所が広がり、西北部（練馬など）でも七〇万円以上の場所が増えた。東京の発展は都心から渦巻き状に、南→西南→西北→東北→東と進むと言われるが、その原則に従ったのである。

私は当時パルコでマーケティング雑誌をつくっており、東京論も多く展開したが、八七年に田園調布が地価上昇率一位となり、八八年には横浜市青葉区美しが丘（当時は緑区）が一位、八九年には所沢が一位となりびっくりした。八二年の私のパルコ入社最初の仕事が新所沢パルコ出店のためのエリアマーケティングだったからである。一九八二年に東京の

田園調布の町内新聞「いちょう」1985年4月1日号掲載の地図。1928年以来住み続けている人の分布。
出所：『郷土誌 田園調布』

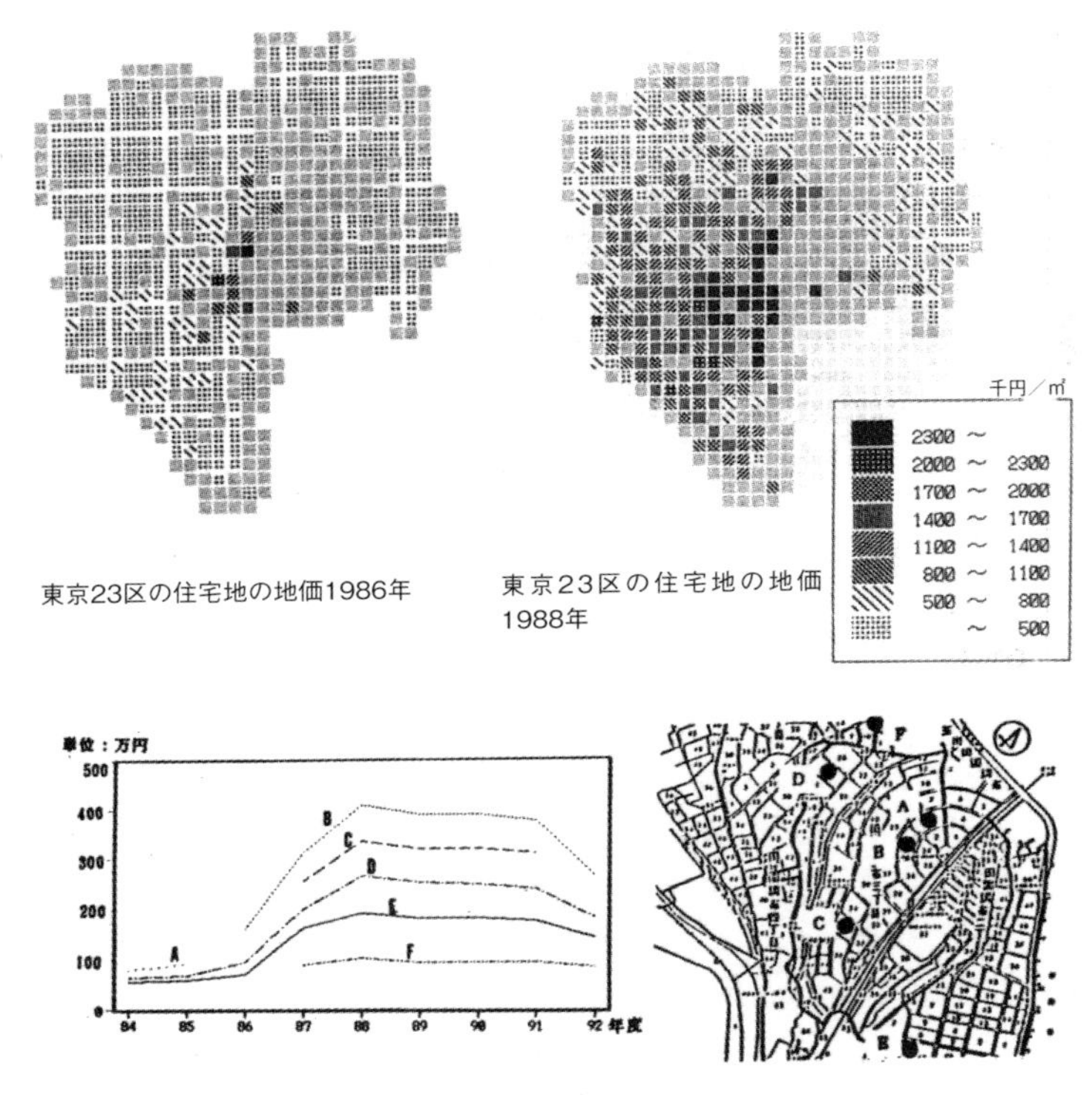

東京23区の住宅地の地価1986年

東京23区の住宅地の地価1988年

戸沼幸一「東京23区にみる土地利用と地価高騰」1994

地価をくまなく調べたが、中央線では地価が国分寺から西側では上昇せず、北側の西武線沿線で上昇して所沢まで到っていた。そうした流れの中にバブルが来て、また一気に所沢の地価が上昇したのだろうと私は感慨深かったのだ。

　しかもその当時のパルコでは東京の西南部三〇キロ圏の郊外を「第四山の手」と名付け、田園調布のような山の手住宅地がさらに西側の郊外に移動し、その中心が美しが丘であり、所沢も第四山の手の北端に位置づけたのだ。その美しが丘と所沢が相次いで地価上昇率一位となったのだから、パルコのマーケティングの正しさを感じた。

だが私の感慨とはうらはらに、バブル景気であぶく銭を得て、田園調布に家を求めた者の中には、「町会にも入らず、入ってもなかなかコミュニティに協力しない住民が増え」、「住民同士のつながりも次第に稀薄になりつつある」と一九九二年の雑誌「財界展望」は書いている（田園調布会、二〇〇〇）。田園調布ももうおしまいかなと思われた時代であった。

要塞都市の平和

田園調布の土地利用の変化について成城の章で紹介した今朝洞重美（けさどうしげみ）「東京郊外における高級住宅地の変容――田園調布、成城の場合」を参照すると、田園調布では開発当初四九五㎡（一五〇坪）以上の区画が七六八区画あり、全体の七三・四％を占めていた。そして三三〇㎡（一〇〇坪）以下の区画は八一区画七・八％であった。そして一九七七年には三三〇㎡未満の区画だけでも二七五区画（三九％）になっている。

そして上蘭栄衣美「東京における高級住宅地の形成と変容――田園調布、成城、常盤台を事例に」により一九八五年以降の敷地の細分化の状況をみると、田園調布と常盤台では一四％前後の区画で細分化が発生しているという。

さらに一九八五年からと一九九五年からの各一〇年間についてみると、田園調布と成城では八五年

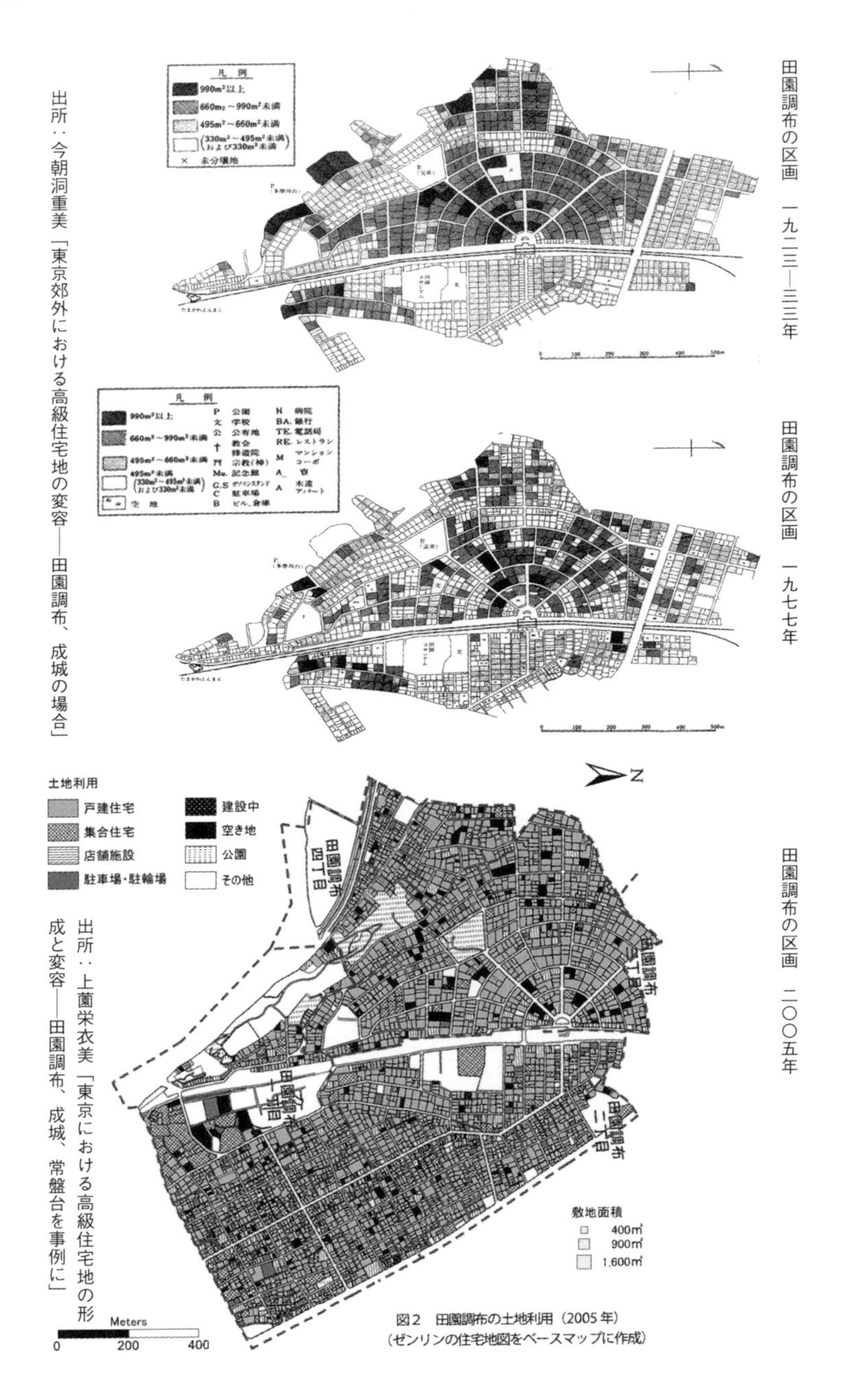

田園調布の区画　一九二三―三三年

出所：今朝洞重美「東京郊外における高級住宅地の変容――田園調布、成城の場合」

田園調布の区画　一九七七年

田園調布の区画　二〇〇五年

図2　田園調布の土地利用（2005年）
（ゼンリンの住宅地図をベースマップに作成）

出所：上薗栄衣美「東京における高級住宅地の形成と変容――田園調布、成城、常盤台を事例に」

からの一〇年間の方が細分化が進んでおり、バブル期の地価高騰が影響したものと考えられるという。

今行くと、風景は四半世紀以上前とはかなり異なる。バブル前にはまだ、庭は生け垣が多く、秋には落ち葉焚きをしている人すらいた。どこからか、ポーンというテニスの音が聞こえてくることもあった。しかし今、開発当初のままの田園郊外の風情はほぼないだろう。だが新しい家は敷地一杯に建ち、窓も少なく、道に面して要塞のように壁が立ちはだかる。アメリカのゲーテッドコミュニティのような雰囲気すらする。アメリカのゲーテッドコミュニティは住宅地全体にゲート（門）があるが、もちろん田園調布にはゲートはない。そのかわり各戸の防犯体制は厳しくなり、これは家なのかマンションなのか、高齢者施設なのか、美術館なのかと不思議な気持ちになる。レッチワースのような田園住宅地の雰囲気は、もちろん今も田園町の豊かな緑や宝来公園のあたりに残っているが、昔のような自然の中に住むという感じは薄れた。

要塞のような大きな邸宅が増えた

田園調布だけではなく、高級住宅地だけでもなく、一般中流階級の住むマンションでもオートロック、カードキー、コンシエルジュなどのホテル的な機能が装備されて、プライバシーが守られ、そのかわりにコミュニティを感じることがなくなったのだから、まして田園調布が閉鎖的な要塞的なものになるのは致し方ないのだろう。それでもまだ余所者が来て散歩をして写真も撮れるのだから、日本は平和である。

〔参考文献〕

東京急行電鉄株式会社社史編纂委員会『東京急行電鉄五〇年史』一九七三

豊田薫『東京の地理再発見 下』地歴社、一九九四

藤森照信『建築探偵の冒険』筑摩書房、一九八六

社団法人田園調布会『郷土誌 田園調布』二〇〇〇

藤森照信「田園調布誕生記」(山口廣編『郊外住宅地の系譜』鹿島出版会、一九八七、所収)

庄司達也編『郊外住宅と鉄道 コレクション・モダン都市文化三八郊外住宅』ゆまに書房、二〇〇八

社団法人田園調布会『郷土誌田園調布』二〇〇〇

Miller, Marvin "Letchworth: The First Garden City" 2nd edition, Phillimore, 2002

今朝洞重美「東京郊外における高級住宅地の変容——田園調布、成城の場合」(『駒澤大學文學部研究紀要』vol.37、一九七九)

上薗栄衣美「東京における高級住宅地の形成と変容——田園調布、成城、常盤台を事例に」(『お茶の水地理』vol.48、二〇〇八)

戸沼幸一『東京二三区にみる土地利用と地価高騰』第一住宅建設協会、一九九四

V

その他

23 椎名町

昭和が好きならここに住め！

心和む昭和の雰囲気

最近椎名町駅周辺が盛り上がっている。手塚治虫、藤子不二雄、石ノ森章太郎らをはじめとする戦後日本漫画史の聖地トキワ荘が復元され、二〇二〇年七月、豊島区立マンガミュージアムとして開館したのだ（椎名町駅と東長崎駅のほぼ中間）。

それを機に街全体が、漫画を軸としてまちづくりを展開している。行ってみると、街のあちこちにトキワ荘関連のモニュメントがあり、楽しめる。トキワ荘に住んでいた漫画家たちが通った町中華店の「松葉」も現役であり、店内にはたくさんの漫画家の色紙が飾ってある。「松葉」にかぎらず、椎名町は町中華がたくさんある。しかも安い。「タカノ」という店は、目立たない小さな店だが、ラーメンが三五〇円、餃子も三五〇円、チャーハンは五〇〇円であり、三つ食べても一二〇〇円という安さである。しかも美味いのだ。

チャーハンは分厚いチャーシューが入っているし、量も多めである。チャーハンに鶏の唐揚げをの

手塚治虫を中心とする戦後日本漫画史の聖地

せるというメニューもあるらしく、唐揚げがてんこもりである。ここまで安くて美味い店がほかにもあるのか知らないが、とにかく町中華がたくさんある。これは学生、フリーターなどには住みやすそうだ。

街の雰囲気は全体に昭和である。世田谷あたりだともうほとんど見ない様式の古い商店が残っている。商店街は場所によってはシャッターが降りていてちょっと寂しいが、駅の北口などはまだまだ元気である。とんかつ屋の「一平」をリノベした「シーナと一平」があることも、知る人ぞ知る事実。たしかにリノベした自分の店を開きたい人にも最適な街だと思う。

商店街から一歩入ると静かな住宅地であり、戦前の文化住宅タイプの家もまだいくつか残っており、なんとも言えず心が和む。

もちろん大通り沿いなどには新しいマンションも

昭和のラーメンの町でもある

増えているので、快適な生活を望むのであればそちらに住めば良い。

芸術家たちが住んできた歴史

椎名町駅の北側には戦前「長崎アトリエ村」という芸術家が多く住む地域があったことも有名だ。昭和初期の上落合、東中野、高円寺、角筈といった一帯は、小説家、絵描き、演劇関係者などが多く、社会主義的な雰囲気も持っていた。そうした中で長崎アトリエ村も形成されることになったらしい。

アトリエ村ができる以前から、画家・萬鉄五郎は豊島区高田に転居してきていたし、一九一六年には立教大学の築地から池袋への移転が始まり、同年、安井曾太郎が高田に転居（三四年に下落合に転居）。二〇年には落合に佐伯祐三が転居。二一年には自由学園が高田町に開校、というように、池袋駅西側に芸術家達は住むことが増えていた。

アトリエ村が最初につくられたのは一九三一年、豊島区要町（当時は豊島郡長崎町荒井）。画家・

奈良次雄の祖母が、孫と同じように美術家を目指す人たちのためにアトリエ住宅を建てたのが最初である。低湿地帯に葦やすすきが生い茂り、麦や大根の畑が広がっていた。また竹やぶが多く、すずめがよく飛んでいたため、「すずめが丘アトリエ村」と呼ばれた。

またアメリカ帰りの資産家・初見六蔵によって建設された長崎二丁目の「さくらが丘パルテノン」は、一九三六年ごろから四〇年ごろにかけて第一パルテノン、第二パルテノン、第三パルテノンと拡張し、アトリエ住宅が六〇軒もあった。また戦後も、千早二丁目から三丁目にもアトリエ住宅が建てられたという。

アトリエ村に住んだ芸術家たちは、デッサンのモデルを共同で頼んだり、共同自炊したりすることもあったというからトキワ荘の漫画家たちと似ている。椎名町にはどうもそういう若い貧しい芸術家たちを支援する雰囲気があるようだ。

アトリエ村以外にも、映画「モリのいる場所」で広く知られるようになった熊谷守一が池袋に転居したのは三三年である

昭和の雰囲気が残る

正確に当時を再現したトキワ荘

（三三年に長崎に転居）。三六年には松本俊介が落合に住んだ。池袋西口にはクロッキー研究所が開設。「池袋美術家クラブ」が結成された。

そして三八年には小熊秀雄が『サンデー毎日』に「池袋モンパルナス」を発表する。パリのモンマルトルが有名芸術家の住む場所であるのに対して、モンパルナスがモジリアーニらの新しい芸術に挑む貧しい芸術家の住む場所になったように、東京芸術大学のある上野の丘の上に対して、池袋の低地をモンパルナスになぞらえたのである。

階段のきしみまで再現

さて復元されたトキワ荘のほうは、階段のきしみ、台所のコンロや洗剤、天井のシミ、トイレのよごれまで再現したという力作だ。

トキワ荘の二階は、漫画家たちが住んだ各部屋が記憶や記録に基づいて正確に再現されている。テレビなどけっこう物持ちの人もいれば、机と原稿用紙だけといった部屋もあり、漫画家それぞれの個性が感じられて面白い。

一階には、トキワ荘ゆかりの漫画家の作品を自由に閲覧できる「マンガラウンジ」や、展示やイベントを開催する「企画展示室」がある。たとえば二〇二一年一月から四月までは「トキワ荘と手塚治虫――ジャングル大帝のころ」という展覧会が開かれた。手塚治虫のファンというと、手塚自身の同世代の現在の九〇歳くらいから、現代の若者まで幅広い。藤子不二雄となるとドラえもんのおかげで今も小さな子どもたちに人気である。つまり、ほぼ全世代の日本人がトキワ荘の漫画家たちになんらかの愛着を持っているのだ。これはものすごい資源である。

24 井の頭

公園だけではない、住宅地も散歩に向いている

江戸時代からの行楽地

井の頭（かしら）の名は、江戸時代、徳川家光が鷹狩りにこの地を訪れた際、湧水がほとばしるように出ているのを見て命名したものだという。「井」は水の出るところという意味であり、井の頭池は神田川の源流であるから、まさに井の頭の名にふさわしいと言える。

井の頭公園は花見の季節などを中心に一大行楽地として人気であるが、江戸時代からすでに行楽地として親しまれてきた。公園は吉祥寺駅から近いから武蔵野市かと誤解されるが、公園自体は東京都のもの、池の西や北は武蔵野市、南や東が三鷹市である。

井の頭池の南西部には井の頭弁財天があり、そこに至る参道が南に延びているが、弁財天から一〇mほど急な階段を上らないといけない。階段を上ったあたりが三鷹市井の頭四丁目。最寄り駅は井の頭線井の頭公園駅であり、駅の周辺は井の頭三丁目、二丁目になる。井の頭一丁目は一駅先の三鷹台駅の東側である。このように井の頭という町名は井の頭池から神田川や井の頭線に沿って一キロほど

大きな邸宅が多い

生け垣など緑が豊かだ

井の頭池

の一帯である。

先ほどの参道の入り口は吉祥寺井の頭公園通りという商店街のある通りにつながる。この通りはかなり古い道と思われ、吉祥寺方面と甲州街道をつなぐ道のようである。幅が狭いが一方通行ではないので、車がすれ違うのがやっとだ。今はあまり活気のある商店街とは言えないが、昔は栄えていたようで、昭和一六年の地図を見ると、一通りの店がそろっている。だが住宅地は井の頭三丁目には多いが、四丁目はまだ少ない。

井の頭二～三丁目が住宅地化したのは大正時代のようであり、それまでは純農村だった。井の頭地域の南側の玉川上水から水を引いて畑がつくられてもいたが、多くは松林だったらしい。

甲武鉄道（現・JR中央線）の吉祥寺駅は一八九九年に開設されていたが、井の頭地域が住宅地となっていくのは主に大正一二（一九二三）年の関東大震災後である。

さらに一九三〇年に三鷹駅、さらに三三年には帝都電鉄（現・京王井の頭線）の井の頭公園駅と三鷹台駅が開設されて、井の頭二～三丁目の住宅地化が進む。

地図を見る限り四丁目に住宅が増えたのは戦後らしいが、とはいえ、全体としては井の頭地域はとても静かで、家も大きく、ゆったりとしており、庭も広めで、緑が多い。井の頭公園の豊かな緑や、玉川上水沿いの緑と一体化しているので、実に良好な住宅地である。ジブリ美術館も近く、テニスコートなどのスポーツ施設も豊富である。

玉川上水沿いはコナラなどの木が多いので、カブトムシも生息し、野鳥も多い。運が良ければ鷹を見つけることもできるだろう。

住宅は基本的には戸建住宅が多いが、アパートや古いマンションも混ざっている。吉祥寺に住みたいが予算が足りないというと、井の頭地域を案内されることも多い。

また玉川上水に近づくと建築家が設計した家がとても多い。武蔵野美術大学が吉祥寺にあったせいだろうか。玄関周りを見ても、窓辺を見ても、芸術系の人たちが多く住んでいそうだということがすぐにわかる家並みである。

住宅地を抜ければ井の頭池

アートと食の店が増える

さて、このように絵に描いたような緑豊かで閑静な住宅地である井の頭地域だが、先ほど述べたように商店街はやや寂しい。住民の高齢化も進み、人口も次第に減っている。

ところがこの数年ほどの間に新しい店も増えてきたのである。中でもこだわりの飲食店やお弁当屋さん、コーヒー店、また食器店などができ、特に女性が経営する食関連の店が増えたようだ。またそれらの飲食系の店の多くが自宅を改造したものであるというのも面白い。

また写真専門の古書店や古道具屋もできている。こだわりの飲食系は比較的多くの地域で最近増えているが、写真専門古書店や古道具屋となると、そうどこにでもあるものではない。さすが吉祥寺文化圏だと感心する。やはりちょっととんがった文化がないと吉祥寺文化圏らしくない。

こうした新しい店をネットワークするように活動しているのが二〇一四年にできた場所「#4」（通称：イノヨン）である。

これは建築家の笠置さん・宮口さん夫妻が自分たちの建築事務所兼シェ

1937年の井の頭公園住宅地の新聞広告

アオフィス、さらに日替わりの飲食店を入れたビルである。笠置さんはもともと実家が吉祥寺の商店街である。だがイノヨンのような場所を借りるには吉祥寺は家賃が高い。そこで実家からも歩いて行ける距離ということで井の頭四丁目の物件を探した。

このビルはもともと内装関連の店だったらしいが、ビル内がスキップフロアになっているので、事務所、シェアオフィス、飲食店がつながりながら活動している様子が見えるのが面白い。

家賃も吉祥寺駅の近くに借りるよりは半額で済むらしい。イノヨンで一年間ほど日替わりでイタリ

玉川上水沿いは最高の環境だ

写真集専門の古本屋もできた

＃4（イノヨン）

ア料理店をして資金を貯めた夫婦が、二一年三月にはついに吉祥寺駅近くに独立して店を出したばかりである。つまりイノヨンは吉祥寺周辺におけるインキュベーターの役割を果たしているわけだ。

ウォーカブルな町へ

笠置さんは最初から地域をネットワークしようと深く考えていたわけではないそうだが、ちょうどイノヨンをつくったころから、先述したように新しい店がポツポツとできはじめ、お互いに交流が始まったらしい。また笠置さんは、三鷹市の「ウォーカブルミタカ」プロジェクトにも関わっている。JR三鷹駅南口の中央通り商店街を、自動車が通らない安心して楽しく歩ける街にする市民主体の実証実験である。そのうち井の頭公園通りの商店街もウォーカブルなストリートとするべく、土日の昼間だけ歩行者天国にするなどの活動をできればいいなと考えているとのこと。たしかにすぐに井の頭公園に行けるこのあたりは散策には最適だ。

狭い道に自動車が走ると安心して楽しく歩くことはできない。そうすると客が増えると言っても限界があるので店も増えていかない。あまりにたくさん店が増える必要はないが、公園で遊ぶ家族連れなどがついでに立ち寄る店はもう少し増えてもいいはずで、そのためには安心して楽しく歩けるストリートにすることが必須だ。そうしてストリートを知った人たちが、井の頭地域の良さに気づけば、住民も増えていくだろう。

25 川口

鋳物と醸造で栄え、昭和の名建築もあった

住みたい町になった

川口市は近年各種の調査で住みたい市として上位に位置するようになった。二三区に隣接し、ＪＲなら東京駅など山手線東側各駅に直通、赤羽で乗り換えれば新宿、渋谷など西側に行ける。東京メトロ南北線が乗り入れる埼玉高速鉄道線の川口本郷駅で乗れば、市ヶ谷、四谷、永田町、溜池山王、六本木一丁目に直通ということで、非常に交通の便が良い。共働きで夫は丸の内だが妻は渋谷が勤務先という場合などはとても便利である。もちろん通学も便利なわけで、中学から都心の進学校に通うという場合も有利である。

川口市は一九九〇年代には日本で一番団塊ジュニア比率が多い市と言われた。二〇二〇年でも四五〜四九歳の団塊ジュニア（第二次ベビーブーム世代）が市全体の八・九％、五〇〜五四歳が七・七％、四〇〜四四歳が七・六％、合計で二四・二％を占める。非常に団塊ジュニア中心の市なのである。

古くから鋳物（いもの）など製造業の工場が多い地域であるが、過去四〇年ほどの間、それらの工場、倉庫な

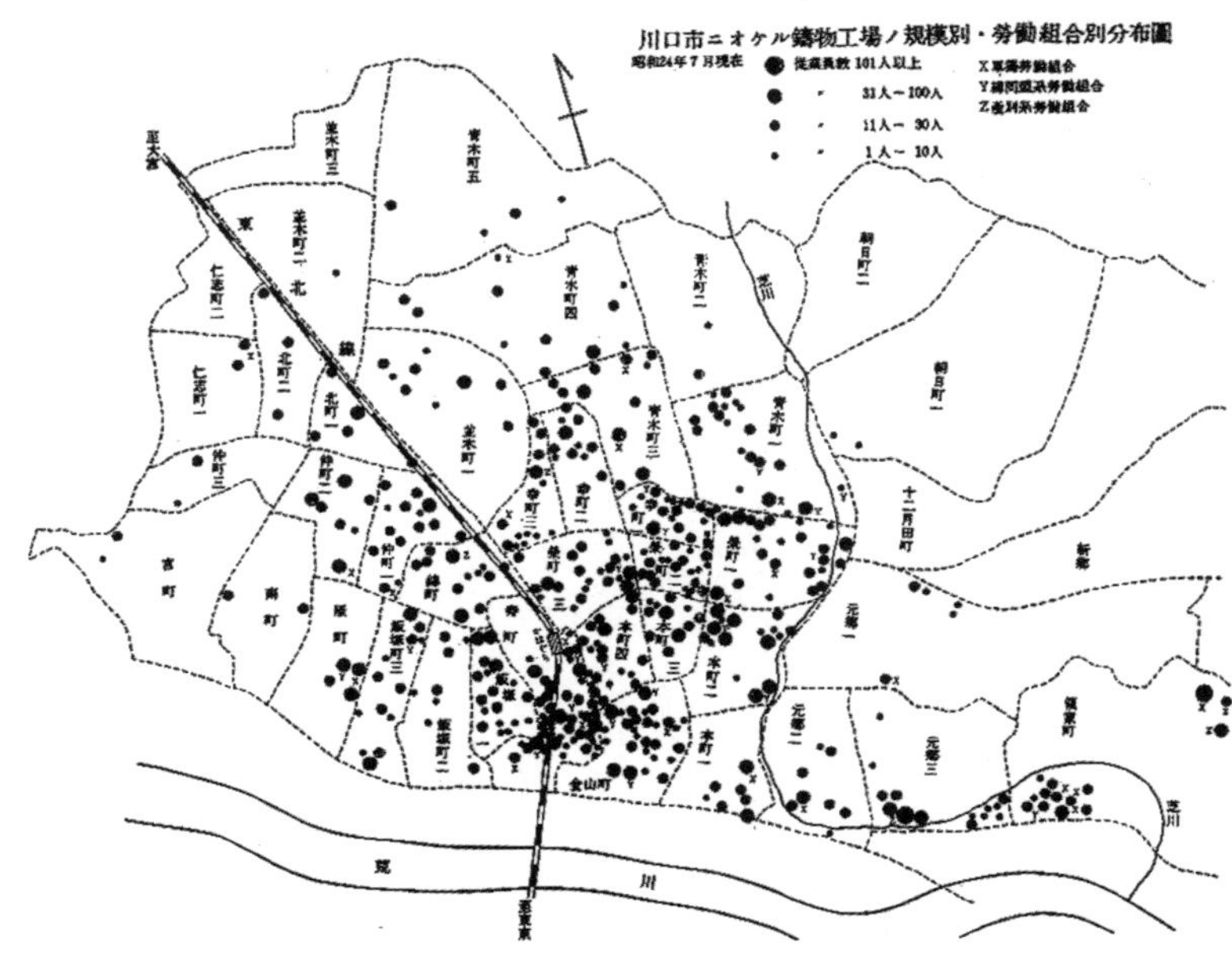

1949年当時の川口の鋳物工場の分布　　出所：尾高邦雄編『鋳物の町』1956

どがマンションに建て替わり、多くの人口を吸収してきた。一九七九年には三六万六千人だった人口は二〇二〇年には六〇万七千人（二〇一三年から鳩ヶ谷市を吸収合併）。二〇〇一年以降は鳩ヶ谷市合併分を除いても、一年平均四〇〇〇人以上の増加をしてきた。

元工場地帯とはいえ、今は駅前もきれいに整備されている。取材した日はちょうど荒川沿いの桜が満開であり、子ども連れや高齢者が集まり、のどかな雰囲気であった。JR川口駅東口の再開発ビルには図書館、保育園なども入っており、子育て期のファミリーにはとても便利そうである。西口のリリアにはコンサートホールがある。

川口駅には駅ビルがないので東西の見通しがよく、また東西がペデストリアンデッキで回遊できるようになっている。デッキ上に公園のようなところもあり、ベンチには市民が憩っている。私はペデストリアンデッキというものはあまり好きではなかったが、東西を回遊できて、公園のような場所もあるというのは、なかなか良いのではないかと感じた。

鋳物業の歴史

川口と言えば吉永小百合主演の映画「キューポラのある街」が有名であるが、キューポラとは鋳物工場の屋根に取り付けられた換気口のことである。

その鋳物業が川口市で栄えたのは近代のことではなく、古代以来だという。鋳物とは鉄を鋳造（ちゅうぞう）してつくる製品。鋳造とは鉄を溶かして型にはめてつくること。お寺の鐘、刀の鍔（つば）も鋳物。鍋、釜などの日用品も鋳物である。川口では遅くとも室町時代末期にはかなり鋳物製品の製造が行われていたらしい。鋳物業が栄えた理由は、荒川の川岸から鋳物に適した砂と粘土が取れたためである。

江戸時代になると江戸城から将軍が日光に参拝するときの日光御成道（おなりみち）が整備され、また荒川とその支流の芝川の水運も盛んになった。そのため鋳物の原料である銑鉄（せんてつ）、燃料の木炭やコークス、そしてできあがった鋳物製品の物流が増加し、鋳物業が発展したのである。

学習院も東京オリンピックも

江戸・東京という大消費地、明治大正以降は京浜工業地帯に隣接していたことも川口鋳物業の発展に寄与したことは言うまでもない。

さらに一九一〇年には現在のJR川口駅（当時は高崎線川口町駅）ができ、それまで関東地方中心だった需要が、東北、北陸、東海、近畿、さらには朝鮮、台湾、中国にまで拡大した。

こうして明治末期（一九〇〇年代初頭）には川口鋳物業の組合員数は五〇ほどだったのが、一九二〇年代には五〇〇～六〇〇にまで激増したのである。

また明治時代に都市・建築の西洋化が進み、門扉、鉄柵、水道用鉄管などの需要が増えたことも、川口の鋳物業の需要を増やした。学習院旧正門は川口製の鋳物の名作である。学習院旧正門は国指定重要文化財であり、一八七七年、神田錦町にあった華族学校（現学習院）の正門として建てられたものである。第二次大戦後は女子学習院（現在の学習院女子大学）の門となっている。一九六四年の東京オリンピックの聖火台も川口の鋳物である。まさに日本の近代化と共に川口の鋳物業はあったのだ。

日本中から集まった鋳物業者

こうして発展した鋳物業は、いったいどういう人たちが支えたのか。詳細を一九四八～五〇年に東京大学社会学科が調査している。調査リーダーは東京大学教授の尾高邦雄である。

調査によれば、鋳物業の事業主の出生地は六〇%が埼玉県、一〇%が東京都、残り三〇%はそれ以外だった。埼玉県中心とはいえ、かなり広汎に全国から事業主が集まったのである。

もともと鋳物業を営んでいたという者は半数以下であり、約六割は自分が初代であった。父親が鋳物業だった者は三九%であり、農業だった者が三五%、商業が一一%、工業が八%いた。

また従業員は川口市出身者が三三%、残りは市外出身。前職は「なし」が六二%。非常に若い人たちが集まってきたことが推測される。

旧田中家住宅

前職のある者のうちでは、工業が四〇%だが商業が四二%。
つまり六割以上が初めて仕事に就いたのであり、前職のある者も六割が工業ですらなかった。このように鋳物業の発展を見込んで、他の地域・他の産業から若い人々が移転してきたのである。
ところで調査のリーダーはなぜ尾高邦雄だったのか。もちろん彼が産業社会学の権威だったからだが、彼の祖先が埼玉県深谷市出身だったことも影響していると思われる。尾高邦雄は、NHK大河ドラマ「青天を衝け」で描かれる渋沢栄一の兄貴分である尾高惇忠の孫である。渋沢家と尾高家も親戚関係だが、この二つの家の人々は極めて優秀であり、尾高家だけでも、邦雄はマックス・ウェーバーの『職業としての学問』（岩波文庫）の訳者としても知られるし、邦雄の息子は労働経済学者で一橋大学名誉教授の尾高煌之助である。

邦雄の兄には法哲学者の尾高朝雄がおり、弟には指揮者の尾高尚忠。尚忠の長男は作曲家の尾高惇忠（祖父と同名）、次男は指揮者の尾高忠明であり、忠明は「青天を衝け」でテーマ音楽を指揮した。

埼玉高速鉄道沿線は日光御成道、醸造の町だった

ＪＲ川口駅東口からキューポラのある工場などを探しながら歩いていると、地下鉄の埼玉高速鉄道川口元郷駅のあたりまで来る。東京メトロ南北線からつながる線路だ。線路の上は日光御成道である。これは江戸時代に五街道と並んで整備された街道で、中山道の文京区の本郷から北上し、赤羽の岩淵宿を経て川口（元郷）宿を通り、鳩ヶ谷宿、岩槻宿を経て、幸手宿手前の上高野で日光街道に合流する。

元郷を室町期に治めていたのが平柳氏であり、元郷は平柳領十五ケ村（元郷村、弥兵衛新田村、領家村、新井方村、十二月田村、樋爪村、二軒在家村、上新田村、中居村、小淵村、辻村、前田村、川

真ん中の一番左がＪＲ川口駅周辺でかなりごちゃごちゃしているのに対して真ん中の南平柳土地区画整理対象地は街区がきれいである。
国土地理院航空写真、一九七一

口村、飯塚村、浮間村）の本村だった。元郷村、弥兵衛新田村、領家村、新井方村、十二月田村、樋爪村、二軒在家村の七村は徳川家の御料地であり、一八八九年に合併して南平柳村となった。現在は南平（なんぺい）地区と呼ばれているが、南平は南平柳の略である。元郷には一九三三年の川口市成立まで南平柳村役場があり、区画整理により従前の元郷町・領家町の各一部から成立した。

区画整理による新工業都市づくり

この地の歴史を知ろうと、川口元郷駅から徒歩一〇分ほどのところに国指定重要文化財「旧田中家住宅」を訪ねた。田中家は味噌醸造業で栄えた家だが、田中家のある十二月田村は昔から味噌醸造業が盛んで、一〇業者ほどがあったという。水質がよく、品質の良い麦が採れたからだという。旧田中家住宅は一九二三年に完成したもので、煉瓦造三階の洋館と三四年に増築された和館の他、茶室、回遊式庭園などからなる。

建物も素晴らしいが館内の歴史展示が充実している。展示の一つに「新工業都市　川口南平柳土地区画整理計画図」があり、驚いた。「紀元二千六百年」（一九四〇年）に作成されたものだ。現在「川口市区画整理事業竣功記念碑」の建つ三角形の小緑地を中心に八角形に街路があり、そこから放射状に道路が延びている。川口市では一九〇〇年の台風で荒川堤防の決壊による大洪水に遭うなど水害が多く、三八年にも豪雨により六〇〇カ所の工場のほとんどが浸水し、三九年には住戸三四〇〇戸が浸水するという被害があった。そういう土地柄なので三三年の市制施行とともに区画整理計画が急がれ、三九年に川口市北部土地区画整理組合が設立され、南平柳土地区画整理組合の設立にも拍車がかかったという。終戦後区画整理は実施され、一九七一年の写真を見ても、JR川口駅周辺と比べてはるかに計画的な街路が完成していることがわかる。

住宅営団による住宅づくりの計画地も多い

また工業都市であった川口には戦争中は軍需工場も多く、川口、鳩ヶ谷にかけて軍需工場労働者向け住宅建設の国策組織である住宅営団による住宅地も多く計画された（拙著『昭和の東京郊外　住宅

川口新市域都市計画地域図

新市域に住宅街

工都・五十一萬坪を區劃整理

川口[illegible]住宅街を設定しようとする[illegible]では十一日午後二時から市鳩ケ谷出張所に[illegible]七名の區劃整理組合發起人が會同、一兩日中に組合を設立、[illegible]認可を縣に申請、急速に施工することゝなつた

區劃區域は西新井宿、根岸、里の各一部で鳩ケ谷―岩槻、鳩ケ谷―蕨、根岸―浦和間三縣道に圍まれた地帯、總面積五十一萬坪、工費卅萬圓で幅員十一米の幹線道路五線に幅員八米と六米の支線道路四十五線を配列する

市では新設中學校を中心に市營住宅を建設し工都川口の理想住宅街として發展させる方針である【圖中の太線が幹線道路】

川口を住宅地として発展させる計画が当時は多かった。 読売新聞1941年4月12日

後述する紫烟荘があったあたりは地元の名士らしい大きな家が多い

開発秘史』参照）。それらのどこまでが実現したかは不明であるが、当時の新聞には多くの計画が発表されている。

また「川口市史」によると、戦後の人口急増に対応して、一九四七年度に川口市としては戦後初の市営住宅を大字赤井と朝日町に三〇戸建設した。四八年度には戦時中に建設された青木町住宅を含めて元郷住宅、上青木住宅など六つの市営住宅ができ、合計三一九世帯が入居し、そのうち引揚者と戦災者が一七〇世帯だったと書かれている。五三年度には、根岸団地一四戸、朝日二丁目団地一三戸、五六年度に飯塚団地三二戸、五八年度青木団地七二戸、三九年度と六〇年度に上青木団地七二戸がつくられたとも書かれており、新聞記事で住宅営団が計画されていた土地とかなり共通している。営団の住宅を建設する予定だった土地に戦後市営住宅が建てられた可能性も高い。

堀口捨己の傑作・紫烟荘

また川口には、昭和の名建築の一つである紫烟荘があった（一九二六年築）。私は日本の建築の中で最も好きな三つの建築の一つだ。しかし紫烟荘が川口にあるとは最近まで知らなかった。

もう二つは桂離宮と丹下健三設計の代々木体育館である。代々木はもちろん桂も見たことがあるが、紫烟荘はない。完成して二年で焼失したのだ。名前が悪かったのか。紫烟の名は蕨駅にあった「早蕨の紫の烟の如き」という言葉から来ているそうで、建設地が川口とはいえ現在の蕨市に近いからそういう名前になったのだろう。

設計は堀口捨己。耐震力学が重視されていた当時の東大建築学科への反動と、ヨーロッパの新しい建築運動への憧憬から、一九二〇年に東大建築学科を卒業した同期の石本喜久治、森田慶一、山田守らと共に、工学的建築から分離独立した「分離派建築会」を結成した人物だ。

堀口は、一九二三〜二四年に渡欧した際に見聞したアムステルダム派の建築を、帰国後に『現代オランダ建築』(岩波書店、一九二四)で紹介した。それを見た日本橋の呉服商・牧田清之助(一八八七―一九四七)が、茅葺(かやぶき)屋根の洋館をつくりたいと考え、堀口に依頼したのが紫烟荘だ。牧田は、日本乗馬協会専務理事を務めるなど、馬術界の重鎮だった。牧田は目白台の自邸の設計も堀口に依頼している。

紫烟荘が建てられた場所は、埼玉県北足立郡芝村大字芝五三四七。現在の産業道路に面した土地らしい。広い畑の中に森を背とした馬場があり、そこを中心として、厩舎や調馬師や馬丁の宿舎も建てられていたらしい(『川口大百科事典』)。

紫烟荘外観　出所：分離派建築会編「紫烟荘図集」洪洋社、1926年

厩舎や宿舎は堀口の設計ではないと思うが、とにかくその馬場の隣に紫烟荘ができた。

紫烟荘は妾宅で、堀口がのちに設計した岡田邸（一九三三）、内藤邸（一九三七）、若狭邸（一九三九）も妾宅だそうだ。妾宅は応接間や客間、大規模な食堂、子供室が要らないので、設計の自由度が大きくなるのが建築家としては魅力らしい。写真で見ると、日本風と西洋風、伝統と近代、農村と都市とが渾然となったようなデザインで、今あっても人気が出ると思う。

蕨や川口といえば現在のイメージではマンションが多く、高度成長期は工場街であり、こういう歴史的な建築があるというのは、失礼ながら少し意外である。しかし現地に行ってみると、古くからの地主など有力者が住む地域らしく、かつての田園地帯の時代を彷彿とさせ、また立派な家が多い。なるほどここに紫烟荘があったに違いないと思えるので、関心がある方は是非行かれることをお勧めする。

そういう意味で、紫烟荘は、まさに郊外に住宅を求める人々が増えた一九二〇年代にこそできた家と思える。『堀口捨己建築論集』（岩波文庫）には、紫烟荘が「情に溢れた静かな田園樹林の間に」「草の屋根で」「木の柱で」「土の壁で企てられ建築されたものである」として、こう書かれている。「近代の建築が鉄やコンクリートやガラスを主材料として構造にも空間表現においても進化発展して来て、問題の中心がそれらを如何に取扱うか」に集中しているが「今現に田園的生活の要求が盛んであ」り、「そこには人間的な当然な根拠がある」。そうなると「非都市的な建築の存在が認められて」「充分な価値を持っているに相違ない」。「我々の原始的」な「欲求や、本然的な性向までも」が「都市生活という特殊な」「不完全な」「人為的な」「病的な見地から、あまりにゆがめられて」いる。「近代の科学と工場的産業からあらわれた」「都市生活は、必要以上な競争的興奮と疲労とを課して、官能的な末梢的な強い刺激の多いあわただしさ、いらいらした煩雑さ」である。だが田園では「日光や空気に対して充分に余裕があるために出発点が一個の人間から始められる可能性がある」。そこでは住み家が「人間的な欲求があるがままに充たされるための設備として考えられる」。「住宅は、眠る家、休む家、養う家、育む家である。地上的な原始的な静けさ、朗らかさ、まろやかさで」あり「決して強さや硬さや高さ、鋭さ」「速さ」ではない。「郊外に出て林の中の焚き火に出会う時、烟が樹間にこもり、赤い焔が木の葉の香と共に昇るのを見て、思わず喜ばしい美しさに心躍ることがある。この原始的な驚きを持った喜びは決して都会では得られないもので」、紫烟荘は「かくの如き喜びを持って自然な環境に包まれて生活する家なのである」（一部現代的に書き改めた）。

堀口の文章は少し煩雑なのでうまく要約できないが、堀口が近代工業的な建築に対して、自然な住まいを実現しようとしたことがわかる。とはいえ単に従来の農村住宅ではなく、「近代的な衛生設備やその他工業的に作られた便利を充分に取り入れて」、「時代錯誤に陥らない」「手法と材料とで」「田園住宅」を設計するなら、「充分に現代に意義あるもの」となるだろうと言うのである。川口という昭和の首都圏を代表する工業地帯だった地域に、こうした田園的な住宅の試みがあったのだ。

〔参考文献〕
宇田哲夫『キューポラの町の民俗学』ブイツーソリューション、二〇一九
『川口市史　通史編　下巻』一九八八
尾高邦雄編『鋳物の町』有斐閣、一九五六
畦上百合子『ちょっと知りたい芝のお話』二〇二一
藤岡洋保『堀口捨己の世界』鹿島出版会、二〇二四
文化庁国立近現代建築資料館 編『建築家・堀口捨己の探求』文化庁、二〇二四

26 第一生命のアパートメンツとマンションズ

アメリカを視察して住宅建設に着手

赤羽にあるURまちとくらしのミュージアムは、八王子にあった集合住宅歴史館を移転・発展させたものだ。同潤会アパート、前川國男設計の晴海アパートなどの歴史的集合住宅が展示されている。八王子の集合住宅歴史館には二度行ったことがある。一度目は二〇年近く前で、まだ小学校低学年だった息子を連れて妻と私と三人で行った。JR八王子駅からタクシーに乗り、目的地に近づくと、タクシーの運転手さんが、「ほんとにここでいいんですか」と尋ねてきた。たしかに小さな子連れが来る場所にしてはおかしい。「いや、いいんです。はい」と答えてタクシーを降りた。その頃は息子も少しばかり古い家に興味があるようだったのだ。

二度目は赤羽への移転を前にした閉館直前で、二〇二二年三月末。街歩き好きが集まっての訪問だった。展示を見始めると、あるパネルに「武蔵小杉アパートメンツ」という名称を見つけ、これは何のことだろうと不思議に思った。あとから知ったが、それが第一生命住宅株式会社が初めてつくった鉄筋コンクリートのアパートである。

第一生命は保険会社だが、敗戦後すぐに社長の矢野一郎が訪米し、メトロポリタン生命保険がニューヨークで住宅事業を進めているのを見て、日本で我が社も住宅事業をしようと思ったのが集合住宅づくりの始まりだ。メトロポリタン生命保険は一九二〇年代まで、住宅・都市環境改善に重点を置く会社であったが、一九二九年の世界恐慌を契機に、投資先を個人向けから公益法人の債権・政府証券・大手企業の債権および都市不動産に変えていった。一九三〇年代にはロックフェラーセンター、エンパイアステートビルの建設にも大型融資を行うほか、政府の住宅建設計画にも融資を行い、第二次大戦後も不動産・住宅への投資を展開したという。

市街地で交通便利なところに中高層の不燃鉄筋住宅を建てる

こうして第一生命は、技術的には竹中工務店、不動産部門は東急不動産が担当し、相談役を矢野一郎のほか、竹中工務店社長の竹中宏平、東急の五島慶太とし、三社の力を合わせて一九五五年五月一一日に第一生命住宅株式会社を設立。「市街地で交通便利なところに中高層の不燃鉄筋住宅を建てる」をスローガンに、東京から横浜にかけて良好な住宅地に集合住宅をつくりはじめた。URの前身、日本住宅公団が五五年七月二五日に設立される直前であり、生命保険会社が住宅会社をつくるのはもちろん日本初である。敗戦後の日本は四二〇万戸の住宅不足と言われ、一九五五年でも不足数は二八四万戸だった。そこで鳩山一郎内閣が五五年度に住宅四二万戸建設計画を打ち出し、住宅公団もできたのである。そういう時期に一生命保険会社が住宅建設に乗り出したのだ。

なぜ武蔵小杉かというと、第一生命が大正時代に武蔵小杉に購入した土地にグラウンドとテニスコートをつくった。しかし敷地内に都市計画道路が建設されることになったため、グラウンドとしては使えなくなり、グラウンドとコートは世田谷に移転することになった（現在は「SETAGAYA Qs-GARDEN」となっている。拙著『再考ファスト風土化する日本』参照）。そして武蔵小杉にはアパートをつくることにしたのである。

武蔵小杉アパートメンツ
https://www.sohgo-jyutaku.co.jp/company/achievements/

武蔵小杉アパートメンツのパンフレット
出所：第一生命住宅株式会社『すまい乃泉』1970年

第一期は、三階建て九棟一〇八戸が五五年一二月に完成した。九棟のうち八棟は社宅として、一棟が個人に分譲された。社宅としては三菱銀行、東京海上火災保険、小松製作所、日本郵船、本州製紙などが一棟ずつ買った（『すまい乃泉』）。

武蔵小杉アパートメンツの設計は久米権三郎、日建設計、竹中工務店の三社から案を出して検討したが、久米案は碁盤の目上の街路に外国のターミナルのような、夢のようなものであり、結局リアルな竹中案に決まったという。

パンフレットに洗濯板の写真

以後、武蔵小杉アパートメンツは、五八年の第四期までに合計二一棟、二七八戸、独身寮七八室が完成した。風呂付きでトイレはもちろん水洗式だったので、当時としては贅沢であった。金額は一四・四坪の２ＬＫが一八一万円だった。大卒初任給一万円の時代だから、今だと四五〇〇万円ほどか。一九五五年は東急不動産による代官山東急アパート、五六年は日本信用販売不動産部による四谷コーポラスが完成しており、日本のマンション一番手三社と言われる。

当時はまだ洗濯機も普及していない時代なので、パンフレットのうたい文句に「洗濯槽つきです。洗濯板は無料サービスします。屋上には逆パラソル型の物干しを取りつけてあります。当社は時代の先端を行くアパートです」と書き、洗濯板の写真を載せたというから笑える。またリビングキッチンを南側に配置し、主婦にアピールした（『すまい乃泉』）。

その後の第一生命住宅によるアパートメンツ建設はもの凄い勢いであり、一九六九年度までに、新宿柏木、明治公園（南元町）、三田小山町、安藤坂、目黒平町、信濃町、三軒茶屋、高田馬場、大井仙台坂、高円寺、馬込西、鷺宮、下落合、上北沢、横浜高島台、雪が谷、阿佐ヶ谷、田端、洗足、元

B型

リビングルームを中心に日本間３室を完全に独立させ、ご家族の多い方にもお勧めできる余裕のある設計です。

専有面積 81.28m² / バルコニー 7.67m² 合計 88.95m²

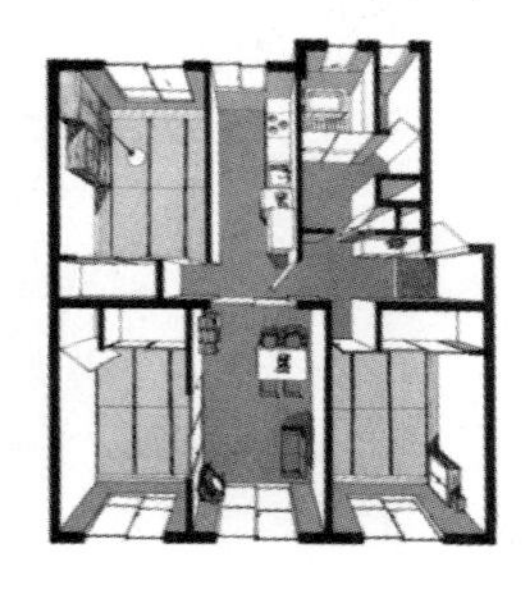

下目黒アパートメンツ分譲価格表

3階	A 301号 750万円	階段	C 302号 1040万円	B 303号 1025万円	階段	B 304号 1025万円	C 305号 1040万円	階段	A 306号 750万円
2階	A 201号 750万円		C 202号 1040万円	B 203号 1025万円		B 204号 1025万円	C 205号 1040万円		A 206号 750万円
1階	A 101号 720万円		C 102号 1000万円	B 103号 985万円		B 104号 985万円	C 105号 1000万円		A 106号 720万円

（階段側から見た建物図）　○ 上記は土地持分および専用倉庫付の価格です。

お支払方法

A．一時払ならびに当社分割払のほか、三菱信託銀行との提携による銀行融資（最長１５年）のお取扱をいたします。銀行融資についての詳細は「第一生命住宅・三菱信託ホームローンご案内」をご参照ください。

B．一時払ならびに当社分割払のお支払方法は下記のとおりです。

1. 内入金・・・・契約締結（分譲決定ご通知後１週間以内）のときに、分譲価格の２割以上をお支払い願います。
2. 残代金・・・・一時払の場合は残代金全額を、分割払の場合は第１回賦金を、それぞれ竣工のご通知後１週間以内にお支払い願います。
3. 内入金を分譲価格の２割とした場合、残代金は次のとおりです。

分譲価格	内入金	残代金
7,200,000円	1,440,000円	5,760,000円
7,500,000円	1,500,000円	6,000,000円
9,850,000円	1,970,000円	7,880,000円
10,000,000円	2,000,000円	8,000,000円
10,250,000円	2,050,000円	8,200,000円
10,400,000円	2,080,000円	8,320,000円

4. 分割払賦金表（１００万円に対する賦金額は次のとおりとなります）

支払方法／払込期間	年賦	半年賦	月賦
3年払	368,660円	189,743円	32,443円
5年払	243,757円	125,751円	21,547円
7年払	191,185円	98,843円	16,969円
10年払	152,974円	79,317円	13,652円

管理費
敷地ならびに建物共用部分の管理費として下記金額をご負担願います。
月額　A型　3,000円　B、C型　3,500円

駐車料（当社所有駐車場）
月額　中、小型　1台当り　5,000円

第一生命住宅株式会社
京橋営業所

当時の下目黒アパートメンツのパンフレット（三浦蔵）

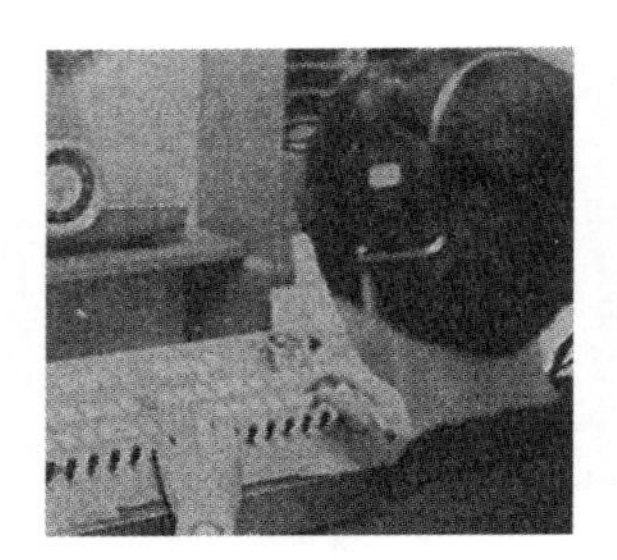

当時の電話交換の様子
（麻布第一マンションズ）

南青山第一マンションズ

青山第一マンションズ（賃貸）

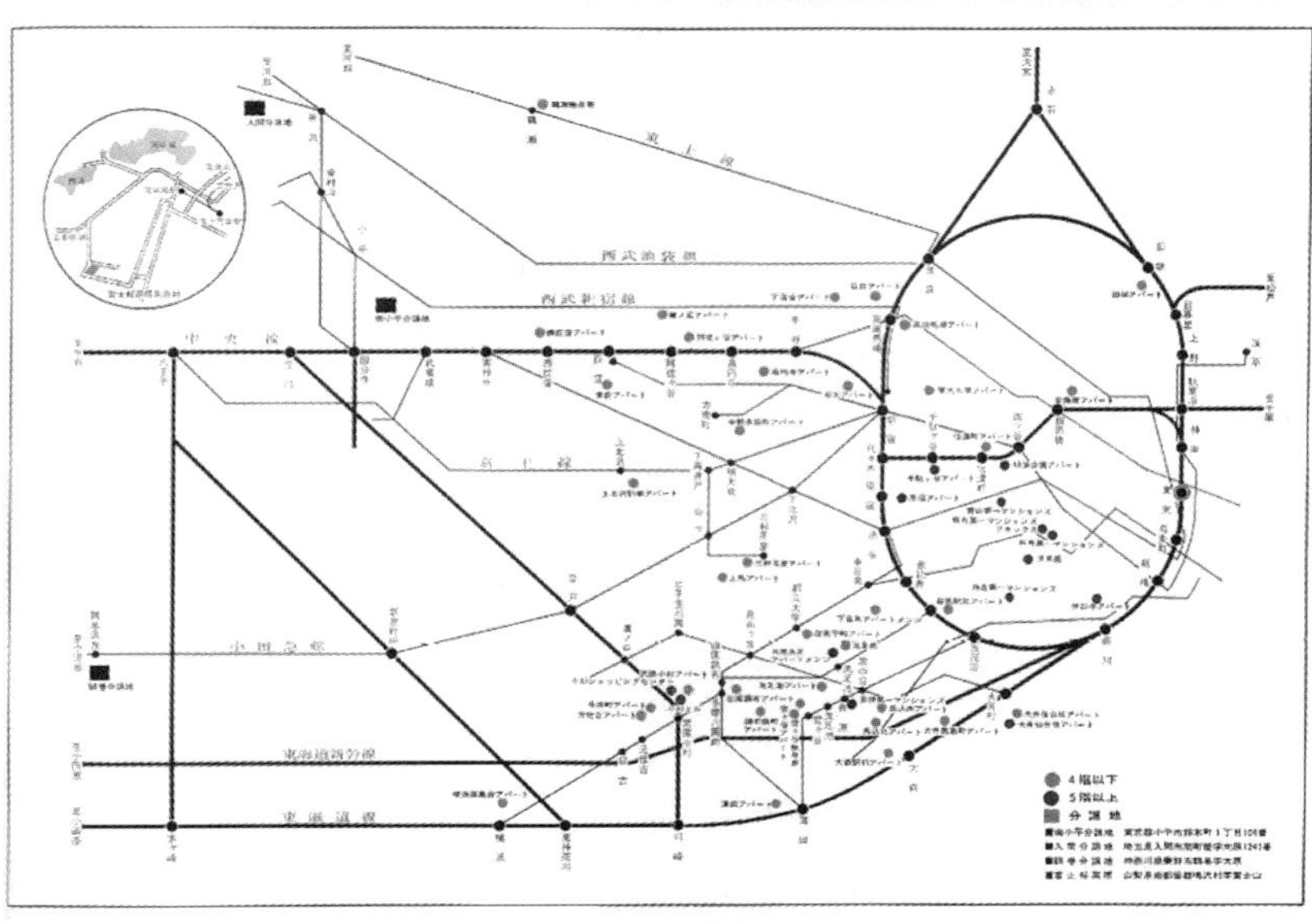

第一生命住宅株式会社建設アパート、ビル、分譲地一覧表
出所：第一生命住宅株式会社『すまい乃泉』1970

住吉、上馬、下目黒、田園調布などなど、東京の西南部の山の手地区を中心に横浜にかけて、多くの住宅地にアパートメンツが建設された。これは立地的に見てもまさに東急不動産の面目躍如である。

三田小山町の物件は「清風苑」といい、七階建一棟三三戸のほか、二階建てテラスハウス三棟六戸。富裕層向けで一一五㎡、七五二万円の部屋もあったし、客の注文に応じた設計変更も行った。

高級化を進める

高級賃貸マンションの先駆けとしては五八年に原宿アパートメンツが完成。ホテルライクなサービスを目指し、支配人一名、フロント五名、事務員二名、ボイラー管理二名、電気管理一名、電話交換手四名が二四時間体制で対応した。当時は電話線を各戸に引くことができず、アパート全体に線が来て、そこから各戸に分岐したので、電話交換手が必要だったのだ。当時の人気女優・水谷良重（二代目・水谷八重子）が新婚時代に住んだのも原宿アパートメンツだった。

さらに一九六〇年の青山第一マンションズを皮切りに本格的な外国人向け集合住宅のブランド「第一マンションズ」シリーズの供給が開始された。青山第一マンションズは赤坂郵便局隣接地に位置するが、当時ある証券会社社長から土地を買い取った（『すまい乃泉』）。外国人に対応するため日本郵船出身者を副支配人に採用し、販売パンフレットは英語だった。以後、六四年に麻布第一マンションズ、七〇年に南青山第一マンションズ、七五年に成城第一マンションズ、七七年に代々木上原第一マンションズ、七九年に原宿第一マンションズが完成。バブル期の八七年には都心ながらも自然豊かな広尾ガーデンヒルズE棟が竣工した（なお七五年から社名が「相互住宅株式会社」に変更された）。

ちなみに「マンションズ」という名称は、イギリスでは「マンション」というと個人の大邸宅という意味だが、「マンションズ」だと集合住宅を意味するとして、当時相談役だった矢野一郎が発案したものだという。

戸建て住宅に限らず、良質な集合住宅の存在は、その住宅地の街並みを整え、住宅地の格を向上させるものである。第一生命住宅株式会社のマンションズは、東京においてそうした役割を果たしてきたと言えるだろう。

あとがき

本書は私がこれまで調べて書いてきた住宅地・商業地などについての文章から、主に『東京高級住宅地探訪』（二〇一二年刊）をベースにいくつかの拙著から主要なものを抜粋し、それらの町を改めて歩いたり、新たに既往論文などを調べたりして情報を追加し、かつ最近新しく書いた文章を加えて一冊にまとめたものである。本当ならもっと多くの町についての文章を全部まとめた大著にしてみたかったが、諸般の都合でこういう形になった。それでも、東京の主要な住宅地をカバーした他、ちょっと気になる街や、え、この町にそんな歴史が、という事例は入れたので、本書を片手に実際に町を歩けば、かなり東京通になれるはずだ。

また拙著には、下町については『下町はなぜ人を惹きつけるのか？』『東京スカイツリー東京下町散歩』、花街については『花街の引力』、娯楽都市については『昭和　娯楽の殿堂の時代』『娯楽する郊外』、住宅営団については『昭和の東京　郊外住宅開発秘史』、郊外住宅地の基礎資料の編著として『昭和の郊外』上下巻などがあるので、あわせてご覧いただければ幸いである。これらをすべて読んで頂くと、東京圏の主だった町を概観できるはずである。

私が本格的に町歩きを始めたのは二〇〇〇年ごろで、それまではマーケティング的関心から原宿、代官山、下北沢、高円寺といった若者の町を中心に歩いていたのだが、その後は同潤会の住宅があった地域を軸にして各地を歩き、それから高級住宅地を調べた後は下町に関心を移し、さらに花街や横丁を深掘りし、という流れで、知らぬ間に二四年も経ってしまった。学問的な研究をしたわけではなく、ただ既存の資料を読んで実際に現地に赴き、その地の図書館や郷土資料館を訪ねて情報を集めてきたに過ぎないが、私は都市そのものというより、都市と社会・文化と人間のかかわりに関心があるので、アマチュアの誰もが町に興味を持つきっかけとなるような情報を提供することはできていると思う。

現状、私としては東京圏で訪ねるべき町は、ほぼすべて訪ねたと思うので、今後は機会があれば、特定の町をもっと深掘りすることになるかもしれない。あるいは、最近私は中国人に消費社会の将来を話す機会が多いのだが、中国の最近の若者を見ていると、私が一九九八年から二〇〇〇年ごろまで原宿、代官山、下北沢、高円寺などを歩いて感じた日本の若者の価値観や行動の変化と同じような変化があるようで、そのあたりを都市文化論的に比較したら面白いだろうと思っている。また最近、郊外のニュータウンで高齢男性にファッションについてインタビューするという仕事をしてみたが、これが意外に面白かった。ニュータウンの高齢男性というと、みなサラリーマンで休みの日も同じような格好をしているという印象だが、実際インタビューしてみるとファッションへのこだわりのある人も少しはいることがわかったからだ。

このように私の関心は都市というより人にあるので、本書の主な焦点も、誰が何を考えて町をつくったか、誰が町で何をしたかということにある。誰というのは、偉人である必要はなく、無名の無数の人たちでよいのである。誰かがどこかで何かをして、その結果町ができていったからである。

最後になったが、本書の執筆に当たっては、本書に登場する中島直人東京大学教授をはじめ、多くの都市・建築・住宅などの研究者・実務家の方々に実際にお会いして知見を得た。もちろん資料としてはさらに多くの方々の研究を参考にしている。ここに謝意を表する。

著者

初出（※本書の編纂にあたり、全面的に加筆をおこなった）

歌舞伎町／綱島／日野／善福寺／和田堀・永福町／洗足池／石神井公園／大泉学園／自由学園／成蹊学園／国立／豊島園・城南田園住宅地／大山園・西原・上原／上北沢／東中野／椎名町／三鷹市井の頭／川口

以上「ＬＩＦＵＬＬホームズプレス」二〇二〇年〜二三年

洗足池／上野毛・等々力／成城学園／常盤台／桜新町／洗足・奥沢／田園調布

以上、三浦展『東京高級住宅地探訪』晶文社、二〇一二年

東中野

三浦展『東京田園モダン』洋泉社、二〇一六年

国立

三浦展『昭和の東京　郊外住宅地開発秘史』光文社、二〇二三年、

三浦展「昭和の不動産王・大島芳春」『東京人』二〇二三年一月号・二月号

第一生命住宅によるマンション建設

書き下ろし

［著者略歴］

三浦 展（みうら・あつし）

1958年生まれ。一橋大学社会学部卒。82年株式会社パルコ入社、『月刊アクロス』編集室勤務、86年編集長。87年、同誌連載をまとめ「第四山の手論」を軸とした『東京の侵略』がベストセラーに。90年より、三菱総合研究所に勤務。99年、カルチャースタディーズ研究所設立。消費社会、都市・郊外、家族、階層などを複合した研究を行う。

都市関係の著書として、あとがきと初出で触れたもの以外に、『家族と郊外の社会学』（PHP研究所、1995）『家族と幸福の戦後史』（講談社現代新書、1999）『郊外はこれからどうなる』（中公新書ラクレ、2012）『東京は郊外から消えていく！』（光文社新書、2013）『都心集中の真実』（ちくま新書、2019）、『花街の引力』（清談社Publico、2021）、共著に『吉祥寺スタイル』（渡和由と。文藝春秋、2008）、『高円寺　東京新女子街』（SMLと。洋泉社、2010）、『奇跡の団地　阿佐ヶ谷住宅』（大月敏雄らと。王国社、2012）、『中央線がなかったら』（陣内秀信と。NTT出版、2014／ちくま文庫、2020）、『三低主義』（隈研吾と。NTT出版、2012）、『吉祥寺ハモニカ横丁のつくりかた』（倉方俊輔編著　彰国社、2017）、編著に『渋谷の秘密』（パルコ出版、2019）、『再考ファスト風土化する日本』（光文社新書、2023）等多数。

〔人間の居る場所4〕

誰がこの町をつくったか　東京の田園・文化・コミュニティ

2025年1月25日　第1刷発行

著　者　三浦 展

発行所　有限会社 而立書房

東京都千代田区神田猿楽町2丁目4番2号

電話　03（3291）5589／FAX　03（3292）8782

URL　http://jiritsushobo.co.jp

印刷・製本　株式会社 丸井工文社

落丁・乱丁本はおとりかえいたします。

Printed in Japan

ISBN 978-4-88059-445-3　C0052

三浦 展 編

2022.11.10 刊
四六判並製
352 頁
本体 2000 円（税別）

ニュータウンに住み続ける 人間の居る場所 3

ISBN978-4-88059-437-8 C0052

1960 年代に計画された郊外ニュータウンは現在、高齢化・老朽化を迎え危機に瀕している。他方、ニュータウンで生まれ育った世代による新しいまちづくりも各地で始まっている。世界の先例に学びながら、未来のニュータウン像を模索する。

三浦 展

2020.5.10 刊
四六判並製
320 頁
本体 1800 円（税別）

愛される街 続・人間の居る場所

ISBN978-4-88059-419-4 C0052

近年の「まちづくり」には、住宅や商業地の範疇を超えたパブリックスペース・住み開きなど、多様な個人が集い交流のできる場所・活動が求められている。女性の活躍、子育て、シェア、介護等の観点から「愛される街」の事例を紹介する。

三浦 展

2016.4.10 刊
四六判並製
320 頁
本体 2000 円（税別）

人間の居る場所

ISBN978-4-88059-393-7 C0052

近代的な都市計画は、業務地と商業地と住宅地と工場地帯を四つに分けた。しかしこれからの時代に必要なのは、機能が混在し、多様な人々が集まり、有機的に結びつける環境ではないだろうか。豪華ゲスト陣とともに「まちづくり」を考える。

三浦 展

2018.10.10 刊
四六判並製
352 頁
本体 2000 円（税別）

昼は散歩、夜は読書。

ISBN978-4-88059-409-5 C0036

『下流社会』『第四の消費』などで出色の時代分析を提示してきた筆者が、肩の力をぬいて語るこれまでのことと、これからのこと。第一部は、「都市」と「社会」に関わるブックガイド。第二部には、近年のコラムと半自伝的文章を収録。

前川國男

1996.10.1 刊
四六判上製
360 頁
本体 3000 円（税別）

建築の前夜 前川國男文集

ISBN978-4-88059-220-6 C1052

ル・コルビュジエに師事し、戦前戦後を通じて日本建築界に大きな足跡を残した建築家・前川國男が生涯追い求めた「近代建築」とは何だったのか。この文集をとおして前川とめぐり会い、建築の初心をつかみ取ってくれることを期待する。

ウンベルト・エコ／谷口伊兵衛、G・ピアッザ 訳

2019.5.25 刊
Ａ５判上製
224 頁
本体 2400円（税別）

現代「液状化社会」を俯瞰する

ISBN978-4-88059-413-2 C0010

情報にあふれ、迷走状態にある現代社会の諸問題について、国際政治・哲学・通俗文化の面から展覧する。イタリア週刊誌上で 2000 年から 2015 年にかけて連載された名物コラムの精選集。狂気の知者U・エコ最後のメッセージ。

與那覇 潤

危機のいま古典をよむ

2023.11.20 刊
四六判並製
240 頁
本体 1800 円(税別)
ISBN978-4-88059-439-2 C0095

コロナ、ウクライナ、そして……危機の時代こそ専門家任せにせず、先人が本気で思考した書物にあたり、自分の頭で考えることが必要だ。E.トッド、苅部直、佐伯啓思・宇野常寛・先崎彰容、小泉悠との対話も収録し、現代日本の諸問題に迫る。

アンソニー・ギデンズ／松尾、西岡、藤井、小幡、立松、内田 訳

社会学 第五版

2009.3.25 刊
Ａ５判上製
1024 頁
本体 3600 円(税別)
ISBN978-4-88059-350-5 C3036

私たちは絶望感に身を委ねるほかないのだろうか。間違いなくそうではない。仮に社会学が私たちに呈示できるものが何かひとつあるとすれば、それは人間が社会制度の創造者であることへの強い自覚である。未来への展望を拓くための視座。

池内 了

彷徨える現代を省察する 科学者の世界の見方

2024.2.20 刊
四六判並製
312 頁
本体 2000 円(税別)
ISBN978-4-88059-441-5 C0040

やはり、一切の軍事を持たない日本でありたい……「世界平和アピール七人委員会」委員、「九条の会」世話人を務める著者が、ウクライナ戦争、原子力発電、憲法９条など、時事問題と科学と社会の接点を見つめ、非武装、平和主義、「学問の自由」を堅持する思いを込めて綴った一冊。

池内 了

科学と社会へ望むこと

2021.6.10 刊
四六判並製
288 頁
本体 1800 円(税別)
ISBN978-4-88059-427-9 C0040

科学技術社会と呼ばれる現代、科学・技術は社会に福音をもたらすだけでなく、大規模な事故や悲惨な事故の原因にもなっている。コロナ禍、日本学術会議の問題、原子力・ＡＩなど……同時代の動きを科学の目線で考察し、解決のヒントを探る。

藤村靖之

自立力を磨く お金と組織に依存しないで豊かに生きる

2020.12.20 刊
四六判並製
320 頁
本体 1800 円(税別)
ISBN978-4-88059-425-5 C0037

お金と組織に依存しないで豊かに生きるためには、自立力が必要だ。自立力の中身は『自給力』『自活力』『仲間力』の３つ。たくさんの実例とともに、愉しく「自立力」を身につければ、資本主義が破綻しても力を失うことはない……。

加藤典洋、小浜逸郎、竹田青嗣、橋爪大三郎ほか

村上春樹のタイムカプセル 高野山ライブ 1992

2022.5.25 刊
四六判並製
360 頁
本体 2200円(税別)
ISBN978-4-88059-434-7 C0095

村上春樹をめぐる、伝説の「ライブ討論会」があった。1992 年 2 月 22 日、場所は厳冬の高野山宿坊。……村上春樹の小説は、この時代の特別な出来事だ。戦後の日本人が、世界の人びとと、同時代を同じ歩幅で歩んだことを証明するものだった。